Heidelberger Taschenbücher Band 153

Christian Blatter

Analysis III

Mit 62 Figuren

Springer-Verlag
Berlin Heidelberg New York 1974

Prof. Dr. Christian Blatter
Eidgenössische Technische Hochschule, Zürich

AMS Subject Classifikation (1970): 26-01; 26 A 57, 26 A 60, 26 A 63, 26 A 66

ISBN 3-540-06934-8 Springer-Verlag Berlin Heidelberg New York
ISBN 0-387-06934-8 Springer-Verlag New York Heidelberg Berlin

Library of Congress Cataloging in Publication Data

Blatter, Christian, 1935–
Analysis. (Heidelberger Taschenbücher, Bd. 153). In German.
Bibliography: p.
1. Mathematical analysis. I. Title.
QA300.B573 515 74–13230

Printed in Germany. Gesamtherstellung: Zechnersche Buchdruckerei, Speyer.

Hinweise für den Leser

Das ganze Werk (drei Bände) ist eingeteilt in dreißig Kapitel, jedes Kapitel in höchstens neun Abschnitte. Sätze und Propositionen sind kapitelweise numeriert; die halbfette Signatur **(12.3)** bezeichnet den dritten Satz in Kapitel 12. Formeln, die später noch einmal benötigt werden, sind abschnittweise mit mageren Ziffern numeriert. Innerhalb eines Abschnitts wird ohne Angabe der Abschnittnummer auf die Formel (1) zurückverwiesen; (123.4) hingegen bezeichnet die Formel (4) des Abschnitts 123. Eingekreiste Ziffern schließlich numerieren abschnittweise die erläuternden Beispiele und Anwendungen. – Definitionen sind erkenntlich am Kursivdruck des Definiendums, Sätze an der vorangestellten Signatur und am durchlaufenden Kursivdruck des Textes. Die beiden Winkel ⌜ und ⌟ markieren den Beginn und das Ende eines Beweises, der Kreis ○ das Ende eines Beispiels.

Inhaltsverzeichnis

Inhaltsverzeichnis Analysis I

Inhaltsverzeichnis Analysis II

Kapitel 21. Hauptsätze der mehrdimensionalen Differentialrechnung

211. Stetige Differenzierbarkeit

In diesem Kapitel wird untersucht, inwiefern qualitative Eigenschaften von $\mathbf{f}_*(\mathbf{x})$, $\mathbf{x}$ fest, das qualitative Verhalten von $\mathbf{f}$ in der Umgebung von $\mathbf{x}$ beeinflussen. Den eindimensionalen Fall haben wir in Kapitel 10 eingehend behandelt. Aufgrund der Sätze **(10.4)** und **(10.17)** kann man z. B. folgendes sagen: Ist die Funktion $f\colon]a,b[\to\mathbb{R}$ stetig differenzierbar und ist $f'(t_0)\neq 0$, so ist f in einer ganzen Umgebung U von t_0 streng monoton, besitzt somit in U eine Umkehrfunktion f^{-1}, und f^{-1} ist selbst wieder stetig differenzierbar.

Um auch im mehrdimensionalen Fall von stetiger Differenzierbarkeit sprechen zu können, führen wir in der Menge $\mathscr{L}(\mathbb{R}^m,\mathbb{R}^n)$ aller linearen Abbildungen $L\colon\mathbb{R}^m\to\mathbb{R}^n$ die von der Norm $\|\cdot\|$ induzierte Metrik ein, d. h. wir setzen

$$\rho(L,M):=\|L-M\|\,.$$

Damit wird $\mathscr{L}(\mathbb{R}^m,\mathbb{R}^n)$ ein metrischer Raum: ⌜ (M 1) und (M 2) folgen unmittelbar aus der Definition (192.7) der Norm. Zum Beweis von (M 3) betrachten wir drei lineare Abbildungen L, M, N sowie beliebige Einheitsvektoren $\mathbf{x}\in\mathbb{R}^m$. Dann gilt

$$|(L-N)\mathbf{x}|=|L\mathbf{x}-N\mathbf{x}|\leqslant|L\mathbf{x}-M\mathbf{x}|+|M\mathbf{x}-N\mathbf{x}|\leqslant\|L-M\|+\|M-N\|\,,$$

also ist auch

$$\|L-N\|=\sup\{|(L-N)\mathbf{x}|\,\big|\,|\mathbf{x}|=1\}\leqslant\|L-M\|+\|M-N\|\,. \quad ⌟$$

(21.1) *Eine Abbildung*

$$\varphi\colon\quad A\to\mathscr{L}(\mathbb{R}^m,\mathbb{R}^n),\qquad \mathbf{x}\mapsto L_{\mathbf{x}}$$

ist genau dann stetig, wenn alle Elemente $l_{ik}(\mathbf{x})$ der Matrix $[L_{\mathbf{x}}]$ stetige Funktionen von $\mathbf{x}$ sind.

⌜ Die Behauptung ergibt sich aus den folgenden Ungleichungen (1) und (2). — Sind L und M zwei beliebige lineare Abbildungen $\mathbb{R}^m\to\mathbb{R}^n$ mit Matrizen $[l_{ik}]$

und $[m_{ik}]$, so gilt einerseits wegen (192.8):

(1) $$\|L-M\| \leqslant \left(\sum_{i,k}(l_{ik}-m_{ik})^2\right)^{1/2}.$$

Anderseits folgt aus (192.3) und (192.7): $|l_{ik}| \leqslant |L\mathbf{e}_k| \leqslant \|L\|$, somit ist für jedes Indexpaar (i,k):

(2) $$|l_{ik}-m_{ik}| \leqslant \|L-M\|. \quad \lrcorner$$

Es sei jetzt A wieder eine offene Menge des $\mathbb{R}^m$. Eine differenzierbare Funktion $\mathbf{f}: A \to \mathbb{R}^n$ heißt *stetig differenzierbar*, wenn die Ableitung $\mathbf{f}_*$, aufgefaßt als Abbildung

$$\mathbf{f}_*: \quad A \to \mathscr{L}(\mathbb{R}^m, \mathbb{R}^n), \qquad \mathbf{x} \mapsto \mathbf{f}_*(\mathbf{x})$$

stetig ist. Satz **(19.8)** und Proposition **(21.1)** ergeben zusammen das folgende einfache Kriterium:

(21.2) *Eine Funktion* $\mathbf{f}: A \to \mathbb{R}^n$ *ist genau dann stetig differenzierbar, wenn* $\mathbf{f}$ *stetige partielle Ableitungen besitzt.*

Hiernach ist die eben gegebene Definition der stetigen Differenzierbarkeit eine Verallgemeinerung von früheren Erklärungen.

212. Hilfssätze

Wir betrachten nun speziell den Fall $m=n$ und bezeichnen die Menge aller linearen Abbildungen $L: \mathbb{R}^n \to \mathbb{R}^n$ zur Abkürzung mit $\mathscr{L}(\mathbb{R}^n)$. Eine Abbildung $L \in \mathscr{L}(\mathbb{R}^n)$ heißt *regulär*, wenn sie eine Inverse $L^{-1} \in \mathscr{L}(\mathbb{R}^n)$ besitzt; andernfalls heißt L *singulär*. Die Gesamtheit der regulären linearen Abbildungen des $\mathbb{R}^n$ wird üblicherweise mit $GL(\mathbb{R}^n)$ (: *general linear group*) bezeichnet. Wir beweisen darüber:

(21.3) *Es sei* L_0 *eine reguläre lineare Abbildung, und es sei* $\|L_0^{-1}\| =: 1/\lambda$. *Dann gilt erstens*

(1) $$|L_0\mathbf{x}| \geqslant \lambda|\mathbf{x}| \qquad \forall \mathbf{x};$$

zweitens ist jedes L *in der* λ*-Umgebung von* L_0, *d.h. jedes* L *mit* $\|L-L_0\| < \lambda$, *regulär.*

$\ulcorner$ Für beliebiges $\mathbf{x}$ gilt wegen (192.9):

$$|\mathbf{x}| = |L_0^{-1} L_0\mathbf{x}| \leqslant (1/\lambda)|L_0\mathbf{x}|,$$

und hieraus folgt (1). — Ist $\|L-L_0\| =: \mu < \lambda$, so ergibt sich mit der Dreiecksungleichung und (1):

$$(2) \qquad |L\mathbf{x}| \geqslant |L_0\mathbf{x}| - |(L-L_0)\mathbf{x}| \geqslant \lambda|\mathbf{x}| - \mu|\mathbf{x}| = (\lambda-\mu)|\mathbf{x}|\,.$$

Hiernach ist $L\mathbf{x} \neq \mathbf{0}$ für alle $\mathbf{x} \neq \mathbf{0}$. Nach einem bekannten Satz der linearen Algebra ist dann L regulär. ⌟

Aus der zweiten Behauptung der eben bewiesenen Proposition **(21.3)** folgt sofort: $GL(\mathbb{R}^n)$ ist eine offene Teilmenge von $\mathscr{L}(\mathbb{R}^n)$. Wir zeigen weiter:

(21.4) *Die Inversionsabbildung*

$$\iota: \quad GL(\mathbb{R}^n) \to GL(\mathbb{R}^n), \qquad L \mapsto L^{-1}$$

ist stetig.

⌜ Wir halten ein $L_0 \in GL(\mathbb{R}^n)$ fest; es sei wiederum $\|L_0^{-1}\| =: 1/\lambda$. Wir brauchen im folgenden nur Abbildungen $L \in GL(\mathbb{R}^n)$ im Abstand $\mu \leqslant \lambda/2$ von L_0 zu betrachten. Für ein derartiges L folgt aus (2):

$$|L\mathbf{x}| \geqslant (\lambda/2)|\mathbf{x}| \qquad \forall \mathbf{x}\,.$$

Schreiben wir hier $\mathbf{x} := L^{-1}\mathbf{y}$, $\mathbf{y} \in \mathbb{R}^n$ beliebig, so ergibt sich

$$|\mathbf{y}| \geqslant (\lambda/2)|L^{-1}\mathbf{y}| \qquad \forall \mathbf{y}$$

und hieraus weiter $\|L^{-1}\| \leqslant 2/\lambda$.

Nach diesen Vorbereitungen wenden wir auf die Gleichung

$$L^{-1} - L_0^{-1} = L^{-1}(L_0 - L)L_0^{-1}$$

die Formel **(19.5)** an und erhalten

$$\|L^{-1} - L_0^{-1}\| \leqslant \|L^{-1}\|\,\|L_0 - L\|\,\|L_0^{-1}\| \leqslant (2/\lambda^2)\|L - L_0\|\,.$$

Hier ist λ eine Konstante, somit gilt in der Tat

$$\lim_{L \to L_0} L^{-1} = L_0^{-1}. \quad ⌟$$

Wir benötigen noch den folgenden Hilfssatz:

(21.5) *Es sei A eine offene Menge des $\mathbb{R}^n$, $\mathbf{g}: A \to \mathbb{R}^n$ eine differenzierbare Funktion mit durchwegs regulärer Ableitung $\mathbf{g}_*$, und es besitze*

$$\varphi(\mathbf{x}) := |\mathbf{g}(\mathbf{x})|^2$$

im Punkt $\boldsymbol{\xi} \in A$ ein lokales Minimum. Dann ist $\mathbf{g}(\boldsymbol{\xi}) = \mathbf{0}$.

⌜ Ist φ bei $\boldsymbol{\xi}$ lokal minimal, so gilt nach Satz **(20.13)**:

(3) $$\varphi_*(\xi)=0,$$

d.h. im Punkt $\boldsymbol{\xi}$ verschwinden alle n partiellen Ableitungen von φ. — Wir setzen $\mathbf{g}(\xi)=:\boldsymbol{\eta}$. Nach Voraussetzung ist $\mathbf{g}_*(\xi)$ regulär, es gibt daher einen Vektor $\mathbf{X}\in T_{\boldsymbol{\xi}}$ mit $\mathbf{g}_*(\xi)\mathbf{X}=\boldsymbol{\eta}$. Wir betrachten weiter die Funktion

$$h(\mathbf{y}):=|\mathbf{y}|^2=y_1^2+\cdots+y_n^2,$$

sie besitzt den Gradienten $\mathbf{grad}\,h(\mathbf{y})=2\mathbf{y}$. Die Funktion φ läßt sich nun schreiben als $\varphi=h\circ\mathbf{g}$, aus (3) folgt daher mit der Kettenregel und (196.6):

$$0=\varphi_*(\xi)\mathbf{X}=h_*(\boldsymbol{\eta})(\mathbf{g}_*(\xi)\mathbf{X})=\mathbf{grad}\,h(\boldsymbol{\eta})\bullet\boldsymbol{\eta}=2|\boldsymbol{\eta}|^2.$$

Hiernach ist $\boldsymbol{\eta}=\mathbf{0}$, wie behauptet. ⌟

213. Der Satz über die Umkehrabbildung

Wir sind nun in der Lage, den folgenden Hauptsatz über die lokale Umkehrbarkeit einer Funktion $\mathbf{f}:\mathbb{R}^n\to\mathbb{R}^n$ zu beweisen:

(21.6) *Es seien $A\subset\mathbb{R}^n$ eine offene Menge, $\mathbf{f}:A\to\mathbb{R}^n$ eine stetig differenzierbare Funktion und $\mathbf{a}$ ein fester Punkt von A, $\mathbf{f}(\mathbf{a})=:\mathbf{b}$. Ist $\mathbf{f}_*(\mathbf{a})$ regulär, so bildet $\mathbf{f}$ (bzw. die Einschränkung $\mathbf{f}_{|U}$) eine geeignete offene Umgebung U von $\mathbf{a}$ bijektiv auf eine offene Umgebung V von $\mathbf{b}$ ab; dabei ist $\mathbf{f}_*$ auf ganz U regulär. Die zugehörige Umkehrabbildung*

(1) $$\mathbf{g}:=(\mathbf{f}_{|U})^{-1}:\ V\to U$$

ist wieder stetig differenzierbar, insbesondere gilt

(2) $$\mathbf{g}_*(\mathbf{b})=(\mathbf{f}_*(\mathbf{a}))^{-1}.$$

Kurz gesagt: Bildet die Ableitung $\mathbf{f}_*(\mathbf{a})$ den Tangentialraum $T_{\mathbf{a}}$ bijektiv auf den vollen Raum $T_{\mathbf{b}}$ ab, so bildet $\mathbf{f}$ selbst eine geeignete Umgebung von $\mathbf{a}$ bijektiv auf eine volle Umgebung von $\mathbf{b}$ ab.

⌜ Wir setzen zur Abkürzung $\mathbf{f}_*(\mathbf{a})=:L$, $\|L^{-1}\|=:1/\lambda$. Da $\mathbf{f}$ stetig differenzierbar ist, gibt es eine (offene) Umgebung $U:=U_\delta(\mathbf{a})\subset A$, so daß gilt:

(3) $$\|\mathbf{f}_*(\mathbf{x})-L\|<\lambda/2 \qquad \forall\mathbf{x}\in U.$$

Nach **(21.3)**, zweiter Teil, ist daher $\mathbf{f}_*(\mathbf{x})$ in allen Punkten $\mathbf{x}\in U$ regulär.

Die Hilfsfunktion

$$\mathbf{F}(\mathbf{x}) := \mathbf{f}(\mathbf{x}) - L\mathbf{x}$$

besitzt wegen **(20.1)**(c) die Ableitung $\mathbf{F}_* = \mathbf{f}_* - L$, nach dem Mittelwertsatz **(20.8)** und (3) gilt somit für alle $\mathbf{x}, \mathbf{x}' \in U$:

(4) $$|\mathbf{F}(\mathbf{x}) - \mathbf{F}(\mathbf{x}')| \leqslant \sup_{\xi \in U} \|\mathbf{f}_*(\xi) - L\| \, |\mathbf{x} - \mathbf{x}'| \leqslant (\lambda/2)|\mathbf{x} - \mathbf{x}'| .$$

Aus

$$\mathbf{f}(\mathbf{x}) - \mathbf{f}(\mathbf{x}') = L(\mathbf{x} - \mathbf{x}') + \mathbf{F}(\mathbf{x}) - \mathbf{F}(\mathbf{x}')$$

und (4) ergibt sich jetzt unter Verwendung von (212.1):

$$\begin{aligned} |\mathbf{f}(\mathbf{x}) - \mathbf{f}(\mathbf{x}')| &\geqslant |L(\mathbf{x} - \mathbf{x}')| - |\mathbf{F}(\mathbf{x}) - \mathbf{F}(\mathbf{x}')| \\ &\geqslant \lambda |\mathbf{x} - \mathbf{x}'| - (\lambda/2)|\mathbf{x} - \mathbf{x}'| , \end{aligned}$$

d.h.

(5) $$|\mathbf{f}(\mathbf{x}) - \mathbf{f}(\mathbf{x}')| \geqslant (\lambda/2)|\mathbf{x} - \mathbf{x}'| \qquad \forall \mathbf{x}, \mathbf{x}' \in U .$$

Sind daher $\mathbf{x}, \mathbf{x}'$ beide in U und verschieden, so ist $\mathbf{f}(\mathbf{x}) \neq \mathbf{f}(\mathbf{x}')$ — anders ausgedrückt: Die Einschränkung $\mathbf{f}_{|U}$ ist injektiv.

Wir setzen jetzt $\mathbf{f}(U) =: V$ (siehe die Fig. 213.1) und behaupten: V ist offen, also eine offene Umgebung von $\mathbf{b}$. Es genügt, zu zeigen, daß der Punkt $\mathbf{b} \in V$ eine Umgebung $U_\varepsilon(\mathbf{b})$ besitzt, die noch ganz in V enthalten ist. Da nämlich $\mathbf{f}_*$ in allen Punkten von U regulär ist, ist jeder Punkt $\mathbf{y} \in V$ Bild eines Punktes $\mathbf{x} \in U$, für den die Voraussetzungen des Satzes ebenso zutreffen wie für $\mathbf{a}$. — Wir setzen $\varepsilon := (\lambda/4)\delta$ und betrachten ein festes $\mathbf{y}_0 \in U_\varepsilon(\mathbf{b})$. Zunächst gibt es ein $r < \delta$ mit

(6) $$|\mathbf{y}_0 - \mathbf{b}| < (\lambda/4) r .$$

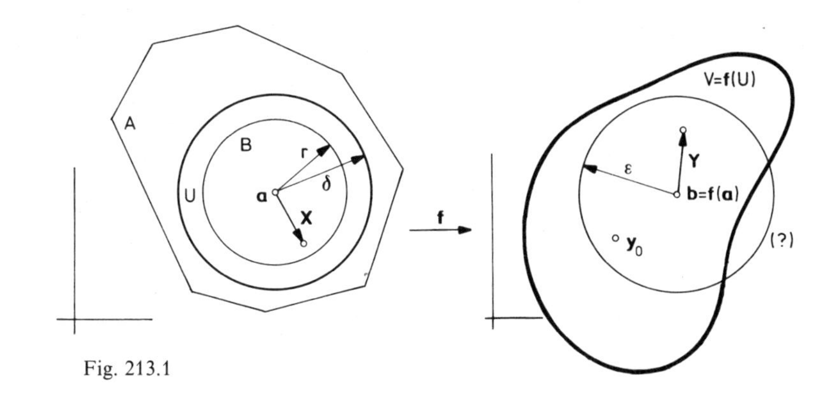

Fig. 213.1

Die stetige Funktion

$$\psi(\mathbf{x}) := |\mathbf{f}(\mathbf{x}) - \mathbf{y}_0|$$

nimmt auf der abgeschlossenen Kugel

$$B := \{\mathbf{x} \,\big|\, |\mathbf{x} - \mathbf{a}| \leqslant r\} \subset U$$

ein Minimum an. Auf dem Rand von B gilt $|\mathbf{x} - \mathbf{a}| = r$ und somit wegen (5) und (6):

$$\psi(\mathbf{x}) = |\mathbf{f}(\mathbf{x}) - \mathbf{y}_0| \geqslant |\mathbf{f}(\mathbf{x}) - \mathbf{b}| - |\mathbf{b} - \mathbf{y}_0| > (\lambda/2)|\mathbf{x} - \mathbf{a}| - (\lambda/4)r = (\lambda/4)r\,.$$

Da anderseits

$$\psi(\mathbf{a}) = |\mathbf{f}(\mathbf{a}) - \mathbf{y}_0| = |\mathbf{b} - \mathbf{y}_0| < (\lambda/4)r$$

ist, schließen wir: Die Funktion ψ nimmt ihr Minimum in einem inneren Punkt $\xi \in B$ an. Dann ist aber die Funktion

$$\varphi(\mathbf{x}) := |\mathbf{f}(\mathbf{x}) - \mathbf{y}_0|^2 \qquad [= \psi^2(\mathbf{x})]$$

im Punkt ξ lokal minimal, und weil die Ableitung $(\mathbf{f} - \mathbf{y}_0)_* = \mathbf{f}_*$ im Punkt $\xi \in U$ regulär ist, folgt mit dem Hilfssatz **(21.5)**: $\mathbf{f}(\xi) - \mathbf{y}_0 = \mathbf{0}$, d.h. $\mathbf{y}_0 = \mathbf{f}(\xi) \in V$.

Damit ist der erste Teil des Satzes bewiesen, und die Umkehrfunktion (1) ist wohldefiniert. Wir wenden uns nun der Formel (2) zu und betrachten Tangentialvektoren $\mathbf{Y} \in T_{\mathbf{b}}$ der Länge $< \varepsilon$. Die Punkte $\mathbf{b} + \mathbf{Y}$ liegen in V, es gibt daher zu jedem solchen $\mathbf{Y}$ ein wohlbestimmtes $\mathbf{X} \in T_{\mathbf{a}}$ mit $\mathbf{a} + \mathbf{X} \in U$ und

$$\text{(7)} \qquad \mathbf{g}(\mathbf{b} + \mathbf{Y}) = \mathbf{a} + \mathbf{X} \quad (\text{bzw. } \mathbf{b} + \mathbf{Y} = \mathbf{f}(\mathbf{a} + \mathbf{X}))\,.$$

Aus (7), zweite Version, folgt zunächst

$$\text{(8)} \qquad \mathbf{Y} = f(\mathbf{a} + \mathbf{X}) - \mathbf{f}(\mathbf{a})\,,$$

wegen (5) daher

$$|\mathbf{Y}| = |\mathbf{f}(\mathbf{a} + \mathbf{X}) - \mathbf{f}(\mathbf{a})| \geqslant (\lambda/2)|\mathbf{X}|$$

und somit

$$\text{(9)} \qquad |\mathbf{X}| \leqslant (2/\lambda)|\mathbf{Y}|\,.$$

Anderseits erhält man aus (8):

$$\mathbf{Y} - L\mathbf{X} = \mathbf{f}(\mathbf{a}+\mathbf{X}) - \mathbf{f}(\mathbf{a}) - L\mathbf{X} = |\mathbf{X}|\,\mathbf{r}(\mathbf{X})\,; \tag{10}$$

dabei ist $\mathbf{r}(\cdot)$ eine im Ursprung von $T_{\mathbf{a}}$ verschwindende und dort stetige Funktion. Wenden wir auf beiden Seiten von (10) die Abbildung L^{-1} an, so ergibt sich

$$L^{-1}\mathbf{Y} - \mathbf{X} = |\mathbf{X}|\,L^{-1}(\mathbf{r}(\mathbf{X}))$$

und weiter wegen (9):

$$|\mathbf{X} - L^{-1}\mathbf{Y}| \leqslant |\mathbf{X}|\,\|L^{-1}\|\,|\mathbf{r}(\mathbf{X})| < (2/\lambda^2)\,|\mathbf{Y}|\,|\mathbf{r}(\mathbf{X})|\,. \tag{11}$$

Wegen (7) können wir hier auf der linken Seite $\mathbf{X}$ ersetzen durch $\mathbf{g}(\mathbf{b}+\mathbf{Y}) - \mathbf{g}(\mathbf{b})$. Weiter folgt aus (10): $\lim_{\mathbf{Y}\to\mathbf{0}} \mathbf{X} = \mathbf{0}$, somit ist auch $\lim_{\mathbf{Y}\to\mathbf{0}} \mathbf{r}(\mathbf{X}) = \mathbf{0}$. Zusammen erhalten wir daher anstelle von (11):

$$\mathbf{g}(\mathbf{b}+\mathbf{Y}) - \mathbf{g}(\mathbf{b}) - L^{-1}\mathbf{Y} = o(\mathbf{Y}) \qquad (\mathbf{Y}\to\mathbf{0})\,,$$

und dies beweist (2).

Da, wie bereits bemerkt, die Voraussetzungen des Satzes auf jeden Punkt $\mathbf{x} \in U$ (anstelle von $\mathbf{a}$) zutreffen, ist $\mathbf{g}$ in ganz V differenzierbar (erst recht stetig), und es gilt

$$\mathbf{g}_*(\mathbf{y}) = [\mathbf{f}_*(\mathbf{g}(\mathbf{y}))]^{-1} \qquad \forall \mathbf{y} \in V.$$

Die Abbildung

$$\mathbf{g}_*\colon \quad V \to \mathscr{L}(\mathbb{R}^n)$$

läßt sich daher folgendermaßen schreiben:

$$\mathbf{g}_* = \iota \circ \mathbf{f}_* \circ \mathbf{g}\,,$$

wobei ι die in **(21.4)** betrachtete Inversion darstellt. Hier sind alle drei „Faktoren“ stetig, somit ist $\mathbf{g}$ in der Tat stetig differenzierbar. $\lrcorner$

214. Die Funktionaldeterminante

Die entscheidende Voraussetzung dieses Satzes war die Regularität von $\mathbf{f}_*(\mathbf{a})$. Aus den folgenden Beispielen geht hervor, daß darauf im allgemeinen nicht verzichtet werden kann. In der linearen Algebra wird nun gezeigt: Eine lineare Abbildung $L: \mathbb{R}^n \to \mathbb{R}^n$ mit der Matrix $[l_{ik}]$ ist genau dann regulär, wenn ihre Determinante

$$\det L = \det[l_{ik}]$$

nicht verschwindet. Dieses Kriterium führt uns dazu, die Determinante

$$\det \mathbf{f}_*(\mathbf{a}) = \det\left[\frac{\partial(f_1, \ldots, f_n)}{\partial(x_1, \ldots, x_n)}\right]_{\mathbf{a}}$$

zu betrachten (vgl. **(19.7)**); sie heißt *Funktionaldeterminante* oder *Jacobische Determinante von* $\mathbf{f} = (f_1, \ldots, f_n)$ *im Punkt* $\mathbf{a}$ und wird auch mit $J_{\mathbf{f}}(\mathbf{a})$ bezeichnet. Wir können dann den Satz **(21.6)** folgendermaßen formulieren:

(21.6′) *Ist* $\mathbf{f}: A \to \mathbb{R}^n$ *stetig differenzierbar auf der offenen Menge* $A \subset \mathbb{R}^n$ *und ist*

$$\det\left[\frac{\partial(f_1, \ldots, f_n)}{\partial(x_1, \ldots, x_n)}\right]_{\mathbf{a}} \neq 0,$$

so gelten die Behauptungen von **(21.6)**.

① (Fig. 214.1) Die Funktion $\mathbf{f}: \mathbb{R}^2 \to \mathbb{R}^2$, $(x, y) \mapsto (u, v)$ sei gegeben durch

$$\begin{cases} u := \sin x - \cos y \\ v := -\cos x + \sin y. \end{cases}$$

Ihre Funktionalmatrix ist

$$[\mathbf{f}_*(x, y)] = \begin{bmatrix} u_x & u_y \\ v_x & v_y \end{bmatrix} = \begin{bmatrix} \cos x & \sin y \\ \sin x & \cos y \end{bmatrix};$$

damit wird

$$J_{\mathbf{f}}(x, y) = \cos x \cos y - \sin x \sin y = \cos(x + y).$$

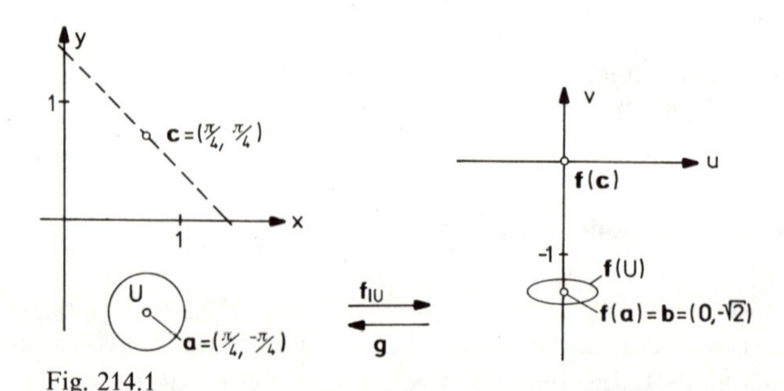

Fig. 214.1

Wir betrachten erstens den Punkt $\mathbf{a}:=(\pi/4,-\pi/4)$. Es ist $\mathbf{b}:=\mathbf{f}(\mathbf{a})=(0,-\sqrt{2})$ und $J_{\mathbf{f}}(\mathbf{a})=\cos(\pi/4-\pi/4)=1$. Somit ist $\mathbf{f}_*(\mathbf{a})$ regulär, und es existiert lokal, d.h. in einer Umgebung von $\mathbf{b}$, die Umkehrabbildung $\mathbf{g}:(u,v)\mapsto(x,y)$, $\mathbf{g}(\mathbf{b})=\mathbf{a}$. Aus

$$[f_*(\mathbf{a})]=\begin{bmatrix}\sqrt{2}/2 & -\sqrt{2}/2\\ \sqrt{2}/2 & \sqrt{2}/2\end{bmatrix}$$

erhält man wegen (213.2) die folgende Matrix für $\mathbf{g}_*(\mathbf{b})$:

$$\begin{bmatrix}x_u & x_v\\ y_u & y_v\end{bmatrix}_{\mathbf{b}}=[\mathbf{g}_*(\mathbf{b})]=[\mathbf{f}_*(\mathbf{a})]^{-1}=\begin{bmatrix}\sqrt{2}/2 & \sqrt{2}/2\\ -\sqrt{2}/2 & \sqrt{2}/2\end{bmatrix}.$$

Im Punkt $\mathbf{c}:=(\pi/4,\pi/4)$ hingegen ist die Funktionaldeterminante $J_{\mathbf{f}}(\mathbf{c})=\cos(\pi/4+\pi/4)=0$, somit ist $\mathbf{f}_*(\mathbf{c})$ nicht regulär. Tatsächlich ist $\mathbf{f}$ in der Umgebung von $\mathbf{c}$ nicht injektiv, es gilt nämlich

$$\begin{aligned}\mathbf{f}(\pi/4+t,\pi/4-t)&=(\sin(\pi/4+t)-\cos(\pi/4-t),-\cos(\pi/4+t)+\sin(\pi/4-t))\\ &=(0,0)\quad\forall t.\quad\bigcirc\end{aligned}$$

② Die komplexe Funktion

$$f:\quad \mathbb{C}\to\mathbb{C},\qquad z\mapsto w:=z^2$$

läßt sich via $z=x+iy$, $w=u+iv$ auffassen als Funktion

$$\mathbf{f}:\quad \mathbb{R}^2\to\mathbb{R}^2,\qquad (x,y)\mapsto(u,v),$$

wobei die Koordinatenfunktionen u und v gegeben sind durch

$$u:=x^2-y^2,\qquad v:=2xy.$$

Es ist

$$\begin{bmatrix}u_x & u_y\\ v_x & v_y\end{bmatrix}=\begin{bmatrix}2x & -2y\\ 2y & 2x\end{bmatrix}$$

und somit

$$J_{\mathbf{f}}(z)=4x^2+4y^2=4|z|^2.$$

Hiernach besitzt jeder Punkt $z\neq0$ eine Umgebung, die durch f bijektiv auf eine Umgebung von z^2 abgebildet wird. Im Ursprung jedoch ist $\mathbf{f}_*$ singulär, und der Satz **(21.6)** macht hierüber keine Aussage. Da nun für alle z gilt: $f(z)=f(-z)$, ist f tatsächlich in keiner noch so kleinen Umgebung von 0 injektiv. ○

Wir betonen noch einmal, daß es sich bei dem Satz **(21.6)** um einen *lokalen* Satz handelt: Unter gewissen Voraussetzungen bildet $\mathbf{f}$ eine (unter Umständen kleine) Umgebung U des Punktes $\mathbf{a}$ bijektiv auf eine Umgebung V von $\mathbf{f}(\mathbf{a})$ ab. Außerhalb von U kann es aber durchaus weitere Punkte geben, deren Bild in V liegt, eine *globale* Umkehrfunktion braucht also nicht zu existieren, und zwar auch dann nicht, wenn $\mathbf{f}_*$ in allen Punkten regulär ist.

③ Wird die Funktion f des vorhergehenden Beispiels auf die punktierte Ebene $\dot{\mathbb{C}}$ eingeschränkt, so ist $\mathbf{f}_*$ in allen Punkten von $\mathscr{D}(f)$ regulär. Trotzdem nimmt f in je zwei Punkten z und $-z$ denselben Wert an. ○

Wir wenden Satz **(21.6)** noch auf den Zusammenhang zwischen kartesischen Koordinaten und Polarkoordinaten an, das heißt: auf die Abbildung

$$\mathbf{f}: \quad \mathbb{R}^2 \to \mathbb{R}^2, \quad (r, \varphi) \mapsto (x, y),$$

gegeben durch

$$(1) \qquad x := r\cos\varphi, \quad y := r\sin\varphi .$$

Aus

$$(2) \qquad \left[\frac{\partial(x,y)}{\partial(r,\varphi)}\right] = \begin{bmatrix} \cos\varphi & -r\sin\varphi \\ \sin\varphi & r\cos\varphi \end{bmatrix}$$

folgt

$$(3) \qquad J_{\mathbf{f}}(r,\varphi) = r ,$$

und dies verschwindet genau in denjenigen Punkten der (r,φ)-Ebene, die in den Ursprung der (x,y)-Ebene übergehen.

Betrachten wir also einen Punkt $(x_0, y_0) \neq \mathbf{0}$, so genügt $\mathbf{f}$ in jedem zugehörigen Urbildpunkt (r_0, φ_0) den Voraussetzungen von Satz **(21.6)**. Es gibt daher eine Umgebung V des Punktes (x_0, y_0) und eine stetig differenzierbare Umkehrfunktion

$$\mathbf{g}: \quad V \to \mathbb{R}^2, \quad (x,y) \mapsto (r(x,y), \varphi(x,y))$$

mit $\mathbf{g}(x_0, y_0) = (r_0, \varphi_0)$. In diesem speziellen Fall wissen wir natürlich Bescheid: Es gilt

$$r(x,y) = \sqrt{x^2+y^2}, \quad [\varphi(x,y)] = \arg(x,y),$$

d.h. φ ist ein stetiges Argument in V (vgl. Satz **(16.2)**); ferner unterscheiden sich die zu verschiedener Wahl von (r_0, φ_0) gehörigen Umkehrfunktionen $\mathbf{g}$ nur um eine additive Konstante $(0, 2k\pi)$, $k \in \mathbb{Z}$.

Satz **(21.6)** liefert aber noch mehr, nämlich Formeln für die partiellen Ableitungen des Arguments. Wie man leicht verifiziert, ist die Inverse der Matrix (2) gegeben durch

$$\begin{bmatrix} \cos\varphi & \sin\varphi \\ -\frac{1}{r}\sin\varphi & \frac{1}{r}\cos\varphi \end{bmatrix}.$$

Damit erhalten wir aufgrund von (213.2) und (1):

$$[\mathbf{g}(x,y)] = \begin{bmatrix} \cos\varphi & \sin\varphi \\ -\frac{1}{r}\sin\varphi & \frac{1}{r}\cos\varphi \end{bmatrix} = \begin{bmatrix} \frac{x}{\sqrt{x^2+y^2}} & \frac{y}{\sqrt{x^2+y^2}} \\ -\frac{y}{x^2+y^2} & \frac{x}{x^2+y^2} \end{bmatrix},$$

und zwar ist $\mathbf{g}_*$ aus angeführten Gründen nicht von der speziellen Wahl von $\mathbf{g}$ abhängig. In der zweiten Zeile der letzten Matrix stehen nun die partiellen Ableitungen des lokalen Arguments $\varphi(x,y)$. Damit wird folgende Formel sinnvoll:

$$\text{(4)} \qquad \mathbf{grad}\,\arg(x,y) = \left(\frac{-y}{x^2+y^2}, \frac{x}{x^2+y^2}\right) \qquad ((x,y) \neq \mathbf{0}).$$

Satz **(21.6')** läßt sich auch als Satz über die Auflösung von Gleichungssystemen formulieren:

(21.7) *Es sei*

$$\text{(5)} \qquad \begin{cases} f_1(x_1,\ldots,x_n) = y_1 \\ f_2(x_1,\ldots,x_n) = y_2 \\ \vdots \\ f_n(x_1,\ldots,x_n) = y_n \end{cases}$$

ein System von n Gleichungen in den n Unbekannten x_k. Dabei sind die f_i $(1 \leqslant i \leqslant n)$ gegebene, stetig partiell differenzierbare Funktionen und die y_i reelle Variable. Besitzt (5) *für die spezielle rechte Seite* $\mathbf{y} := \mathbf{b}$ *eine Lösung* $\mathbf{x} := \mathbf{a}$ *und ist*

$$\det\left[\frac{\partial(f_1,\ldots,f_n)}{\partial(x_1,\ldots,x_n)}\right]_{\mathbf{a}} \neq 0,$$

so besitzt das System für jedes „hinreichend nahe" bei $\mathbf{b}$ *gelegene* $\mathbf{y}$ *genau eine Lösung* $\mathbf{x}$ *„in der Nähe" von* $\mathbf{a}$, *und diese Lösung hängt stetig differenzierbar ab von* $\mathbf{y}$.

⌈ Die f_i legen eine Funktion $\mathbf{f}:\mathbf{x}\mapsto\mathbf{y}$ fest, die an der Stelle $\mathbf{a}$ den Voraussetzungen von **(21.6)** genügt. Die gesuchte Lösung des Systems (5) ist dann gegeben durch $\mathbf{x}:=\mathbf{g}(\mathbf{y})$, unter $\mathbf{g}$ die Funktion (213.1) verstanden. ⌋

Wohlgemerkt: Satz **(21.7)** enthält nur eine Existenzaussage, er liefert keine „Formel" für die gesuchten x_k.

215. Der Satz über implizite Funktionen

Diese Idee des Auflösens von Gleichungen soll nun wesentlich verallgemeinert werden. Wir gehen aus von der Vorstellung, daß sich n Gleichungen in $n+m$ Variablen nach n geeignet gewählten Variablen auflösen lassen sollten; diese n Variablen erscheinen dann als Funktionen der m übrigen, wie in Satz **(21.7)** die n Variablen x_k als Funktionen der n Variablen y_i. Im allgemeinen ist es nicht möglich, diese Auflösung formelmäßig durchzuführen, man begnügt sich dann mit der Existenz und sagt, das Gleichungssystem definiere gewisse Variablen *implizit* als Funktionen der übrigen.

Der folgende *Satz über implizite Funktionen* handelt also von dem Gleichungssystem

$$(1)\qquad \begin{cases} f_1(x_1,\dots,x_m,y_1,\dots,y_n)=0\\ \vdots\\ f_n(x_1,\dots,x_m,y_1,\dots,y_n)=0\,,\end{cases}$$

das (nach allgemeinem Brauch und im Gegensatz zu (214.5)) nach den y_i aufgelöst werden soll. Zur Abkürzung bezeichnen wir die Punkte

$$(x_1,\dots,x_m,y_1,\dots,y_n)\in\mathbb{R}^{m+n}$$

im folgenden mit $(\mathbf{x},\mathbf{y})$, $\mathbf{x}\in\mathbb{R}^m$, $\mathbf{y}\in\mathbb{R}^n$.

(21.8) *Es sei A eine offene Menge des $\mathbb{R}^{m+n}$ und*

$$\mathbf{f}:\quad A\to\mathbb{R}^n,\qquad (\mathbf{x},\mathbf{y})\mapsto\mathbf{f}(\mathbf{x},\mathbf{y})$$

eine stetig differenzierbare Funktion mit $\mathbf{f}(\mathbf{a},\mathbf{b})=\mathbf{0}$. *Ist dann die Determinante*

$$\det\left[\frac{\partial(f_1,\dots,f_n)}{\partial(y_1,\dots,y_n)}\right]_{(\mathbf{a},\mathbf{b})}\neq 0\,,$$

so gibt es Umgebungen $U:=U_\delta(\mathbf{a})\subset\mathbb{R}^m$ und $V:=U_\varepsilon(\mathbf{b})\subset\mathbb{R}^n$ derart, daß die Gleichung $\mathbf{f}(\mathbf{x},\mathbf{y})=\mathbf{0}$ für jedes $\mathbf{x}\in U$ in V genau eine Lösung $\mathbf{y}=:\mathbf{g}(\mathbf{x})$ besitzt. Die Funktion $\mathbf{g}:U\to V$ ist stetig differenzierbar, und im Fall $m=n=1$ gilt folgende

Formel für die Ableitung:

(2) $$g'(x) = -\left.\frac{\partial f/\partial x}{\partial f/\partial y}\right|_{(x,g(x))}.$$

In anderen Worten: Unter den angegebenen Voraussetzungen gibt es Umgebungen U von $\mathbf{a}$ und V von $\mathbf{b}$ derart, daß sich der im „Rechteck" $U \times V$ gelegene Teil der Punktmenge

$$\{(\mathbf{x},\mathbf{y}) \in A \mid \mathbf{f}(\mathbf{x},\mathbf{y}) = \mathbf{0}\}$$

als Graph einer stetig differenzierbaren Funktion $\mathbf{g}: U \to V$ auffassen läßt: Für einen Punkt $(\mathbf{x},\mathbf{y}) \in U \times V$ ist $\mathbf{f}(\mathbf{x},\mathbf{y}) = \mathbf{0}$ gleichbedeutend mit $\mathbf{y} = \mathbf{g}(\mathbf{x})$. — Wir bemerken noch, daß (2) zu einer für beliebige $m, n \geqslant 1$ gültigen Formel für die Matrix $[\mathbf{g}_*(\mathbf{x})]$ verallgemeinert werden kann.

⌜ Um den Satz **(21.6)** anwenden zu können, betrachten wir die stetig differenzierbare Hilfsabbildung

$$\mathbf{F}: \quad A \to \mathbb{R}^{m+n}, \qquad (\mathbf{x},\mathbf{y}) \mapsto (\mathbf{u},\mathbf{v}),$$

gegeben durch

(3) $$\begin{cases} \mathbf{u} := \mathbf{x} \\ \mathbf{v} := \mathbf{f}(\mathbf{x},\mathbf{y}) \end{cases}$$

(siehe die Fig. 215.1). Wegen $\mathbf{f}(\mathbf{a},\mathbf{b}) = \mathbf{0}$ führt $\mathbf{F}$ den Punkt $(\mathbf{a},\mathbf{b})$ in $(\mathbf{a},\mathbf{0})$ über. Ferner besitzt $\mathbf{F}$ die Funktionalmatrix

$$\left[\frac{\partial(u_1,\ldots,u_m,v_1,\ldots,v_n)}{\partial(x_1,\ldots,x_m,y_1,\ldots,y_n)}\right] = \left[\begin{array}{c|c} \begin{matrix} 1 & & \\ & 1 & \\ & & \ddots \\ & & & 1 \end{matrix} & 0 \\ \hline \left[\dfrac{\partial f_i}{\partial x_k}\right] & \left[\dfrac{\partial f_i}{\partial y_k}\right] \end{array}\right],$$

folglich ist (nach den Regeln über das Rechnen mit Determinanten)

(4) $$\det \mathbf{F}_*(\mathbf{a},\mathbf{b}) = \det\left[\frac{\partial f_i}{\partial y_k}\right]_{(\mathbf{a},\mathbf{b})} \neq 0.$$

Nach Satz **(21.6')** bildet daher $\mathbf{F}$ eine geeignete Umgebung $W := U_{2\varepsilon}(\mathbf{a},\mathbf{b})$ bijektiv auf eine Umgebung W' von $(\mathbf{a},\mathbf{0})$ ab; dabei ist $\mathbf{F}_*$ auf ganz W regulär, und

$\mathbf{F}_{|W}$ besitzt eine stetig differenzierbare Umkehrabbildung

$$\mathbf{G}: \quad W' \to W, \quad (\mathbf{u},\mathbf{v}) \mapsto (\mathbf{x},\mathbf{y}),$$

die wegen (3) die spezielle Gestalt

$$(5) \qquad \begin{cases} \mathbf{x} := \mathbf{u} \\ \mathbf{y} := \mathbf{h}(\mathbf{u},\mathbf{v}) \end{cases}$$

aufweist.

Unser Interesse gilt den Punkten $(\mathbf{x},\mathbf{y})$ mit $\mathbf{f}(\mathbf{x},\mathbf{y})=\mathbf{0}$. Für diese Punkte hat $\mathbf{F}$ die Wirkung $(\mathbf{x},\mathbf{y}) \mapsto (\mathbf{x},\mathbf{0})$. Die Umkehrfunktion $\mathbf{G}$ liefert den zu $(\mathbf{x},\mathbf{0})$ gehörigen Punkt $(\mathbf{x},\mathbf{y})$ zurück und damit insbesondere ein $\mathbf{y}$, das für das betreffende $\mathbf{x}$ die Funktion $\mathbf{f}(\mathbf{x},\mathbf{y})$ zu $\mathbf{0}$ macht. Im einzelnen sieht das folgendermaßen aus:

W' ist eine Umgebung von $(\mathbf{a},\mathbf{0})$, $\mathbf{h}$ ist stetig, und es gilt $\mathbf{h}(\mathbf{a},\mathbf{0})=\mathbf{b}$. Somit gibt es ein $\delta>0$, das den folgenden Bedingungen genügt:

(a) $\delta \leqslant \varepsilon$,

(b) aus $|\mathbf{x}-\mathbf{a}|<\delta$ folgt $(\mathbf{x},\mathbf{0}) \in W'$,

(c) aus $|\mathbf{x}-\mathbf{a}|<\delta$ folgt $|\mathbf{h}(\mathbf{x},\mathbf{0})-\mathbf{b}|<\varepsilon$.

Wir setzen nunmehr $U_\delta(\mathbf{a}) =: U$ und betrachten ein festes $\mathbf{x} \in U$. Wegen (b) ist dann $\mathbf{G}$ im Punkt $(\mathbf{x},\mathbf{0})$ definiert; ferner folgt aus (5) und der Bedingung (c):

$$\mathbf{y} := \mathbf{h}(\mathbf{x},\mathbf{0}) \in U_\varepsilon(\mathbf{b}) =: V.$$

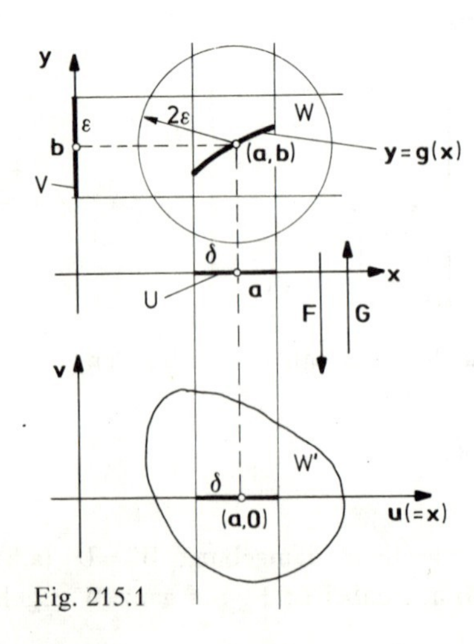

Fig. 215.1

Anderseits gibt es in V kein weiteres $\mathbf{y}$ mit $\mathbf{f}(\mathbf{x},\mathbf{y})=\mathbf{0}$: Sind $\mathbf{y}_1,\mathbf{y}_2\in V$ zwei Punkte mit

$$\text{(6)} \qquad \mathbf{f}(\mathbf{x},\mathbf{y}_1)=\mathbf{f}(\mathbf{x},\mathbf{y}_2)=\mathbf{0}$$

für ein und dasselbe $\mathbf{x}\in U$, so liegen die beiden Punkte $(\mathbf{x},\mathbf{y}_i)$ $(i=1,2)$ in W, denn aus Bedingung (a) folgt

$$|(\mathbf{x},\mathbf{y}_i)-(\mathbf{a},\mathbf{b})|\leqslant|\mathbf{x}-\mathbf{a}|+|\mathbf{y}_i-\mathbf{b}|<\delta+\varepsilon\leqslant 2\varepsilon\,.$$

Aus (6) ergibt sich nun mit (3): $\mathbf{F}(\mathbf{x},\mathbf{y}_1)=\mathbf{F}(\mathbf{x},\mathbf{y}_2)$. Da aber $\mathbf{F}$ auf W injektiv ist, folgt hieraus $\mathbf{y}_1=\mathbf{y}_2$, wie behauptet.

Zusammenfassend können wir sagen: Die gesuchte Funktion $\mathbf{g}\colon U\to V$ ist gegeben durch die zweite Koordinatenfunktion von $\mathbf{G}$ in den Punkten $(\mathbf{x},\mathbf{0})$, $\mathbf{x}\in U$, also durch

$$\mathbf{g}(\mathbf{x}):=\mathbf{h}(\mathbf{x},\mathbf{0})\,.$$

Insbesondere ist damit $\mathbf{g}$ stetig differenzierbar.

$\mathbf{F}_*$ ist in allen Punkten von W regulär, und für jedes $\mathbf{x}\in U$ ist $(\mathbf{x},\mathbf{g}(\mathbf{x}))\in W$. Schreiben wir daher die Formel (4) im Punkt $(\mathbf{x},\mathbf{g}(\mathbf{x}))$ anstelle von $(\mathbf{a},\mathbf{b})$ an, so besagt sie im Fall $m=n=1$:

$$\left.\frac{\partial f}{\partial y}\right|_{(x,g(x))}\neq 0 \qquad \forall x\in U\,.$$

Aus $f(x,g(x))\equiv 0$ $(x\in U)$ folgt nun mit der verallgemeinerten Kettenregel **(20.4)**:

$$\frac{\partial f}{\partial x}\cdot 1+\frac{\partial f}{\partial y}g'(x)=0 \qquad \forall x\in U\,,$$

und hieraus ergibt sich durch Auflösen nach $g'(x)$ die behauptete Formel (2). ┘

① Die Gleichung

$$\text{(7)} \qquad f(x,y):=e^{2x-y}+3x-2y-1=0$$

läßt sich nicht „elementar“ nach x oder nach y auflösen. Man findet jedoch, daß der Punkt $(0,0)$ die Gleichung befriedigt, und aus

$$f_x=2e^{2x-y}+3, \qquad f_y=-e^{2x-y}-2$$

folgt $f_y(0,0) = -3 \neq 0$. Nach dem eben bewiesenen Satz definiert daher (7) eine in der Umgebung von $x=0$ stetig differenzierbare Funktion $y=g(x)$ mit $g(0)=0$, und es ist

$$g'(0) = -\frac{f_x(0,0)}{f_y(0,0)} = \frac{5}{3}. \quad \bigcirc$$

② (Fig. 215.2) Die Gleichung

$$f(x,y) := x^2 + y^2 - 1 = 0$$

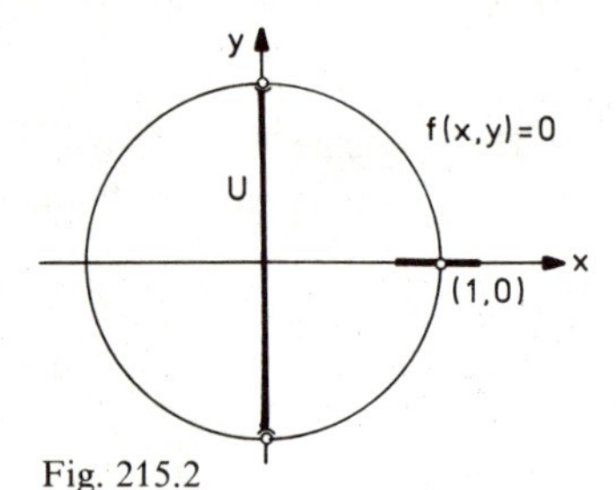

Fig. 215.2

wird durch den Punkt (1,0) befriedigt. Nun ist $f_y = 2y$ und somit $f_y(1,0) = 0$, so daß Satz **(21.8)** nichts liefert. Tatsächlich läßt sich die Nullstellenmenge von f in der Umgebung von (1,0) nicht als Graph einer Funktion $y=g(x)$ auffassen, wie die Figur zeigt. Hingegen ist $f_x(1,0) = 2 \neq 0$; nach dem Satz gibt es daher eine Umgebung U von $y=0$ und eine in U stetig differenzierbare Funktion $x=g(y)$ mit $g(0)=1$. Hier ist natürlich $g(y) = \sqrt{1-y^2}$, und dies ist in der Tat auf $U := \,]-1,1[$ stetig differenzierbar. ○

216. Der Immersionssatz

Es sei $L: \mathbb{R}^m \to \mathbb{R}^n$ eine lineare Abbildung. Die Menge

$$\operatorname{Ker} L := \{\mathbf{x} \in \mathbb{R}^m \mid L\mathbf{x} = \mathbf{0}\}$$

der Vektoren, die durch L in $\mathbf{0}$ übergeführt werden, heißt *Kern* von L und ist ein Unterraum von $\mathbb{R}^m$. L ist genau dann injektiv, wenn der Kern nur aus dem Nullvektor besteht. Die Menge

$$\operatorname{Im} L := \{L\mathbf{x} \mid \mathbf{x} \in \mathbb{R}^m\} \subset \mathbb{R}^n$$

der Bildvektoren hingegen ist ein Unterraum von $\mathbb{R}^n$, seine Dimension heißt der *Rang* der Abbildung L und wird mit $\operatorname{rang} L$ bezeichnet; $\operatorname{rang} L$ ist gleich der

Ordnung der größten nicht verschwindenden Unterdeterminanten der Matrix $[L]$ und höchstens gleich der kleineren der beiden Zahlen m und n. Vor allem aber gilt die fundamentale Beziehung

$$\text{rang}\, L + \dim(\text{Ker}\, L) = m\,. \tag{1}$$

Im folgenden wird stets $m \leqslant n$ sein, und die betrachteten linearen Abbildungen werden *Maximalrang*, also den Rang m besitzen. Wegen (1) haben derartige Abbildungen „verschwindenden Kern", sie führen also den $\mathbb{R}^m$ bijektiv in einen m-dimensionalen Unterraum von $\mathbb{R}^n$ über.

Wir betrachten von jetzt an m und n als gegeben, $m \leqslant n$, und bezeichnen die Orthogonalprojektion

$$(x_1, \ldots, x_m, x_{m+1}, \ldots, x_n) \mapsto (x_1, \ldots, x_m, 0, \ldots, 0)$$

des $\mathbb{R}^n$ auf die m-dimensionale Koordinatenebene

$$\mathbb{R}^{m(n)} := \{\mathbf{x} \in \mathbb{R}^n \,|\, x_{m+1} = x_{m+2} = \cdots = x_n = 0\}$$

mit P. Die Abbildung P ist linear und damit stetig differenzierbar. Es ist oft zweckmäßig, die Koordinatenebene $\mathbb{R}^{m(n)}$ „mit $\mathbb{R}^m$ zu identifizieren", d.h. ihre Punkte einfach mit $(x_1, \ldots, x_m)$ zu bezeichnen; P hat dann die Wirkung

$$(x_1, \ldots, x_m, x_{m+1}, \ldots, x_n) \mapsto (x_1, \ldots, x_m)\,.$$

Eine Menge $S \subset \mathbb{R}^n$ liegt *schlicht* über der Menge $V \subset \mathbb{R}^{m(n)}$, wenn $P_{|S}$ eine bijektive Abbildung von S auf V ist. Dann liegt über jedem Punkt $(x_1, \ldots, x_m, 0, \ldots, 0) \in V$ genau ein Punkt von S und über allen Punkten $(x_1, \ldots, x_m, 0, \ldots, 0) \notin V$ kein Punkt von S. Beispiel: Der Graph einer Funktion $y = \varphi(x)$ liegt schlicht über dem Definitionsbereich von φ.

Nach diesen vorbereitenden Bemerkungen wenden wir uns der Parameterdarstellung von „m-dimensionalen Flächen" im $\mathbb{R}^n$ zu. Als Beispiel mögen zunächst Flächen im $\mathbb{R}^3$ dienen: Es sei A eine offene Teilmenge der (u,v)-Ebene und

$$\mathbf{f}\colon\quad A \to \mathbb{R}^3, \qquad (u,v) \mapsto (x,y,z)$$

eine stetig differenzierbare Funktion. Unter gewissen Voraussetzungen ist dann die Bildmenge $S := f(A) \subset \mathbb{R}^3$ einerseits bijektiv und bistetig auf den zweidimensionalen *Parameterbereich* A bezogen; anderseits liegt S schlicht über einer offenen Menge B der (x,y)-Ebene und kann als Graph einer stetig differenzierbaren Funktion

$$z = \varphi(x,y) \qquad ((x,y) \in B)$$

aufgefaßt werden. Diese beiden Sachverhalte liegen zugrunde, wenn die Menge S als „Fläche“ bezeichnet wird (für die genaue Definition s. u.). — Allgemein gilt der folgende Satz:

(21.9) *Es sei $m \leqslant n$, A eine offene Menge des $\mathbb{R}^m$ und*

(2) $$\mathbf{f}: \quad A \to \mathbb{R}^n, \quad \mathbf{u} \mapsto \mathbf{x} := \mathbf{f}(\mathbf{u})$$

eine stetig differenzierbare Funktion, und im Punkt $\mathbf{a} \in A$ sei

$$\operatorname{rang} \mathbf{f}_*(\mathbf{a}) = m .$$

Dann gibt es eine (m-dimensionale) Umgebung $U := U_\delta(\mathbf{a})$, die durch $\mathbf{f}$ bijektiv und bistetig auf eine Teilmenge $S \subset \mathbb{R}^n$ abgebildet wird. Zweitens liegt S (bei geeigneter Numerierung der Koordinaten) schlicht über *einer offenen Teilmenge V der m-dimensionalen Koordinatenebene $\mathbb{R}^{m(n)}$, und es gibt eine stetig differenzierbare Funktion $\varphi: V \to \mathbb{R}^{n-m}$ mit*

(3) $$S = \{\mathbf{x} \in \mathbb{R}^n \mid (x_1, \ldots, x_m) \in V; \;\; x_j = \varphi_j(x_1, \ldots, x_m) \;\; (m+1 \leqslant j \leqslant n)\} .$$

Kurz: Bildet $\mathbf{f}_*(\mathbf{a})$ den Tangentialraum $T_\mathbf{a}$ bijektiv auf einen m-dimensionalen Unterraum von $T_{\mathbf{f}(\mathbf{a})}$ ab, so bildet $\mathbf{f}$ eine Umgebung von $\mathbf{a}$ bijektiv auf ein m-dimensionales „Flächenstück“ S im $\mathbb{R}^n$ ab (siehe die Fig. 216.1). — ⌈ Die Funktionalmatrix

$$[\mathbf{f}_*(\mathbf{a})] = \begin{bmatrix} \dfrac{\partial f_1}{\partial u_1} & \cdots & \dfrac{\partial f_1}{\partial u_m} \\ \vdots & & \\ \dfrac{\partial f_m}{\partial u_1} & \cdots & \dfrac{\partial f_m}{\partial u_m} \\ \vdots & & \\ \dfrac{\partial f_n}{\partial u_1} & \cdots & \dfrac{\partial f_n}{\partial u_m} \end{bmatrix}_\mathbf{a}$$

besitzt eine nichtverschwindende Unterdeterminante der Ordnung m; es sei etwa

$$\det \left[\frac{\partial(f_1, \ldots, f_m)}{\partial(u_1, \ldots, u_m)} \right]_\mathbf{a} \neq 0 .$$

Wir können diese Determinante als Funktionaldeterminante der Abbildung

(4) $$\mathbf{h} := P \circ \mathbf{f}: \quad A \to \mathbb{R}^{m(n)}, \quad \mathbf{u} \mapsto (f_1(\mathbf{u}), \ldots, f_m(\mathbf{u}))$$

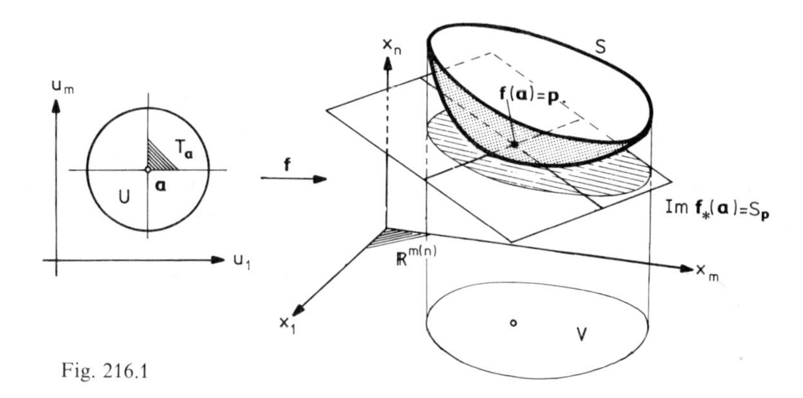

Fig. 216.1

im Punkt **a** auffassen, $\mathbf{h}_*(\mathbf{a})$ ist also regulär. Nach dem Hauptsatz **(21.6)** gibt es daher eine Umgebung $U := U_\delta(\mathbf{a})$, die durch $\mathbf{h}_{|U}$ bijektiv und in beiden Richtungen stetig differenzierbar auf eine offene Menge $V \subset \mathbb{R}^{m(n)}$ abgebildet wird. Es sei

$$\mathbf{g}\colon \quad V \to U, \quad (x_1, \ldots, x_m) \mapsto (u_1, \ldots, u_m)$$

die Umkehrfunktion von $\mathbf{h}_{|U}$; dann gelten wegen (4) die Beziehungen

$$\text{(5)} \qquad \mathbf{g} \circ P \circ \mathbf{f}_{|U} = \mathbb{1}_U, \quad P \circ \mathbf{f} \circ \mathbf{g} = \mathbb{1}_V$$

(siehe die Fig. 216.2).

Betrachten wir jetzt die Menge $S := \mathbf{f}(U)$, so folgt aus der ersten Gleichung (5): Die stetige Funktion $\mathbf{g} \circ P_{|S}$ ist Umkehrfunktion von $\mathbf{f}_{|U}$. Folglich ist $\mathbf{f}_{|U}\colon U \to S$ bijektiv und in beiden Richtungen stetig. — Aus der zweiten Gleichung (5) folgt anderseits: $P_{|S}$ ist die Umkehrabbildung der Abbildung $\mathbf{f} \circ \mathbf{g}\colon V \to S$. Da $P_{|S}$ die ersten m Koordinaten festhält, muß dies auch für $\mathbf{f} \circ \mathbf{g}$ zutreffen. Somit ist $\mathbf{f} \circ \mathbf{g}$ von der Form

$$\mathbf{f} \circ \mathbf{g}\colon \quad (x_1, \ldots, x_m) \mapsto (x_1, \ldots, x_m, \varphi_{m+1}(x_1, \ldots, x_m), \ldots, \varphi_n(x_1, \ldots, x_m))$$

mit stetig differenzierbaren Funktionen φ_j. Wegen $S = \mathbf{f} \circ \mathbf{g}(V)$ folgt hieraus (3), und S liegt in der Tat schlicht über V. ⌟

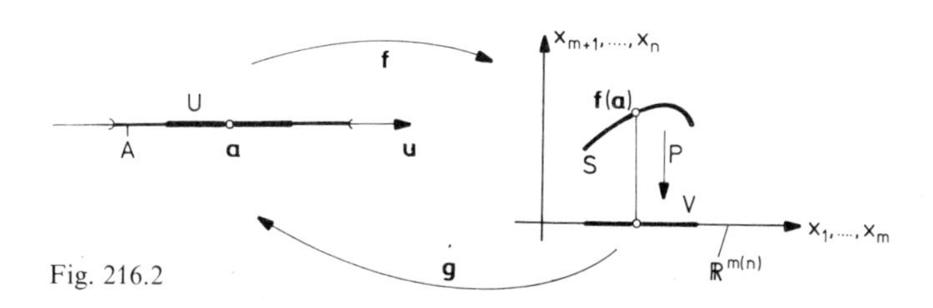

Fig. 216.2

① Es sei speziell $m=1$, d.h.

$$\mathbf{f}:\quad]a,b[\to \mathbb{R}^n \tag{6}$$

Parameterdarstellung einer Kurve γ. Die Ableitung $\mathbf{f}_*$ besitzt in einem Punkt $t_0 \in]a,b[$ genau dann den Rang 1, wenn $\mathbf{f}_*(t_0)(1)=\mathbf{f}'(t_0)\neq \mathbf{0}$ ist. Ist etwa $f_1'(t_0)\neq 0$, so besagt unser Satz: Das zu einer geeigneten Umgebung $U_\delta(t_0)$ gehörige Stück von γ liegt schlicht über einem Intervall der x_1-Achse und kann als Graph einer $\mathbb{R}^{n-1}$-wertigen Funktion der Variablen x_1 betrachtet werden. ○

② Die Funktion $\operatorname{cis}: t\mapsto e^{it}$ läßt sich auffassen als

$$\mathbf{f}:\quad \mathbb{R}\to\mathbb{R}^2, \qquad t\mapsto (x,y)$$

mit $x(t):=\cos t$, $y(t):=\sin t$. Der Tangentialvektor $(x'(t), y'(t))=(-\sin t, \cos t)$ ist wegen $\sin^2 t+\cos^2 t\equiv 1$ durchwegs $\neq \mathbf{0}$. Nach Satz **(21.9)** bildet daher die cis-Funktion jedes hinreichend kleine Intervall $]t_0-\delta, t_0+\delta[$ injektiv und in beiden Richtungen stetig ab — ein Sachverhalt, den wir bereits in den Kapiteln 9 und 16 (mit einigem Aufwand) bewiesen haben. — Da z.B. $y'(0)=1\neq 0$ ist, läßt sich weiter die Menge $\operatorname{cis}(U_\delta(0))$ als Graph einer Funktion $x=\varphi(y)$ auffassen, nämlich der Funktion $x=\sqrt{1-y^2}$ (nicht aber als Graph einer Funktion $y=\psi(x)$; vgl. das Beispiel 215.②). ○

Kapitel 22. „Flächen" im $\mathbb{R}^n$

221. Begriff der m-Fläche

In Kapitel 15 haben wir eine Kurvendarstellung $t \mapsto \mathbf{f}(t)$ regulär genannt, falls für alle t gilt: $\mathbf{f}'(t) \neq \mathbf{0}$. Allgemein heißt eine Funktion (216.2) *regulär*, wenn sie stetig differenzierbar ist und wenn $\mathbf{f}_*$ in allen Punkten $\mathbf{u} \in A$ Maximalrang, also den Rang m, besitzt. Im folgenden Fall ist der Nachweis der Regularität besonders einfach:

(22.1) *Es sei A eine offene Teilmenge der m-dimensionalen Koordinatenebene $\mathbb{R}^{m(n)} \subset \mathbb{R}^n$ und $\boldsymbol{\varphi}: A \to \mathbb{R}^n$ eine Funktion der Form*

$$\boldsymbol{\varphi}: \quad (x_1, \ldots, x_m) \mapsto (x_1, \ldots, x_m, \varphi_{m+1}(x_1, \ldots, x_m), \ldots, \varphi_n(x_1, \ldots, x_m)).$$

Dann ist $\boldsymbol{\varphi}$ regulär.

⌜ Die Funktionalmatrix

$$[\varphi_*(\mathbf{x})] = \begin{bmatrix} 1 & & & \\ & 1 & & \\ & & \ddots & \\ & & & 1 \\ & \left[\dfrac{\partial \varphi_i}{\partial x_k}\right] & & \end{bmatrix}$$

besitzt eine nirgends verschwindende Unterdeterminante der Ordnung m. ⌟

Eine reguläre Funktion

$$(1) \qquad \mathbf{f}: \quad A \to \mathbb{R}^n, \qquad \mathbf{u} \mapsto \mathbf{x} := \mathbf{f}(\mathbf{u})$$

ist nach dem Immersionssatz **(21.9)** *lokal injektiv:* Jeder Punkt $\mathbf{u} \in A$ besitzt eine Umgebung U, die durch $\mathbf{f}$ injektiv abgebildet wird. Trotzdem braucht $\mathbf{f}$ nicht *global*, d.h. auf ganz A, injektiv zu sein, wie das Beispiel 216.② zeigt: Es ist $\operatorname{cis} 0 = \operatorname{cis} 2\pi$. In anderen Worten: Das durch $\mathbf{f}$ dargestellte Gebilde $S := \mathbf{f}(A)$ kann

Selbstdurchdringungen aufweisen. Wir werden aber darauf nicht weiter eingehen und setzen daher die Funktionen (1) im folgenden stillschweigend als global injektiv voraus.

Wie bei der Darstellung von Kurven (siehe Abschnitt 151) wollen wir zwei reguläre Funktionen

$$\mathbf{f}: \quad A \to \mathbb{R}^n, \qquad \mathbf{g}: \quad B \to \mathbb{R}^n \qquad (A, B \text{ offen im } \mathbb{R}^m)$$

als *äquivalent* bzw. als *Parameterdarstellungen* ein und desselben Objekts S betrachten, wenn es eine bijektive und reguläre *Parametertransformation* $\boldsymbol{\omega}: B \to A$ gibt, so daß gilt

$$(2) \qquad \mathbf{g}(\mathbf{u}) \equiv \mathbf{f}(\boldsymbol{\omega}(\mathbf{u})) \quad \text{bzw.} \quad \mathbf{g} = \mathbf{f} \circ \boldsymbol{\omega}\,.$$

Wir überlassen die Verifikation der Axiome (A 1)—(A 3) dem Leser (die Parametertransformationen genügen in jedem Punkt den Voraussetzungen von Satz **(21.6)**). Eine Äquivalenzklasse S von regulären Funktionen (1) nennen wir kurz eine *(offene) m-Fläche im* $\mathbb{R}^n$. Etwas ungenau werden wir auch die (vom gewählten Repräsentanten $\mathbf{f}$ unabhängige) Punktmenge $\mathbf{f}(A) \subset \mathbb{R}^n$ als *m-Fläche* bezeichnen (bei Kurven sprachen wir von der *Spur*) und dafür denselben Buchstaben S verwenden. Wir wollen das gleich noch etwas verallgemeinern und eine Punktmenge $S \subset \mathbb{R}^n$ bereits dann als *m-Fläche im* $\mathbb{R}^n$ ansprechen, wenn S nur *lokal* (d.h. in der Umgebung jedes Punktes $\mathbf{p} \in S$) Parameterdarstellungen der betrachteten Art besitzt. Es ist also nicht nötig (und meist auch gar nicht möglich), die ganze m-Fläche S mit einem einzigen „Koordinatenpflaster“ zu bedecken.

① Es ist unmöglich, eine offene Menge $A \subset \mathbb{R}$ (nicht notwendigerweise ein Intervall) und eine reguläre Funktion $\mathbf{f}: A \to \mathbb{R}^2$ anzugeben, so daß $\mathbf{f}$ die Menge A bijektiv auf den ganzen Einheitskreis $\mathbb{E} := \{\mathbf{z} := (x, y) \mid x^2 + y^2 = 1\}$ abbildet. Dies ist anschaulich klar und kann etwa folgendermaßen bewiesen werden:

⌜ Eine Funktion der beschriebenen Art besitzt nach Satz **(21.9)** eine stetige Umkehrfunktion

$$g := \mathbf{f}^{-1}: \quad \mathbb{E} \to A\,.$$

Die reellwertige Funktion g nimmt auf der kompakten Menge $\mathbb{E}$ ein Maximum t_0 an. Dann ist $t_0 \in A$, aber $t_0 + \delta \notin A \ \forall \delta > 0$, denn g ist surjektiv. Hieraus ergibt sich ein Widerspruch: Wenn A offen ist, so liegen auch rechts von $t_0 \in A$ noch Punkte von A. ⌟

Zur Darstellung von $\mathbb{E}$ (im hier betrachteten Sinn) genügen jedoch die zwei Funktionen

$$\mathbf{f}: \quad A :=]-\pi\,\pi[\to \mathbb{R}^2, \qquad t \mapsto (\cos t, \sin t),$$

$$\mathbf{g}: \quad B :=]0, 2\pi[\to \mathbb{R}^2, \qquad \tau \mapsto (\cos\tau, \sin\tau),$$

die je ein Intervall bijektiv auf eine Teilmenge von $\mathbb{E}$ abbilden. Gehört ein Punkt $\mathbf{p} \in \mathbb{E}$ zu beiden „Koordinatenpflastern“, so sind **f** und **g** „in der Umgebung von **p**“ äquivalent. Wir betrachten etwa den Punkt $\mathbf{p} := (0, -1) = \mathbf{f}(-\pi/2) = \mathbf{g}(3\pi/2)$. Für alle τ im Teilintervall $]\pi, 2\pi[\subset B$ liegt $t := \tau - 2\pi$ im Teilintervall $]-\pi, 0[\subset A$, und es gilt (vgl. (2)):

$$\mathbf{g}(\tau) \equiv (\cos\tau, \sin\tau) \equiv (\cos(\tau - 2\pi), \sin(\tau - 2\pi)) \equiv \mathbf{f}(\tau - 2\pi).$$

Somit sind **f** und **g** in den angegebenen Teilintervallen äquivalent vermöge der Parametertransformation

$$\omega: \quad]\pi, 2\pi[\to]-\pi, 0[, \qquad \tau \mapsto t := \tau - 2\pi. \quad \bigcirc$$

Der hier präsentierte Begriff der m-Fläche dient als Surrogat (und Vorbereitung) für den allgemeineren Begriff der *m-dimensionalen Mannigfaltigkeit*. Um mit Mannigfaltigkeiten arbeiten zu können, müßten wir erst weiteres Material, z.B. aus der linearen Algebra, bereitstellen. Wir wollen daher, wie angedeutet, davon absehen, diesen (fundamentalen) Begriff hier einzuführen.

222. Tangentialebene

Es sei S eine m-Fläche und (221.1) eine reguläre Parameterdarstellung von S. Wir betrachten einen festen Punkt $\mathbf{p} \in S$; es sei etwa $\mathbf{p} = \mathbf{f}(\mathbf{a})$. Die Ableitung

$$\mathbf{f}_*(\mathbf{a}): \quad T_\mathbf{a} \to T_\mathbf{p}$$

besitzt als Bildmenge einen m-dimensionalen Unterraum $S_\mathbf{p}$ von $T_\mathbf{p}$, wir nennen $S_\mathbf{p}$ die *Tangentialebene* an S im Punkt **p** (siehe die Fig. 216.1). $S_\mathbf{p}$ hängt nicht von der gewählten Parameterdarstellung ab: $\ulcorner$ Ist $\mathbf{g}: B \to \mathbb{R}^n$, $\mathbf{p} = \mathbf{g}(\mathbf{b})$, eine andere Parameterdarstellung von S und ist $\omega: B \to A$, $\omega(\mathbf{b}) = \mathbf{a}$, die zugehörige Parametertransformation, so folgt aus (221.2) mit der Kettenregel:

$$\mathbf{g}_*(\mathbf{b}) = \mathbf{f}_*(\mathbf{a}) \circ \omega_*(\mathbf{b}).$$

Nach Voraussetzung über ω ist $\omega_*(\mathbf{b}): T_\mathbf{b} \to T_\mathbf{a}$ regulär und somit $\operatorname{Im} \omega_*(\mathbf{b})$ der volle Raum $T_\mathbf{a}$. Dann gilt aber: $\operatorname{Im} \mathbf{g}_*(\mathbf{b}) = \operatorname{Im} \mathbf{f}_*(\mathbf{a})$, wie behauptet. $\lrcorner$ — Entscheidend ist nun der folgende Satz:

(22.2) *Die Tangentialebene $S_{\mathbf{p}}$ wird aufgespannt von den Tangenten an die regulären Flächenkurven durch den Punkt* $\mathbf{p}$.

Unter einer *Flächenkurve* verstehen wir natürlich eine Kurve γ, deren Spur in S liegt. — ⌜ Wir betrachten einerseits für ein festes k, $1 \leqslant k \leqslant m$, die Kurve

$$\tilde{\gamma}_k: \quad t \mapsto \mathbf{u}(t) := \mathbf{a} + t\,\mathbf{e}_k \qquad (|t| < \delta)$$

in A (siehe die Fig. 222.1). Im Punkt $\mathbf{a}$ besitzt $\tilde{\gamma}_k$ den Tangentialvektor $\mathbf{u}'(0) = \mathbf{e}_k$. Das $\mathbf{f}$-Bild von $\tilde{\gamma}_k$ ist eine gewisse Flächenkurve durch den Punkt $\mathbf{f}(\mathbf{a}) = \mathbf{p}$; man nennt $\mathbf{f}(\tilde{\gamma}_k) =: \gamma_k$ die *u_k-Linie durch* $\mathbf{p}$, da nur der Parameter u_k längs γ_k variiert. Nach der Kettenregel **(20.5)** besitzt γ_k im Punkt $\mathbf{p}$ den Tangentialvektor

$$f_*(\mathbf{a})\,\mathbf{u}'(0) = \mathbf{f}_*(\mathbf{a})\,\mathbf{e}_k\,.$$

Die m Vektoren $\mathbf{f}_*(\mathbf{a})\,\mathbf{e}_k$ $(1 \leqslant k \leqslant m)$ spannen aber zusammen gerade $\operatorname{Im} \mathbf{f}_*(\mathbf{a}) = S_{\mathbf{p}}$ auf.

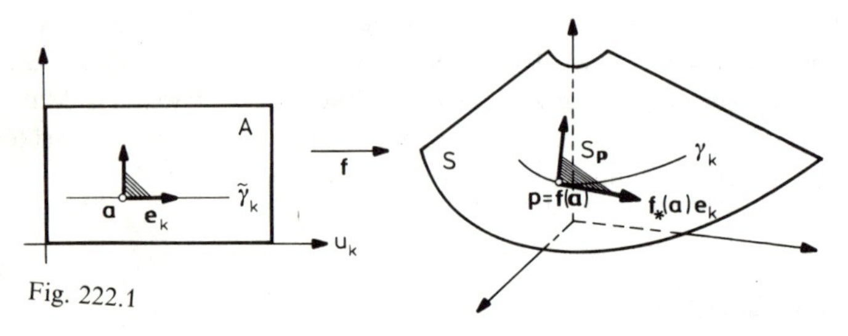

Fig. 222.1

Es stelle anderseits

$$\mathbf{g}: \quad t \mapsto (g_1(t), \ldots, g_n(t)), \qquad \mathbf{g}(0) = \mathbf{p}\,,$$

eine beliebige reguläre Flächenkurve γ durch den Punkt $\mathbf{p}$ dar. Wir zeigen zunächst, daß sich γ *durch A hindurch faktorisieren*, d.h. als $\mathbf{f}$-Bild einer regulären Kurve in A auffassen läßt (diese Eigenschaft kann übrigens auch zur Definition der Flächenkurven benutzt werden):

⌜ Nach Satz **(21.9)** können wir den Parameterbereich A als offene Teilmenge der m-dimensionalen Koordinatenebene $\mathbb{R}^{m(n)}$ und $\mathbf{f}$ in der Form

$$\mathbf{f}: \quad (x_1, \ldots, x_m) \mapsto (x_1, \ldots, x_m, \varphi_{m+1}(x_1, \ldots, x_m), \ldots, \varphi_n(x_1, \ldots, x_m))$$

annehmen. Wird γ in die Ebene $\mathbb{R}^{m(n)}$ hinunterprojiziert (siehe die Fig. 222.2), so besitzt die resultierende Kurve $P(\gamma) =: \tilde{\gamma}$ die stetig differenzierbare Parameterdarstellung

(1) $\tilde{\mathbf{g}} := P \circ \mathbf{g}: \quad t \mapsto (g_1(t), \ldots, g_m(t))$,

und es gilt

(2) $\tilde{\mathbf{g}}(0) = (p_1, \ldots, p_m) =: \mathbf{a}$.

Aus der definierenden Gleichung (1) folgt weiter

(3) $\mathbf{f} \circ \tilde{\mathbf{g}} = \mathbf{f} \circ P \circ \mathbf{g}$.

Nun liegt nach Voraussetzung die Spur von γ, d.h. die Menge aller Punkte $\mathbf{g}(t)$, in S. Für die Punkte von S ist aber $\mathbf{f} \circ P$ die identische Abbildung. Wir erhalten daher aus (3):

(4) $\mathbf{g} = \mathbf{f} \circ \tilde{\mathbf{g}}$,

und dies ist die gewünschte Faktorisierung. Aus (4) folgt mit der Kettenregel **(20.5)**:

(5) $\mathbf{g}'(t) = \mathbf{f}_*(\tilde{\mathbf{g}}(t))\tilde{\mathbf{g}}'(t)$.

Nach Voraussetzung ist $\mathbf{g}'(t) \neq \mathbf{0}$ für alle t; dann kann aber auch $\tilde{\mathbf{g}}'(t)$ nirgends verschwinden, und $\tilde{\mathbf{g}}$ ist in der Tat regulär. ⌟

Schreiben wir nun (5) insbesondere für $t=0$ an, so folgt mit (2):

$$\mathbf{g}'(0) = \mathbf{f}_*(\mathbf{a})\tilde{\mathbf{g}}'(0).$$

Hiernach liegt der Tangentialvektor $\mathbf{g}'(0)$ in $\operatorname{Im} \mathbf{f}_*(\mathbf{a}) = S_{\mathbf{p}}$, wie behauptet. ⌟

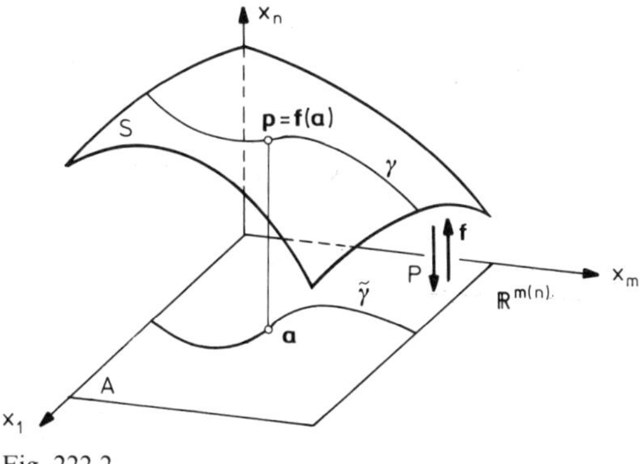

Fig. 222.2

223. Hyperflächen

Die Differenz $n-m$ wird als *Kodimension* der m-Fläche $S\subset\mathbb{R}^n$ bezeichnet. Ist die Kodimension gleich 1, so faßt man zuweilen S als höherdimensionales Analogon einer gewöhnlichen zweidimensionalen Fläche im $\mathbb{R}^3$ auf und nennt dann S eine *Hyperfläche*. In diesem Fall besitzt auch die Tangentialebene $S_{\mathbf{p}}$ die Kodimension 1 in $T_{\mathbf{p}}$, und das orthogonale Komplement von $S_{\mathbf{p}}$ ist ein eindimensionaler Unterraum von $T_{\mathbf{p}}$, also eine Gerade durch $\mathbf{p}$. Diese Gerade heißt *Flächennormale* von S im Punkt $\mathbf{p}$.

Als Anwendung dieser Begriffe betrachten wir die folgende Situation: Es sei $f\colon B\to\mathbb{R}$ eine reelle Funktion auf der Menge $B\subset\mathbb{R}^n$ und α eine beliebige reelle Zahl. Die Punktmenge

$$N_\alpha := \{\mathbf{x}\in B \mid f(x_1,\ldots,x_n)=\alpha\}\subset\mathbb{R}^n$$

heißt die *zum Wert α gehörige Niveaufläche* von f. Wir beweisen (siehe die Fig. 223.1):

(22.3) *Es sei $f\colon B\to\mathbb{R}$ eine stetig differenzierbare reelle Funktion auf der offenen Menge $B\subset\mathbb{R}^n$ und $\mathbf{p}$ ein Punkt der Niveaufläche N_α von f. Ist $\mathbf{grad}\, f(\mathbf{p})\neq\mathbf{0}$, so ist N_α in der Umgebung von $\mathbf{p}$ eine Hyperfläche, und $\mathbf{grad}\, f(\mathbf{p})$ liegt in der Flächennormalen von N_α in $\mathbf{p}$.*

⌈ Es sei etwa $\left.\dfrac{\partial f}{\partial x_n}\right|_{\mathbf{p}}\neq 0$. Dann gibt es nach Satz **(21.8)** eine Umgebung U des Punktes $\mathbf{a}:=(p_1,\ldots,p_{n-1})\in\mathbb{R}^{n-1}$, eine Umgebung V von $p_n\in\mathbb{R}$ und eine stetig differenzierbare Funktion

$$\varphi\colon\quad U\to V,\quad (x_1,\ldots,x_{n-1})\mapsto\varphi(x_1,\ldots,x_{n-1})$$

derart, daß gilt

$$(1)\qquad f(x_1,\ldots,x_n)-\alpha=0,\quad \mathbf{x}\in U\times V \quad\Leftrightarrow\quad (x_1,\ldots,x_{n-1})\in U,\quad x_n=\varphi(x_1,\ldots,x_{n-1}).$$

$U\times V$ ist eine Umgebung des Punktes $\mathbf{p}\in\mathbb{R}^n$. Bezeichnen wir den in $U\times V$ liegenden Teil von N_α mit S, so besagt (1): S ist die durch

$$\boldsymbol{\varphi}\colon\quad U\to\mathbb{R}^n,\quad (x_1,\ldots,x_{n-1})\mapsto(x_1,\ldots,x_{n-1},\varphi(x_1,\ldots,x_{n-1}))$$

gegebene Hyperfläche (vgl. die Proposition **(22.1)**); dabei ist $\boldsymbol{\varphi}(\mathbf{a})=\mathbf{p}$.

Nach Konstruktion gilt

$$f(\boldsymbol{\varphi}(x_1,\ldots,x_{n-1}))=\alpha\qquad\forall(x_1,\ldots,x_{n-1})\in U\,,$$

wegen **(20.1)** (b) und der Kettenregel ist daher $f_*(\mathbf{p})\circ\varphi_*(\mathbf{a})$ die Nullabbildung. Da $f_*(\mathbf{p})$ somit alle Vektoren $\mathbf{X}\in\operatorname{Im}\varphi_*(\mathbf{a})$ zu $\mathbf{0}$ macht, können wir wegen (196.6) und nach Definition der Tangentialebene schreiben:

$$\mathbf{grad}\, f(\mathbf{p})\bullet\mathbf{X}=0 \qquad \forall\mathbf{X}\in S_{\mathbf{p}},$$

das heißt aber: $\mathbf{grad}\, f(\mathbf{p})$ steht senkrecht auf $S_{\mathbf{p}}$. ⌋

Die in diesem Satz betrachteten Flächen sind durch *eine* Gleichung, nämlich

$$f(x_1,\ldots,x_n)=\alpha,$$

definiert. Für Flächen, die allgemeiner durch p Gleichungen definiert sind, verweisen wir auf den Satz **(22.6)**.

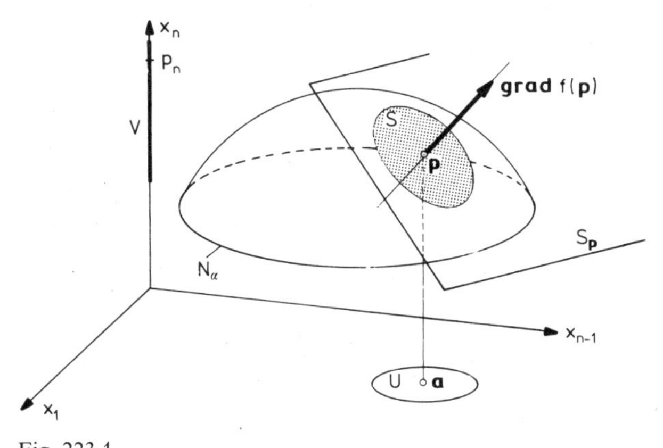

Fig. 223.1

① Die m-dimensionale Sphäre

$$S_R^m:=\{\mathbf{x}\in\mathbb{R}^{m+1}\,|\,|\mathbf{x}|=\mathbb{R}\}$$

läßt sich als Niveaufläche zum Niveau $\mathbb{R}^2$ der Funktion

$$f(\mathbf{x}):=x_1^2+x_2^2+\cdots+x_{m+1}^2$$

auffassen. In allen Punkten $\mathbf{x}\in S_R^m$ ist $\mathbf{grad}\, f(\mathbf{x})=2\mathbf{x}\neq\mathbf{0}$. Folglich ist erstens S^m eine Hyperfläche im $\mathbb{R}^{m+1}$, zweitens ist die Flächennormale in jedem Punkt $\mathbf{x}\in S_R^m$ parallel zum Ortsvektor $\mathbf{x}$. ○

② Die Gleichung

$$f(x,y,z):=x^2+y^2-z^2=0$$

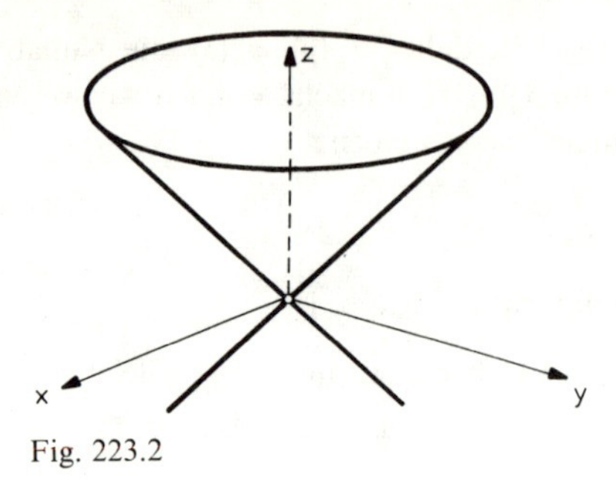

Fig. 223.2

beschreibt einen Kegel im (x, y, z)-Raum (siehe die Fig. 223.2). Der Ursprung ist zwar ein Punkt dieses Kegels, aber es ist dort

$$\mathbf{grad}\, f(\mathbf{0}) = (2x, 2y, -2z)_{\mathbf{0}} = \mathbf{0}\,.$$

Die entscheidende Voraussetzung von Satz **(22.3)** ist daher in diesem Punkt nicht erfüllt. Der Ursprung ist denn auch tatsächlich ein „singulärer“ Punkt des Kegels; der „Flächencharakter“ ist an dieser Stelle offensichtlich defekt. ○

224. Bedingt stationäre Punkte

Wir wollen die in Abschnitt 206 betrachteten lokalen Extrema im Unterschied zu den gleich einzuführenden als *voll* bezeichnen. Die folgende Situation tritt nämlich immer wieder auf: Die Funktion f ist zwar auf einer offenen Menge $A \subset \mathbb{R}^m$ definiert, man interessiert sich aber nur für die Werte von f auf einer gewissen r-Fläche $S \subset A$, $r < m$, und vergleicht nur diese Werte untereinander. Die Funktion $f: A \to \mathbb{R}$ heißt im Punkt $\mathbf{a} \in S$ *lokal minimal bezüglich* S oder auch *bedingt lokal minimal*, falls es ein $\delta > 0$ gibt mit

$$f(\mathbf{a}) \leqslant f(\mathbf{x}) \qquad \forall \mathbf{x} \in S \cap U_\delta(\mathbf{a})$$

(siehe die Fig. 224.1). Analog werden *bedingte lokale Maxima* definiert. — Ist f im Punkt $\mathbf{a} \in S (\subset A)$ voll lokal minimal, so ist f dort auch bedingt minimal bezüglich S, aber nicht umgekehrt:

① Es sei $A := \mathbb{R}^2$, S die x-Achse und $f(x, y) := x^2 + y$. Dann ist f im Ursprung bedingt minimal bezüglich S, aber nicht voll lokal minimal, denn $\mathbf{grad}\, f(0,0) = (0,1)$ ist $\neq \mathbf{0}$. ○

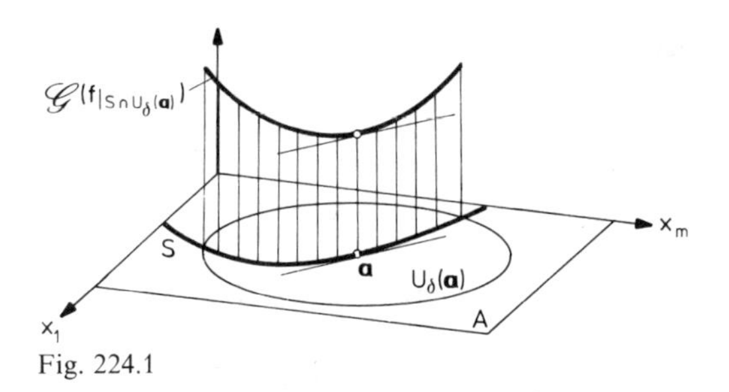

Fig. 224.1

Die Suche nach bedingten Extremalstellen ist am einfachsten, wenn die r-Fläche S in Parameterdarstellung vorliegt. Man kann die Funktion f auf den (r-dimensionalen) Parameterbereich B von S „zurücknehmen" und erhält damit ein „volles" Extremalproblem:

(22.4) *Es sei* $B\subset\mathbb{R}^r$ *eine offene Menge und*

$$\varphi:\quad B\to\mathbb{R}^m,\qquad \mathbf{u}\mapsto\varphi(\mathbf{u})$$

eine reguläre Parameterdarstellung der r-Fläche $S\subset A$. *Unter diesen Voraussetzungen ist die Funktion* $f\colon A\to\mathbb{R}$ *im Punkt* $\mathbf{a}=\varphi(\mathbf{a}')\in S$ *genau dann bedingt lokal minimal bezüglich S, wenn die Funktion*

$$(1)\qquad \tilde{f}(\mathbf{u}):=f(\varphi(\mathbf{u}))$$

im Punkt $\mathbf{a}'\in B$ *voll lokal minimal ist.*

⌜ Die Behauptung ist eigentlich trivial: Nach Satz **(21.9)** sind B und S in der Nähe der Punkte $\mathbf{a}'$ bzw. $\mathbf{a}$ bijektiv und bistetig aufeinander bezogen. Für die lokale Minimalität in diesen Punkten kommt es daher nicht darauf an, ob f als Funktion auf B oder auf S betrachtet wird. Wir überlassen die Details dem Leser. ⌟

Das hier angeführte Prinzip haben wir bereits im letzten Teil des Beispiels 206.① stillschweigend benützt.

② Es sollen die bedingten lokalen Extrema der Funktion

$$f(x,y):=x+y^2$$

auf dem Einheitskreis $\mathbb{E}\subset\mathbb{R}^2$ bestimmt werden. Wir benützen die reguläre Parameterdarstellung

$$\varphi:\quad \mathbb{R}\to\mathbb{R}^2,\qquad t\mapsto(\cos t,\sin t)$$

von $\mathbb{E}$ und erhalten

$$\tilde{f}(t):=f(\varphi(t))=\cos t+\sin^2 t\,.$$

Für die lokalen Extrema von $\tilde{f}$ haben wir

$$\tilde{f}'(t) = -\sin t + 2\sin t \cos t = \sin t(2\cos t - 1) = 0$$

zu setzen. Es ergeben sich (modulo 2π) die Werte

$$t_1 := 0, \quad t_2 := \pi, \quad t_3 := \pi/3, \quad t_4 := -\pi/3.$$

Weiter ist

$$\tilde{f}''(t) = -\cos t + 2\cos 2t$$

und somit

$$\tilde{f}''(0) = 1, \quad \tilde{f}''(\pi) = 3, \quad \tilde{f}''(\pi/3) = \tilde{f}''(-\pi/3) = -3/2.$$

Aufgrund von Satz **(11.18)** und der Proposition **(22.4)** besitzt daher f in den Punkten $\boldsymbol{\varphi}(0) = (1,0)$ und $\boldsymbol{\varphi}(\pi) = (-1,0)$ ein bedingtes lokales Minimum und in den beiden Punkten

$$\boldsymbol{\varphi}(\pm\pi/3) = (1/2, \pm\sqrt{3}/2)$$

ein bedingtes lokales Maximum bezüglich $\mathbb{E}$. — Um die globalen Extrema (siehe Abschnitt 227) von f auf $\mathbb{E}$ zu bestimmen, brauchen wir nur die Werte von f in den angeführten vier Punkten bzw. die Werte von $\tilde{f}$ an den Stellen $t_1, \ldots, t_4$ zu berechnen und die erhaltenen Zahlen miteinander zu vergleichen. Wir erhalten

$$\min\{f(x,y) \mid (x,y) \in \mathbb{E}\} = f(-1,0) = -1,$$

$$\max\{f(x,y) \mid (x,y) \in \mathbb{E}\} = f(1/2, \pm\sqrt{3}/2) = 5/4. \quad \bigcirc$$

Mit Hilfe von Satz **(20.13)** können wir folgende geometrische Bedingung für bedingte lokale Extrema beweisen:

(22.5) *Ist $f \in C^1(A)$ im Punkt $\mathbf{a} \in S$ bedingt lokal extremal bezüglich der r-Fläche $S \subset A$, so steht* $\mathbf{grad}\, f(\mathbf{a})$ *senkrecht auf der Tangentialebene $S_{\mathbf{a}}$.*

⌜ Wir dürfen uns auf Satz **(22.4)** beziehen. Die Hilfsfunktion $\tilde{f}$ ist im Punkt $\mathbf{a}'$ voll extremal, also gilt nach **(20.13)**:

$$\mathbf{grad}\, \tilde{f}(\mathbf{a}') = \mathbf{0}.$$

Wegen (196.6) und (1) haben wir daher weiter

$$\tilde{f}_*(\mathbf{a}') = f_*(\mathbf{a}) \circ \boldsymbol{\varphi}_*(\mathbf{a}') = 0.$$

Hiernach macht $f_*(\mathbf{a})$ alle Vektoren $\mathbf{X} \in \operatorname{Im} \varphi_*(\mathbf{a}') = S_{\mathbf{a}}$ zu $\mathbf{0}$, das heißt aber:

$$\mathbf{grad}\, f(\mathbf{a}) \bullet \mathbf{X} = 0 \qquad \forall \mathbf{X} \in S_{\mathbf{a}}. \quad \lrcorner$$

Steht $\mathbf{grad}\, f(\mathbf{a})$ senkrecht auf der Tangentialebene $S_{\mathbf{a}}$, so heißt $\mathbf{a}$ ein *(bezüglich S) bedingt stationärer Punkt* von f. Wir können daher **(22.5)** in Anlehnung an **(20.13)** auch folgendermaßen formulieren:

(22.5') *Ist $f \in C^1(A)$ im Punkt $\mathbf{a} \in S$ bedingt lokal extremal bezüglich S, so ist f dort bedingt stationär.*

③ Wir betrachten noch einmal das vorhergehende Beispiel ②. Im Punkt $\mathbf{a} := (1/2, \sqrt{3}/2)$ ist $\mathbf{grad}\, f(\mathbf{a}) = (1, \sqrt{3})$, und dieser Vektor steht in der Tat senkrecht auf der Tangente an $\mathbb{E}$ im Punkt $\mathbf{a}$: Er ist parallel zum Ortsvektor $\mathbf{a}$, und dieser ist ja seinerseits parallel zur Flächennormale (hier: Kurvennormale) im Punkt $\mathbf{a}$ (siehe das Beispiel 223.①). ○

225. Lagrangesche Multiplikatoren

Ist die r-Fläche S, auf der bedingte lokale Extrema (und das heißt zunächst: bedingt stationäre Punkte) gesucht werden, nicht durch eine Parameterdarstellung, sondern durch $m-r$ Gleichungen zwischen den Variablen $x_1, \ldots, x_m$ gegeben, so könnte man prinzipiell diese Gleichungen nach $m-r$ geeignet gewählten Variablen auflösen (Satz **(21.8)**) und würde damit eine Parameterdarstellung von S im Sinn der Proposition **(22.1)** erhalten. Es ist nun bemerkenswert, daß sich die bedingt stationären Punkte einer Funktion f auf eine Weise charakterisieren lassen, die keine explizite Darstellung von S benötigt. Dies leistet der sogenannte Satz über Extrema mit Nebenbedingungen. Zunächst beweisen wir die folgende Verallgemeinerung des Satzes **(22.3)** über Niveauflächen:

(22.6) *Es seien $F_1, \ldots, F_r$ stetig differenzierbare reelle Funktionen auf der offenen Menge $A \subset \mathbb{R}^m$. Dann definieren die r Gleichungen*

(1) $$F_1(x_1, \ldots, x_m) = 0, \ldots, F_r(x_1, \ldots, x_m) = 0$$

zusammen mit

(2) $$\operatorname{rang}\left[\frac{\partial F_i}{\partial x_k}\right]_{\mathbf{x}} = r$$

eine $(m-r)$-Fläche $S \subset A$.

⌈ Sei $\mathbf{a}$ ein Punkt von S; dann besitzt die Matrix $\left[\frac{\partial F_i}{\partial x_k}\right]_{\mathbf{a}}$ nach Voraussetzung eine nicht verschwindende Unterdeterminante der Ordnung r, es ist also z.B.

$$(3) \qquad \det\begin{bmatrix} \frac{\partial F_1}{\partial x_1} & \dots & \frac{\partial F_1}{\partial x_r} \\ \vdots & & \vdots \\ \frac{\partial F_r}{\partial x_1} & \dots & \frac{\partial F_r}{\partial x_r} \end{bmatrix}_{\mathbf{a}} \neq 0 .$$

Nach Satz **(21.8)** lassen sich daher die Gleichungen (1) in einer geeigneten Umgebung W von $\mathbf{a}$ nach den Variablen $x_1, \dots, x_r$ auflösen, d.h. sie sind dort äquivalent mit

$$x_k = \varphi_k(x_{r+1}, \dots, x_m) \qquad (1 \leqslant k \leqslant r)$$

für gewisse C^1-Funktionen φ_k. Da wir noch annehmen dürfen, daß die Determinante (3) in W durchwegs $\neq 0$ ist, besitzt somit der in W gelegene Teil von S die nach **(22.1)** reguläre Parameterdarstellung

$$\boldsymbol{\varphi}\colon \quad (x_{r+1}, \dots, x_m) \mapsto (\varphi_1(x_{r+1}, \dots, x_m), \dots, \varphi_r(x_{r+1}, \dots, x_m), x_{r+1}, \dots, x_m) .$$

Dann ist aber S eine $(m-r)$-Fläche. ⌋

Wir kommen nun zu dem angekündigten *Satz über Extrema mit Nebenbedingungen.* Genau genommen handelt es sich um eine gewisse „implizite" Charakterisierung der bedingt stationären Punkte einer auf der offenen Menge $A \supset S$ gegebenen Funktion f:

(22.7) *Es seien $F_1, \dots, F_r$ stetig differenzierbare Funktionen auf der offenen Menge $A \subset \mathbb{R}^m$, und es sei S die durch die r Gleichungen* (1) *sowie die Zusatzbedingung* (2) *definierte $(m-r)$-Fläche in A. Dann ist eine Funktion $f \in C^1(A)$ in einem Punkt $\mathbf{a} \in S$ genau dann bedingt stationär, wenn es Zahlen $\lambda_1, \dots, \lambda_r$ gibt mit*

$$(4) \qquad \mathbf{grad}\, f(\mathbf{a}) = \textstyle\sum_{i=1}^r \lambda_i \, \mathbf{grad}\, F_i(\mathbf{a}) .$$

Die Gleichungen (1) sind die *Nebenbedingungen*, denen die am Anfang unabhängigen Variablen $x_1, \dots, x_m$ unterworfen sind. Die Zusatzbedingung (2) sorgt dafür, daß nur solche Punkte in Betracht gezogen werden, in denen die r Nebenbedingungen in bestimmter Weise „voneinander unabhängig" sind. Beispiel 226.② zeigt, daß auf diese Voraussetzung nicht verzichtet werden kann. — Die Zahlen λ_i heißen nach dem Entdecker des Satzes *Lagrangesche Multiplikatoren.*

⌈ Wir zeigen zunächst: Der von den Vektoren

$$\mathbf{F}_i := \mathbf{grad}\, F_i(\mathbf{a}) \in T_{\mathbf{a}} \qquad (1 \leqslant i \leqslant r)$$

aufgespannte Unterraum $U \subset T_{\mathbf{a}}$ ist gerade das orthogonale Komplement $S_{\mathbf{a}}^{\perp}$ der Tangentialebene $S_{\mathbf{a}}$ (siehe die Fig. 225.1).

Die Funktionen F_i sind trivialerweise im Punkt **a** bedingt lokal minimal, sie sind ja auf S konstant $(=0)$. Nach Satz **(22.5)** liegen daher ihre Gradienten $\mathbf{F}_i$ in $S_{\mathbf{a}}^{\perp}$, und es folgt: $U \subset S_{\mathbf{a}}^{\perp}$. Anderseits sind die $\mathbf{F}_i$ nichts anderes als die Zeilenvektoren der Matrix $\left[\frac{\partial F_i}{\partial x_k}\right]_{\mathbf{a}}$, und diese Matrix besitzt den Rang r. Hiernach ist U ein r-dimensionaler Unterraum von $S_{\mathbf{a}}^{\perp}$ und damit in Wirklichkeit gleich $S_{\mathbf{a}}^{\perp}$ (wie behauptet), denn $S_{\mathbf{a}}^{\perp}$ besitzt wegen

$$\dim S_{\mathbf{a}}^{\perp} = \dim T_{\mathbf{a}} - \dim S_{\mathbf{a}} = m - (m-r) = r$$

dieselbe Dimension.

Nach Satz **(22.5)** ist f im Punkt $\mathbf{a} \in S$ genau dann bedingt stationär, wenn $\mathbf{grad}\, f(\mathbf{a})$ in $S_{\mathbf{a}}^{\perp}$ liegt, und dies trifft nach dem eben Bewiesenen genau dann zu, wenn eine Relation der Form (4) besteht. ⌋

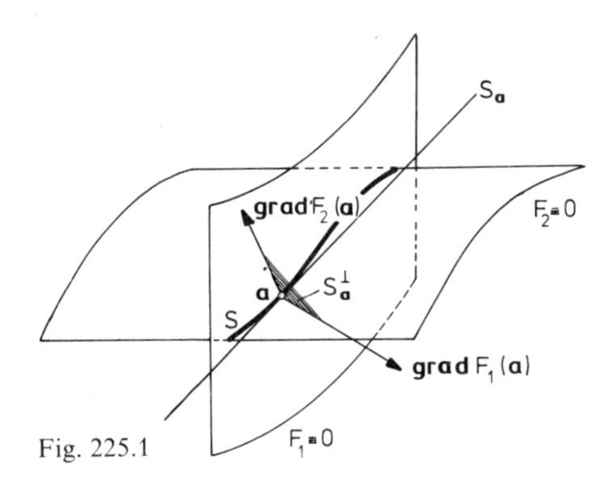

Fig. 225.1

Nach diesem Satz und (196.7) gelten in einer bedingten lokalen Extremalstelle von f simultan die $r+m$ Gleichungen

$$(5) \qquad \begin{cases} F_i(x_1, \ldots, x_m) = 0 & (1 \leqslant i \leqslant r) \\[2mm] \dfrac{\partial f}{\partial x_k} - \sum_{i=1}^{r} \lambda_i \dfrac{\partial F_i}{\partial x_k} = 0 & (1 \leqslant k \leqslant m) \end{cases}$$

in den Unbekannten $x_1, \ldots, x_m, \lambda_1, \ldots, \lambda_r$. Hieraus sind $x_1, \ldots, x_m$ zu berechnen; die Werte der λ_i werden im allgemeinen nicht benötigt. Auf diese Weise kommen alle bedingt stationären Punkte $\mathbf{x}$ zum Vorschein, in denen die Rangbedingung (2) erfüllt ist. Welche von diesen Punkten dann tatsächlich bedingte Minimal- oder Maximalstellen von f sind, bleibt natürlich weiterer Untersuchung vorbehalten.

In der Praxis ist es oft bequem, die sogenannte *Lagrangesche Prinzipalfunktion*

$$\Phi(x_1, \ldots, x_m) := f(x_1, \ldots, x_m) - \sum_{i=1}^r \lambda_i F_i(x_1, \ldots, x_m)$$

anzuschreiben. Damit erhält das Gleichungssystem (5) die Form

$$\begin{cases} F_i(x_1, \ldots, x_m) = 0 & (1 \leqslant i \leqslant r) \\ \dfrac{\partial \Phi}{\partial x_k} = 0 & (1 \leqslant k \leqslant m). \end{cases}$$

226. Beispiele

① Es sollen die (globalen) Extrema der Funktion

$$f(x, y, z) := x - y - z$$

auf der Menge

$$S: \begin{cases} Z(x, y) := x^2 + 2y^2 - 1 = 0 \\ E(x, y) := 3x - 4z = 0 \end{cases}$$

bestimmt werden. S ist Schnitt eines elliptischen Zylinders mit einer (nicht achsenparallelen) Ebene, also eine Ellipse. Somit ist S kompakt, und f nimmt auf S in der Tat ein Minimum und ein Maximum an.

Die beiden Flächen schneiden sich überall „transversal", d.h. die Rangbedingung (225.2) ist in allen Punkten von S erfüllt. Will man auf die geometrische Anschauung verzichten, so hat man die Matrix

$$\left[\frac{\partial(Z, E)}{\partial(x, y, z)}\right] = \begin{bmatrix} 2x & 4y & 0 \\ 3 & 0 & -4 \end{bmatrix}$$

zu betrachten. Abgesehen von den Punkten mit $x = y = 0$ besitzt diese Matrix überall den Rang 2, also insbesondere in den Punkten von S.

Die globalen Extrema von f auf der kompakten Menge S sind daher bedingte lokale Extrema auf der 1-Fläche S, die sich mit Hilfe von Satz **(22.7)** zu erkennen geben. Wir führen die Prinzipalfunktion

$$\Phi(x,y,z) := x - y - z - \lambda(x^2 + 2y^2 - 1) - \mu(3x - 4z)$$

ein und erhalten das Gleichungssystem

$$\begin{array}{lll|l} \Phi_x = & 1 - 2\lambda x - 3\mu = 0 & & 4y \\ \Phi_y = & -1 - 4\lambda y \qquad = 0 & & -2x \\ \Phi_z = & -1 \qquad\quad + 4\mu = 0 & & 3y. \end{array}$$

Werden diese Gleichungen einzeln mit den rechts stehenden Faktoren multipliziert und addiert, so folgt

$$(1) \qquad y + 2x = 0$$

und weiter durch Elimination von y aus der Zylindergleichung: $x^2 + 2 \cdot 4x^2 - 1 = 0$, d.h. $x = \pm 1/3$. Berücksichtigen wir schließlich noch einmal (1) sowie die Ebenengleichung $3x - 4z = 0$, so erhalten wir die beiden bedingt stationären Punkte $\pm(1/3, -2/3, 1/4)$. Nach den vorangegangenen Überlegungen muß die Funktion f in dem einen Punkt ihr (globales) Minimum bezüglich S, in dem andern ihr Maximum annehmen. Die damit noch bestehende Alternative wird durch den Wertvergleich

$$f(\tfrac{1}{3}, -\tfrac{2}{3}, \tfrac{1}{4}) = \tfrac{3}{4}, \qquad f(-\tfrac{1}{3}, \tfrac{2}{3}, -\tfrac{1}{4}) = -\tfrac{3}{4}$$

beseitigt. ○

② Es soll das Minimum der Funktion

$$f(x,y,z) := y$$

unter den Nebenbedingungen

$$(2) \qquad \begin{cases} F(x,y,z) := x^6 - z = 0 \\ G(x,y,z) := y^3 - z = 0 \end{cases}$$

bestimmt werden. Aus (2) folgt $y^3 = x^6$, d.h. $y = x^2$, und man verifiziert im weiteren, daß das System (2) gerade die Menge

$$S := \{x, y, z) \mid x \in \mathbb{R},\, y = x^2,\, z = x^6\}$$

(siehe die Fig. 226.1) charakterisiert. S besitzt die nach **(22.1)** reguläre Parameterdarstellung

$$\varphi: \quad x \mapsto (x, x^2, x^6),$$

so daß wir das Minimum von f auf S mit Hilfe von Satz **(22.4)** bestimmen können. Betrachten wir also die Hilfsfunktion

$$\tilde{f}(x) := f(x, x^2, x^6) = x^2\,,$$

so ergibt sich: Das gesuchte Minimum wird im Ursprung angenommen. Erst recht ist f dort bedingt *lokal* minimal und damit bedingt stationär bezüglich S.

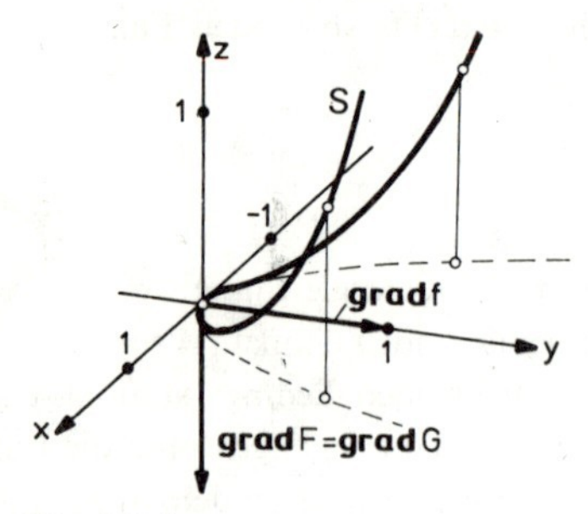

Fig. 226.1

Wir berechnen nunmehr die Gradienten in diesem Punkt:

$$\mathbf{grad}\, f(0,0,0) = (0,1,0)\,,$$
$$\mathbf{grad}\, F(0,0,0) = \mathbf{grad}\, G(0,0,0) = (0,0,-1)\,.$$

Es zeigt sich: $\mathbf{grad}\, f$ ist keine Linearkombination von $\mathbf{grad}\, F$ und $\mathbf{grad}\, G$, in anderen Worten: Der Ursprung wäre bei Anwendung der Lagrangeschen Methode nicht zum Vorschein gekommen. Grund dieses „Versagens“ ist natürlich die Tatsache, daß $\mathbf{grad}\, F$ und $\mathbf{grad}\, G$ im Ursprung linear abhängig sind und damit nicht das ganze orthogonale Komplement der Tangentialebene (hier: Tangente) $S_{(0,0,0)}$ aufspannen. ○

③ Wir betrachten die Determinante einer n-reihigen quadratischen Matrix $[a_{ik}]$ als Funktion der Kolonnenvektoren

$$\mathbf{a}_k := (a_{1k}, a_{2k}, \ldots, a_{nk}) \qquad (1 \leqslant k \leqslant n)$$

und setzen

$$\det \begin{bmatrix} a_{11} & a_{12} & \cdots & a_{1n} \\ a_{21} & a_{22} & \cdots & a_{2n} \\ \vdots & \vdots & & \vdots \\ a_{n1} & a_{n2} & \cdots & a_{nn} \end{bmatrix} =: \varepsilon(\mathbf{a}_1, \mathbf{a}_2, \ldots, \mathbf{a}_n)\,.$$

Die hiermit definierte *Determinantenfunktion* $\varepsilon(\cdot,\cdot,\ldots,\cdot)$ ist eine reellwertige Funktion von n Vektorvariablen. Sie besitzt übrigens eine interessante geometrische Interpretation; wir werden in Abschnitt 237 darauf zu sprechen kommen. An dieser Stelle wollen wir die sogenannte *Hadamardsche Ungleichung* beweisen:

(22.8) *Für beliebige Vektoren* $\mathbf{a}_1,\ldots,\mathbf{a}_n\in\mathbb{R}^n$ *ist*

(3) $$|\varepsilon(\mathbf{a}_1,\ldots,\mathbf{a}_n)|\leqslant|\mathbf{a}_1|\cdot|\mathbf{a}_2|\cdot\ldots\cdot|\mathbf{a}_n|,$$

und zwar gilt das Gleichheitszeichen genau dann, wenn ein $\mathbf{a}_k$ *verschwindet oder wenn die* $\mathbf{a}_k$ *paarweise aufeinander senkrecht stehen.*

Anders ausgedrückt: Der Betrag einer Determinante ist höchstens gleich dem Produkt der Beträge der Kolonnenvektoren (oder der Zeilenvektoren). Diese Ungleichung ist, wie gesagt, scharf; so gilt z.B. für die n Vektoren $\mathbf{a}_k:=\mathbf{e}_k$ $(1\leqslant k\leqslant n)$ in (3) ersichtlich das Gleichheitszeichen. — Die Determinante der Matrix $[a_{ik}]$ ist eine homogene lineare Funktion der einzelnen Kolonnenvektoren $\mathbf{a}_k$; somit genügt es, anstelle von (3) das folgende zu beweisen:

(*) *Für beliebige Einheitsvektoren* $\mathbf{a}_1,\ldots,\mathbf{a}_n\in\mathbb{R}^n$ *gilt* $-1\leqslant\varepsilon(\mathbf{a}_1,\ldots,\mathbf{a}_n)\leqslant 1$.

⌈ Wir fassen $\varepsilon:=\varepsilon(\mathbf{a}_1,\ldots,\mathbf{a}_n)=\det[a_{ik}]$ wahlweise auch als Funktion der n^2 reellen Variablen a_{ik} auf. Da die $\mathbf{a}_k$ jetzt Einheitsvektoren sein müssen, sind die (zunächst freien) Variablen a_{ik} nunmehr den n Nebenbedingungen

(4) $$a_{11}^2+a_{21}^2+\cdots+a_{n1}^2=1,\;\ldots,\;a_{1n}^2+a_{2n}^2+\cdots+a_{nn}^2=1$$

unterworfen. Diese Nebenbedingungen legen zusammen eine gewisse Fläche $S\subset\mathbb{R}^n\times\cdots\times\mathbb{R}^n$ fest (S ist kartesisches Produkt von n $(n-1)$-dimensionalen Einheitssphären), und zwar ist S beschränkt und aufgrund der Propositionen **(8.20)** und **(8.21)** abgeschlossen, also kompakt. Dann nimmt aber die stetige Funktion $\varepsilon_{|S}$ auf S ein absolutes Maximum an, und dieses Maximum ist ein bedingtes lokales Extremum von ε bezüglich S.

Differenzieren wir die n Nebenbedingungen (4) bzw. die Funktionen

$$F_j:=\tfrac{1}{2}(a_{1j}^2+a_{2j}^2+\cdots+a_{nj}^2-1)\qquad(1\leqslant j\leqslant n)$$

nach den einzelnen Variablen in der Reihenfolge, in der sie in (4) auftreten, so erhalten wir die $(n\times n^2)$-Matrix

(5) $$\begin{bmatrix} a_{11}a_{21}\cdots a_{n1} & & & \\ & a_{12}a_{22}\cdots a_{n2} & & \\ & & \ddots & \\ & & & a_{1n}a_{2n}\cdots a_{nn} \end{bmatrix}$$

(Leerstellen bezeichnen Nullen), die in den Punkten von S ersichtlich den geforderten Rang n aufweist. Dann geben sich aber alle bedingten Extrema mit Hilfe von Satz **(22.7)** zu erkennen, und wir dürfen die Prinzipalfunktion

$$\Phi := \varepsilon - \sum_{j=1}^{n} \lambda_j F_j$$

ansetzen. Wir müssen Φ nach den n^2 Variablen a_{ik} differenzieren und erhalten damit die n^2 Gleichungen (vgl. (5))

$$(6) \qquad \frac{\partial \Phi}{\partial a_{ik}} = A_{ik} - \lambda_k a_{ik} = 0 \qquad (\text{alle } i,k),$$

denen die bedingten Extremalstellen von ε notwendigerweise genügen; dabei bezeichnet A_{ik} den Kofaktor des Elements a_{ik} in der Determinante ε.

Wir multiplizieren (6) mit a_{ir} und summieren über i; es ergibt sich:

$$\sum_{i=1}^{n} a_{ir} A_{ik} - \lambda_k \sum_{i=1}^{n} a_{ir} a_{ik} = 0 \qquad (\text{alle } r,k).$$

Hieraus folgt aber nach einem bekannten Satz über Kofaktoren:

$$(7) \qquad \lambda_k \mathbf{a}_r \bullet \mathbf{a}_k = \begin{cases} \varepsilon & (r=k) \\ 0 & (r \neq k). \end{cases}$$

Setzen wir hier zunächst $r := k$, so erhalten wir wegen (4):

$$\lambda_k = \varepsilon \qquad (1 \leqslant k \leqslant n).$$

Hiernach sind in jedem bedingt stationären Punkt der Funktion ε alle λ_k gleich dem Wert von ε in dem betreffenden Punkt. Uns interessieren hier nur solche bedingt stationären Punkte, wo ε und damit die λ_k von 0 verschieden sind. Der unteren Alternative von (7) ist zu entnehmen, daß die zu solchen Punkten gehörigen Kolonnenvektoren $\mathbf{a}_k$ paarweise aufeinander senkrecht stehen. Bezeichnen wir die Matrix $[a_{ik}]$ zur Abkürzung mit $[A]$, so besagt das letzte zusammen mit den Nebenbedingungen (4) gerade, daß $[A]$ der Matrixgleichung

$$[A'][A] = [I] \qquad (:= \text{Einheitsmatrix})$$

genügt. Hieraus folgt aber für den Wert von ε in den fraglichen stationären Punkten bzw. Extremalstellen:

$$\varepsilon^2 = (\det A)^2 = 1, \quad \text{d.h.} \quad \varepsilon = \pm 1.$$

Damit ist (*) verifiziert, und die Behauptungen bezüglich des Gleichheitszeichens haben sich ebenfalls als zutreffend erwiesen. ┘ ○

227. Globale Extrema

Wir schließen dieses Kapitel mit einer kursorischen Bemerkung über globale Extrema. Die folgende Situation ist typisch und tritt in der Praxis immer wieder auf: Gesucht ist das (globale) Maximum einer differenzierbaren Funktion f auf einer durch Gleichungen und Ungleichungen definierten kompakten Menge $K\subset\mathbb{R}^m$, z.B. auf dem Kugelsektor

$$K_1:=\{(x,y,z)\,|\,x^2+y^2+z^2\leqslant 1\,;\,x,y,z\geqslant 0\}$$

oder auf dem Zylindermantel-Abschnitt

$$K_2:=\{(x,y,z)\,|\,x^2+y^2=1,\ -4+2x-y\leqslant z\leqslant 4+x+y\}\,.$$

Um den Punkt (bzw. die Punkte) $\xi\in K$ zu finden, wo f global maximal ist, überlegen wir folgendermaßen und appellieren dabei an die geometrische Anschauung (vgl. die obigen Beispiele sowie Fig. 227.1): ξ ist entweder (a) innerer Punkt von K oder (b) „relativ innerer" Punkt einer r-dimensionalen „Seitenfläche" von K, wobei $1\leqslant r\leqslant m-1$ ist, oder aber (c) ein „Eckpunkt" von K. Im Fall (a) ist f im Punkt ξ a fortiori voll lokal maximal und somit nach Satz **(20.13)** (voll) stationär. Ist S eine der unter (b) genannten „Seitenflächen" und ξ ein „relativ innerer" Punkt von S, so gehören für ein geeignetes $\varepsilon>0$ alle Punkte der Menge $U_\varepsilon(\xi)\cap S$ zu K. Dann ist aber f a fortiori im Punkt ξ bedingt maximal bezüglich S und somit nach Satz **(22.5')** bedingt stationär bezüglich S.

Bestimmen wir daher (a) die voll stationären Punkte von f im Innern von K sowie (b) die bedingt stationären Punkte auf sämtlichen 1- bis $(m-1)$-dimensionalen „Seitenflächen" von K und fassen wir diese Punkte mit (c) den Eckpunkten von K zusammen zu einer (hoffentlich endlichen) Menge A, so liegt der gesuchte Punkt ξ sicher in dieser Menge. Welcher Punkt von A der richtige ist, kann nun durch Wertvergleich sofort festgestellt werden.

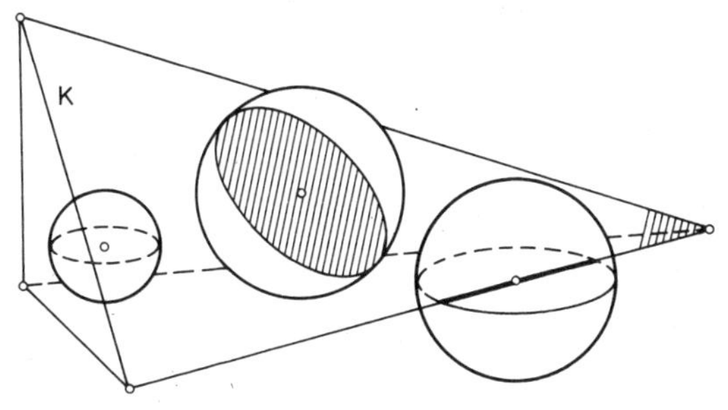

Fig. 227.1

Kapitel 23. Das Jordansche Maß im $\mathbb{R}^m$

231. Vorbemerkungen

Eine Grundaufgabe der Integralrechnung ist die Bestimmung des Flächen- oder Volumeninhaltes von krummlinig begrenzten Bereichen. Die Lösung dieser Aufgabe zerfällt in zwei Teile: Erstens gilt es, den Inhalt, das Volumen oder eben das *Maß* von solchen Bereichen überhaupt sinnvoll zu definieren und analytisch in den Griff zu bekommen. Danach werden wir zweitens daran gehen, praktische Berechnungsverfahren aufzustellen. Dieses Kapitel handelt also von der Definition und den einfachsten Eigenschaften des Maßes. — Wir beginnen mit einigen Begriffen aus der allgemeinen Topologie.

Es sei X ein metrischer Raum. Dann gehört zu jeder Teilmenge $A \subset X$ eine wohlbestimmte Zerlegung von X in drei disjunkte Teilmengen, nämlich in das *Innere* von A:

$$(1) \qquad \mathring{A} := \{x \in X \mid \exists\, U_\varepsilon(x) \subset A\},$$

das *Äußere* von A:

$$(2) \qquad (\complement A)^\circ = \{x \in X \mid \exists\, U_\varepsilon(x) \subset \complement A\}$$

und die *Randmenge* von A:

$$\operatorname{rd} A := \{x \in X \mid \text{jedes } U_\varepsilon(x) \text{ schneidet } A \text{ und } \complement A\}.$$

Für das Innere schreiben wir im folgenden auch $\underline{A}$ anstelle von $\mathring{A}$. Die Vereinigung

$$\underline{A} \cup \operatorname{rd} A =: \overline{A}$$

heißt *(abgeschlossene) Hülle* von A. $\overline{A}$ ist nach dieser Definition das Komplement des Äußeren von A, also gilt wegen (2):

$$(3) \qquad \overline{A} = \{x \in X \mid \text{jedes } U_\varepsilon(x) \text{ schneidet } A\}.$$

Nach (1) und (3) bestehen die Inklusionen

$$\underline{A} \subset A \subset \overline{A},$$

und zwar ist $\underline{A}$ die größte in A enthaltene offene Menge, $\overline{A}$ die kleinste A umfassende abgeschlossene Menge. Da wir diese Tatsachen im folgenden nicht benötigen, dürfen wir ihren Beweis übergehen.

① Die Menge $U_R(\mathbf{0}) \subset \mathbb{R}^m$ besitzt als Hülle die abgeschlossene Kugel vom Radius R, d.h. die Menge $B_R := \{\mathbf{x} \in \mathbb{R}^m \mid |\mathbf{x}| \leqslant R\}$. — Die Randmenge von $U_R(\mathbf{0})$ und auch von B_R ist die $(m-1)$-Sphäre

$$S_R^{m-1} := \{\mathbf{x} \in \mathbb{R}^m \mid |\mathbf{x}| = R\},$$

das Innere von $U_R(\mathbf{0})$ und von B_R ist $U_R(\mathbf{0})$, endlich ist $\overline{B}_R = B_R$. ○

Es gelten u.a. die folgenden Rechenregeln:

(23.1) (a) $A \subset B \Rightarrow \underline{A} \subset \underline{B},\ \overline{A} \subset \overline{B}$,
(b) $\underline{A} \cup \underline{B} \subset \underline{A \cup B},\ \overline{A} \cup \overline{B} = \overline{A \cup B}$,
(c) $\operatorname{rd}(A \cup B) \subset \operatorname{rd} A \cup \operatorname{rd} B$,
(d) $\operatorname{rd}(A \cap B) \subset \operatorname{rd} A \cup \operatorname{rd} B$,
(e) $\overline{\operatorname{rd} A} = \operatorname{rd} A$.

⌜ Die Verifikation von (a) und (b) überlassen wir dem Leser. — Mit (b) folgt weiter

$$\operatorname{rd}(A \cup B) \subset \overline{A \cup B} = \overline{A} \cup \overline{B} = \underline{A} \cup \operatorname{rd} A \cup \underline{B} \cup \operatorname{rd} B$$
$$\subset \underline{A \cup B} \cup \operatorname{rd} A \cup \operatorname{rd} B.$$

Da aber $\operatorname{rd}(A \cup B)$ und $\underline{A \cup B}$ punktfremd sind, muß (c) zutreffen. — Für den Beweis von (d) beachten wir, daß allgemein gilt: $\operatorname{rd} A = \operatorname{rd}(\complement A)$. Damit können wir (d) auf (c) zurückführen:

$$\operatorname{rd}(A \cap B) = \operatorname{rd}(\complement(A \cap B)) = \operatorname{rd}(\complement A \cup \complement B) \subset \operatorname{rd}(\complement A) \cup \operatorname{rd}(\complement B)$$
$$= \operatorname{rd} A \cup \operatorname{rd} B. \text{ —}$$

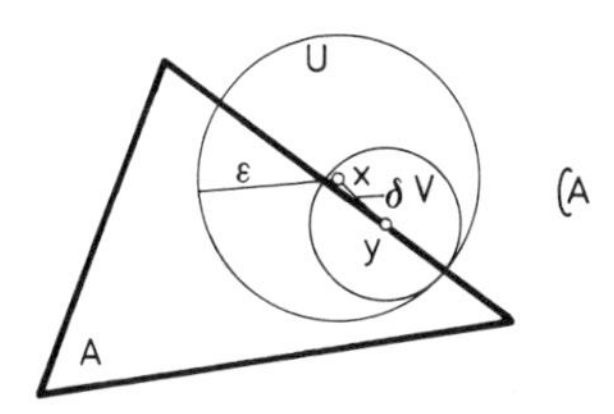

Fig. 231.1

Bei (e) genügt es, die Inklusion $\overline{\mathrm{rd}\,A} \subset \mathrm{rd}\,A$ zu beweisen. Es sei also (siehe die Fig. 231.1) $x \in \overline{\mathrm{rd}\,A}$ und $U := U_\varepsilon(x)$. U schneidet $\mathrm{rd}\,A$ nach (3) in einem Punkt y, dabei ist $\rho(y,x) =: \delta < \varepsilon$. Nach Definition von $\mathrm{rd}\,A$ schneidet die Umgebung $V := U_{\varepsilon-\delta}(y)$ sowohl A wie $\complement A$. Nun ist aber V ganz in U enthalten, also schneidet auch U sowohl A wie $\complement A$. $\lrcorner$

232. Äußeres und inneres Jordansches Maß

Wir betrachten jetzt wieder den $\mathbb{R}^m$ und für jedes $r \in \mathbb{N}$ die Einteilung des $\mathbb{R}^m$ in die abgeschlossenen Würfel

$$I_{\boldsymbol{\alpha},r} := \left\{ \mathbf{x} \in \mathbb{R}^m \,\middle|\, \frac{\alpha_k}{2^r} \leqslant x_k \leqslant \frac{\alpha_k + 1}{2^r} \; (1 \leqslant k \leqslant m) \right\}$$

der Kantenlänge 2^{-r}; dabei durchläuft der *Multiindex* $\boldsymbol{\alpha} := (\alpha_1, \ldots, \alpha_m)$ die Menge $\mathbb{Z}^m$. Wie man leicht sieht (siehe die Fig. 232.1), zerfällt dann der Würfel $I_{\boldsymbol{\alpha},r}$ der *r-ten Generation* in die 2^m Würfel

$$I_{2\boldsymbol{\alpha}+\boldsymbol{\iota},r+1} \quad (\text{alle } \iota_k \in \{0,1\})$$

der $(r+1)$-ten Generation. Eine Vereinigung von endlich vielen Würfeln der r-ten Generation nennen wir ein *r-Würfelgebäude*.

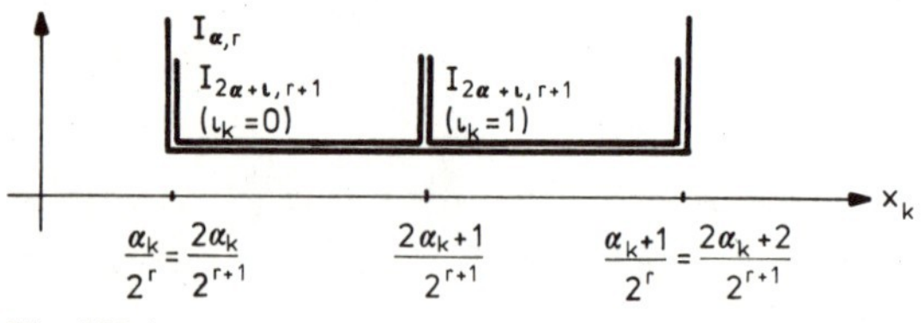

Fig. 232.1

Es liegt nahe, den Inhalt eines Würfels $I_{\boldsymbol{\alpha},r}$ mit 2^{-mr} zu veranschlagen. Auf diese Weise erhält insbesondere der Einheitswürfel

$$I := I_{\mathbf{0},0} = \{\mathbf{x} \in \mathbb{R}^m \,|\, 0 \leqslant x_k \leqslant 1 \;\; (1 \leqslant k \leqslant m)\}$$

den Inhalt 1, und es ist der Tatsache Rechnung getragen, daß jeder Würfel in 2^m kongruente und „im wesentlichen disjunkte" Teilwürfel der nächsten Generation zerfällt.

Um nun das Volumen einer beliebigen beschränkten Teilmenge A des $\mathbb{R}^m$ zu bestimmen, „approximieren" wir A von innen und von außen durch je ein r-Würfelgebäude und zählen die in diesen beiden Gebäuden enthaltenen Würfel je mit dem Gewicht 2^{-mr}. Auf diese Weise erhalten wir die beiden Größen

$$\underline{\mu}_r(A) := \sum_{I_{\alpha,r}\subset \underline{A}} 2^{-mr}; \qquad \overline{\mu}_r(A) := \sum_{I_{\alpha,r}\between \overline{A}} 2^{-mr},$$

die wir als das *innere* und das *äußere r-Maß* von A bezeichnen. Bei $\underline{\mu}_r$ wird also jeder r-Würfel mitgezählt, der ganz in $\underline{A}$ enthalten ist, und bei $\overline{\mu}_r$ jeder r-Würfel, der $\overline{A}$ schneidet (siehe die Fig. 232.2). Wir ziehen einige unmittelbare Folgerungen:

(23.2) (a) *Es gilt*

$$0 \leqslant \underline{\mu}_r(A) \leqslant \overline{\mu}_r(A) \leqslant M$$

mit einer von r unabhängigen Konstanten M.

⌜ Die beiden ersten Ungleichungen sind trivial. Für ein geeignetes $N \in \mathbb{N}^*$ ist $A \subset B_N$, wegen **(23.1)**(a) ist dann auch $\overline{A} \subset B_N$, und für alle $\mathbf{x} \in \overline{A}$ gilt

$$|x_k| \leqslant N \qquad (1 \leqslant k \leqslant m).$$

Dann ist aber

$$\overline{\mu}_0(A) \leqslant (2(N+1))^m =: M.$$

Der Rest der Behauptung ergibt sich aus (b). ⌟

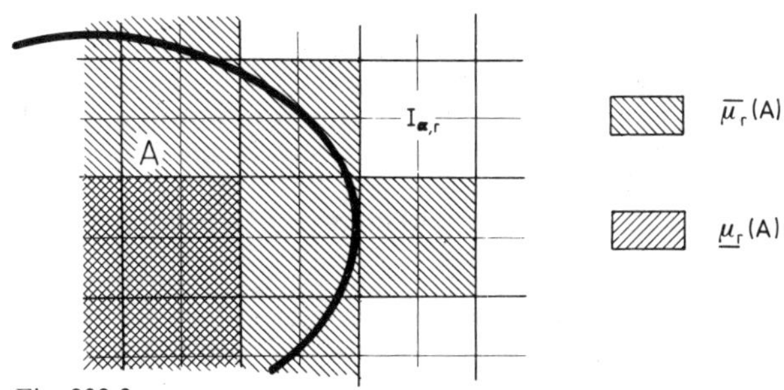

Fig. 232.2

(23.2) (b) *Für alle* $r \in \mathbb{N}$ *gilt*

$$\underline{\mu}_{r+1}(A) \geqslant \underline{\mu}_r(A), \qquad \overline{\mu}_{r+1}(A) \leqslant \overline{\mu}_r(A).$$

⌜ Liegt $I_{\alpha,r}$ ganz in $\underline{A}$, so liegt auch jeder Teilwürfel von $I_{\alpha,r}$ der nächsten Generation ganz in $\underline{A}$ (es können aber einige Teilwürfel von $I_{\alpha,r}$ ganz in $\underline{A}$ liegen, obwohl $I_{\alpha,r}$ selbst nicht ganz in $\underline{A}$ liegt). — Ein Teilwürfel von $I_{\alpha,r}$ kann nur dann die Menge $\overline{A}$ schneiden, wenn schon $I_{\alpha,r}$ selbst die Menge $\overline{A}$ schneidet (aber es brauchen nicht alle Teilwürfel von $I_{\alpha,r}$ die Menge $\overline{A}$ zu schneiden). ⌋

(23.2) (c) *Für die Differenz zwischen äußerem und innerem r-Maß von A gilt*

$$\overline{\mu}_r(A) - \underline{\mu}_r(A) = \overline{\mu}_r(\operatorname{rd} A).$$

⌈ Auf beiden Seiten dieser Gleichung werden nämlich genau diejenigen Würfel $I_{\alpha,r}$ mitgezählt, die die Menge $\overline{A} - \underline{A} = \operatorname{rd} A = \overline{\operatorname{rd} A}$ schneiden (hier wurde noch **(23.1)**(e) benutzt. ⌋

(23.2) (d) *Ist* $A \subset B$, *so gilt*

$$\underline{\mu}_r(A) \leqslant \underline{\mu}_r(B), \qquad \overline{\mu}_r(A) \leqslant \overline{\mu}_r(B).$$

⌈ Dies folgt unmittelbar aus **(23.1)**(a). ⌋

(23.2) (e) *Für beliebige beschränkte Mengen A und B gilt*

$$\overline{\mu}_r(A \cup B) \leqslant \overline{\mu}_r(A) + \overline{\mu}_r(B).$$

⌈ Schneidet ein Würfel $I_{\alpha,r}$ die Menge $\overline{A \cup B} = \overline{A} \cup \overline{B}$, so schneidet er wenigstens eine der Mengen $\overline{A}$ und $\overline{B}$, unter Umständen aber beide. ⌋

(23.2) (f) *Sind die Mengen A und B disjunkt, so gilt*

$$\underline{\mu}_r(A) + \underline{\mu}_r(B) \leqslant \underline{\mu}_r(A \cup B).$$

⌈ Da sich A und B nicht schneiden, wird jeder Würfel $I_{\alpha,r}$ bei höchstens einem der Summanden linker Hand mitgezählt. Wird aber $I_{\alpha,r}$ bei $\underline{\mu}_r(A)$ oder bei $\underline{\mu}_r(B)$ mitgezählt, so wird $I_{\alpha,r}$ wegen **(23.1)**(b) auch bei $\underline{\mu}_r(A \cup B)$ mitgezählt. ⌋

Für eine feste Menge A sind die Zahlfolgen $(\underline{\mu}_r(A))$ und $(\overline{\mu}_r(A))$ wegen (a) und (b) beschränkt und monoton. Somit existieren die Grenzwerte

$$\underline{\mu}(A) := \lim_{r \to \infty} \underline{\mu}_r(A), \qquad \overline{\mu}(A) := \lim_{r \to \infty} \overline{\mu}_r(A),$$

die bzw. als *inneres* und *äußeres (Jordansches) Maß* der Menge A bezeichnet werden. Aus **(23.2)**(d)—(f) ergeben sich unmittelbar die folgenden Eigenschaften von $\underline{\mu}$ und $\overline{\mu}$:

(23.3) (a) $A \subset B \Rightarrow \underline{\mu}(A) \leqslant \underline{\mu}(B),\ \overline{\mu}(A) \leqslant \overline{\mu}(B)$;
(b) $\overline{\mu}(A \cup B) \leqslant \overline{\mu}(A) + \overline{\mu}(B)$;
(c) $A)(B \Rightarrow \underline{\mu}(A) + \underline{\mu}(B) \leqslant \underline{\mu}(A \cup B)$.

233. Grundeigenschaften des Maßes

Stimmen $\underline{\mu}(A)$ und $\overline{\mu}(A)$ überein, das heißt: Führt die Approximation der Menge A durch Würfelgebäude von innen und von außen zu demselben Resultat, so heißt A *(Jordan-)meßbar*, und der gemeinsame Wert $\mu(A)$ des inneren und des äußeren Maßes von A ist das *(Jordansche) Maß* der Menge A. Ist $\overline{\mu}(A)=0$ (und damit auch $\underline{\mu}(A)=0$), so heißt A eine *(Jordan-)Nullmenge*. Aus **(23.3)**(a) und (b) ergeben sich unmittelbar die folgenden Tatsachen:

(23.4) (a) $A\subset B \Rightarrow \mu(A)\leqslant\mu(B)$,
(b) $\mu(A\cup B)\leqslant\mu(A)+\mu(B)$.

(23.5) (a) *Jede Teilmenge einer Nullmenge ist eine Nullmenge.*
(b) *Die Vereinigung zweier Nullmengen ist eine Nullmenge.*

① Jede endliche Menge ist eine Nullmenge: ⌜ Wegen **(23.5)**(b) genügt es, eine einpunktige Menge $A:=\{a\}$ zu betrachten. Für jedes $r\in\mathbb{N}$ schneiden höchstens 2^m Würfel der r-ten Generation die Menge $\overline{A}=A$, folglich ist $\overline{\mu}_r(A)\leqslant 2^m\cdot 2^{-mr}$ und somit $\overline{\mu}(A)=0$. ⌟ ○

② Es gibt auch unendliche Nullmengen, etwa die Menge $A:=\{1/n\,|\,n\in\mathbb{N}^*\}\subset\mathbb{R}$:

⌜ Für festes $s\in\mathbb{N}$ liegen alle Punkte $1/n$ mit $n>2^s$ im Intervall $B:=[0,1/2^s]$, somit ist

$$A\subset\bigcup_{n=1}^{2^s}\{1/n\}\cup B\,.$$

Mit **(23.3)**, dem Resultat des vorhergehenden Beispiels und **(23.2)**(b) ergibt sich hieraus

$$\overline{\mu}(A)\leqslant\sum_{n=1}^{2^s}\overline{\mu}(\{1/n\})+\overline{\mu}(B)=\overline{\mu}(B)\leqslant\overline{\mu}_s(B)=3\cdot 2^{-s}.$$

Da s beliebig war, folgt $\overline{\mu}(A)=0$. ⌟ — Weitere (und interessantere) Beispiele von Nullmengen liefert der Satz **(23.14)**. ○

Wir behandeln nun zunächst die Frage, welche Mengen meßbar sind. Führt man in **(23.2)**(c) den Grenzübergang $r\to\infty$ durch, so folgt

$$\overline{\mu}(A)-\underline{\mu}(A)=\overline{\mu}(\operatorname{rd}A)\,.$$

Wir erhalten daher:

(23.6) *Eine beschränkte Menge A ist genau dann meßbar, wenn* $\operatorname{rd}A$ *eine Nullmenge ist.*

③ Die Menge A der rationalen Zahlen im Intervall $[0,1]$ ist nicht Jordan-meßbar. Aus $\underline{A}=\emptyset$ und $\overline{A}=[0,1]$ folgt nämlich $\underline{\mu}(A)=0$, $\overline{\mu}(A)=1$. — Wir weisen darauf hin, daß sich allgemeinere Inhaltsfunktionen definieren lassen, die für Jordan-meßbare Mengen denselben Wert liefern wie das hier konstruierte Maß, bei denen aber die Klasse der meßbaren Mengen wesentlich größer ist. So hat die in diesem Beispiel betrachtete Menge A das sogenannte *Lebesguesche Maß* 0. ○

(23.7) *Sind die Mengen A und B meßbar, so sind auch die Mengen $A \cup B$, $A \cap B$ und $A \setminus B$ meßbar.*

Im Hinblick auf die formalen Analogien zwischen den Mengenoperationen $\cup$ und $\cap$ einerseits und den algebraischen Operationen $+$ und $\cdot$ anderseits nennt man daher die Gesamtheit der meßbaren Mengen einen *Mengenring*. — ⌜ Nach **(23.6)** sind $\operatorname{rd} A$ und $\operatorname{rd} B$ Nullmengen, wegen **(23.1)**(c) und (d) sowie **(23.5)** sind dann auch $\operatorname{rd}(A \cup B)$ und $\operatorname{rd}(A \cap B)$ Nullmengen, und dasselbe gilt für

$$\operatorname{rd}(A \setminus B) = \operatorname{rd}(A \cap \complement B) \subset \operatorname{rd} A \cup \operatorname{rd} \complement B = \operatorname{rd} A \cup \operatorname{rd} B .$$

Aufgrund von **(23.6)** sind daher die drei angegebenen Mengen meßbar. ⌟

Das Maß ist unempfindlich gegenüber Änderung der betrachteten Menge um eine Nullmenge:

(23.8) *Ist A eine meßbare Menge und ist die symmetrische Differenz $A \vartriangle B$ eine Nullmenge, so ist auch die Menge B meßbar, und es gilt $\mu(B) = \mu(A)$.*

⌜ Wegen $A \vartriangle B = (A \setminus B) \cup (B \setminus A)$ und **(23.5)**(a) sind $A \setminus B$ und $B \setminus A$ beides Nullmengen. Nun gilt

$$B = (A \setminus (A \setminus B)) \cup (B \setminus A) ;$$

folglich ist B nach **(23.7)** meßbar. Weiter ist $B \subset A \cup (B \setminus A)$, somit ergibt sich mit **(23.4)**:

$$\mu(B) \leqslant \mu(A \cup (B \setminus A)) \leqslant \mu(A) + \mu(B \setminus A) = \mu(A) ,$$

und aus Symmetriegründen gilt dann auch die umgekehrte Ungleichung. ⌟

Die wichtigste Eigenschaft des Jordanschen Maßes ist jedoch die *(endliche) Additivität:*

(23.9) *Sind A und B meßbare Mengen und ist $A \cap B$ eine Nullmenge, so gilt*

$$\mu(A \cup B) = \mu(A) + \mu(B) .$$

⌜ Sind A und B disjunkt, so ergibt sich die Behauptung unmittelbar durch Zusammenlegen von **(23.3)**(b) und (c). — Um den allgemeinen Fall (d.h. $A \between B$) auf den bereits erledigten zurückzuführen, setzen wir $B \setminus A =: B'$. Dann sind A

und B' disjunkt, ferner ist $A\cup B=A\cup B'$, endlich gilt wegen **(23.8)** und nach Voraussetzung über $A\cap B: \mu(B)=\mu(B')$. Damit ergibt sich

$$\mu(A\cup B)=\mu(A\cup B')=\mu(A)+\mu(B')=\mu(A)+\mu(B),$$

wie behauptet. ⌟

234. Das Maß von Quadern. Translationsinvarianz

Unsere Konstruktion liefert Volumenwerte, die mit der „Erfahrung" übereinstimmen: Das Jordansche Maß eines Quaders ist gleich „Länge mal Breite mal Höhe", d.h. es gilt:

(23.10) *Der Quader*

(1) $$Q:=\{\mathbf{x}\in\mathbb{R}^m \mid a_k\leqslant x_k\leqslant b_k \quad (1\leqslant k\leqslant m)\}$$

besitzt das Maß

(2) $$\mu(Q)=(b_1-a_1)\cdot(b_2-a_2)\cdot\ldots\cdot(b_m-a_m).$$

⌜ Wir beweisen die Behauptung zunächst im eindimensionalen Fall (vgl. den Beweis von Proposition **(12.3)**). Es sei also $Q:=[a,b]$; wir müssen zeigen, daß gilt:

(3) $$\underline{\mu}(Q)=\overline{\mu}(Q)=b-a.$$

Ist $\underline{n}_r$ die Anzahl der Teilintervalle der r-ten Generation, die ganz in $\underline{Q}$ liegen, und $\overline{n}_r$ die Anzahl solcher Teilintervalle, die $\overline{Q}=Q$ schneiden, so gilt natürlich

$$\underline{\mu}_r(Q)=\underline{n}_r\cdot 2^{-r}\leqslant b-a\leqslant \overline{n}_r\cdot 2^{-r}=\overline{\mu}_r(Q),$$

und es folgt

(4) $$\underline{\mu}(Q)\leqslant b-a\leqslant\overline{\mu}(Q).$$

Da Q höchstens zwei Randpunkte besitzt, ist $\operatorname{rd} Q$ eine Nullmenge, und Q ist nach Satz **(23.6)** meßbar. Somit stimmen die beiden äußeren Glieder von (4) überein, und (3) ist bewiesen.

Es sei jetzt Q die Menge (1). $\underline{Q}$ ist das kartesische Produkt der offenen Intervalle $Q_k:=]a_k,b_k[$ $(1\leqslant k\leqslant m)$, ein Würfel $I_{\boldsymbol{\alpha},r}$ liegt daher genau dann in $\underline{Q}$, wenn die m Projektionen $I_{\alpha_k,r}$ von $I_{\boldsymbol{\alpha},r}$ auf die m Achsen je in dem betreffenden Q_k liegen.

Hieraus folgt: Ist $\underline{n}_k$ die Anzahl Teilintervalle der r-ten Generation im Intervall Q_k der x_k-Achse $(1 \leqslant k \leqslant m)$, so liegen im ganzen $N := \prod_{k=1}^m \underline{n}_k$ Würfel $I_{\alpha,r}$ in $\underline{Q}$, und wir erhalten

$$\underline{\mu}_r(Q) = N \cdot 2^{-mr} = \prod_{k=1}^m (\underline{n}_k \cdot 2^{-r}) = \prod_{k=1}^m \underline{\mu}_r(Q_k).$$

Analog ergibt sich

$$\overline{\mu}_r(Q) = \prod_{k=1}^m \overline{\mu}_r(Q_k).$$

Damit ist die Behauptung (2) auf den bereits erledigten Fall zurückgeführt. ┘

Quader sind also meßbar; somit bilden die Seitenflächen eines Quaders nach Satz **(23.6)** eine Nullmenge. Da die verschiedenen Würfel eines r-Würfelgebäudes höchstens (endlich viele) Seitenflächen gemeinsam haben, liefern **(23.9)** und **(23.10)** zusammen:

(23.11) *Ein r-Würfelgebäude B aus N Würfeln besitzt das Maß* $\mu(B) = N \cdot 2^{-mr}$, *und zwar auch dann, wenn B gegenüber der „Standardteilung" des* $\mathbb{R}^m$ *verschoben ist.*

┌ Ein achsenparalleler Würfel der Kantenlänge 2^{-r} besitzt das Maß 2^{-mr}, unabhängig von seiner Lage. ┘

Hieran anschließend wollen wir die *Translationsinvarianz* des Jordanschen Maßes nachweisen und führen hierzu die folgende Bezeichnung ein:

$$A + \mathbf{c} := \{\mathbf{x} + \mathbf{c} \mid \mathbf{x} \in A\},$$

dabei ist A eine beliebige Teilmenge des $\mathbb{R}^m$ und $\mathbf{c} \in \mathbb{R}^m$ ein fester Vektor. Der angekündigte Satz lautet:

(23.12) *Ist A meßbar, so ist auch* $A + \mathbf{c}$ *meßbar, und es gilt*

$$\mu(A + \mathbf{c}) = \mu(A).$$

┌ Nach **(23.11)** ist die Behauptung jedenfalls richtig für Würfelgebäude. Es sei daher B_r das A von innen approximierende r-Würfelgebäude; dann gilt natürlich auch $B_r + \mathbf{c} \subset A + \mathbf{c}$. Nach Definition von $\underline{\mu}_r$, **(23.11)** und **(23.3)**(a) ergibt sich damit nacheinander

$$\underline{\mu}_r(A) = \mu(B_r) = \mu(B_r + \mathbf{c}) \leqslant \underline{\mu}(A + \mathbf{c}).$$

Zusammen mit der analogen Überlegung für das äußere Maß erhalten wir somit

$$\underline{\mu}_r(A) \leqslant \underline{\mu}(A + \mathbf{c}) \leqslant \overline{\mu}(A + \mathbf{c}) \leqslant \overline{\mu}_r(A).$$

Hieraus ergibt sich mit $r \to \infty$ die Behauptung. ┘

235. Verhalten des Maßes gegenüber C^1-Abbildungen

Bis jetzt haben wir uns nur der Meßbarkeit von Quadern und von Würfelgebäuden versichert. In Wirklichkeit sind die meisten der „in der Praxis auftretenden" Mengen meßbar — jedenfalls alle diejenigen Mengen, die von einer endlichen Vereinigung von niedrigerdimensionalen „Seitenflächen" berandet werden. Dies ergibt sich aus dem nachstehenden Satz **(23.14)**. Wir schicken eine Bemerkung und einen Hilfssatz voraus:

Differenzierbare Funktionen von mehreren Variablen sind an sich immer auf offenen Mengen erklärt. Folgende Sprachregelung hat sich bewährt: Eine Funktion

$$\mathbf{g}:\quad A \to \mathbb{R}^m$$

heißt *(stetig) differenzierbar auf der* (beliebigen) *Menge* $A \subset \mathbb{R}^p$, wenn es eine offene Menge $\tilde{A} \supset A$ gibt und eine (stetig) differenzierbare Fortsetzung $\tilde{\mathbf{g}}: \tilde{A} \to \mathbb{R}^m$ von $\mathbf{g}$ auf $\tilde{A}$. Diese (natürlich nicht eindeutig bestimmte) Fortsetzung wird dann der Einfachheit halber ebenfalls mit $\mathbf{g}$ bezeichnet. — Nun der angekündigte Hilfssatz:

(23.13) *Eine stetig differenzierbare Funktion* $\mathbf{g}: A \to \mathbb{R}^m$ *auf einer kompakten Menge* $A \subset \mathbb{R}^p$ *ist quasikontrahierend.*

⌈ Ist die Menge der Quotienten

$$\frac{|\mathbf{g}(\mathbf{x}) - \mathbf{g}(\mathbf{y})|}{|\mathbf{x} - \mathbf{y}|} \qquad (\mathbf{x}, \mathbf{y} \in A, \mathbf{x} \neq \mathbf{y})$$

unbeschränkt, so gibt es zwei Folgen $(\mathbf{x}_n)$ und $(\mathbf{y}_n)$, $\mathbf{x}_n \neq \mathbf{y}_n$, in A mit

$$(1) \qquad \frac{|\mathbf{g}(\mathbf{x}_n) - \mathbf{g}(\mathbf{y}_n)|}{|\mathbf{x}_n - \mathbf{y}_n|} \to \infty \qquad (n \to \infty).$$

Nach Satz **(8.25)** ist die Menge $\mathbf{g}(A)$ kompakt, also beschränkt. Hiernach bleiben die Zähler in (1) beschränkt, und es folgt

$$(2) \qquad \lim_{n \to \infty} (\mathbf{x}_n - \mathbf{y}_n) = \mathbf{0}.$$

Weiter besitzen die $\mathbf{x}_n$ auf der kompakten Menge A einen Häufungspunkt $\mathbf{a}$. Nach unserer Sprachregelung ist $\mathbf{g}$ in einer ganzen Umgebung von $\mathbf{a} \in A$ stetig differenzierbar, besitzt also in einem geeigneten $U_\varepsilon(\mathbf{a})$ beschränkte partielle Ableitungen. Wegen (192.8) gibt es damit eine Konstante C mit

$$(3) \qquad \|\mathbf{g}_*(\xi)\| \leqslant C \qquad \forall \xi \in U_\varepsilon(\mathbf{a}).$$

Nach Wahl von $\mathbf{a}$ und wegen (2) gibt es beliebig große n mit $\mathbf{x}_n, \mathbf{y}_n \in U_\varepsilon(\mathbf{a})$. Für diese n gilt nach dem Mittelwertsatz **(20.8)** und (3):

$$(4) \qquad \frac{|\mathbf{g}(\mathbf{x}_n)-\mathbf{g}(\mathbf{y}_n)|}{|\mathbf{x}_n-\mathbf{y}_n|} \leqslant C,$$

denn mit $\mathbf{x}_n, \mathbf{y}_n$ liegt auch die Verbindungsstrecke dieser beiden Punkte in $U_\varepsilon(\mathbf{a})$. Die Gültigkeit von (4) für beliebig große n steht aber im Widerspruch zu (1). ⌟

Daß „glatte Seitenflächen" das Maß 0 haben, ergibt sich nunmehr aus dem folgenden Satz:

(23.14) *Es sei $p<m$, A eine beschränkte Menge im $\mathbb{R}^p$ und $\mathbf{g}: A \to \mathbb{R}^m$ eine quasikontrahierende Abbildung. Dann ist $B := \mathbf{g}(A)$ eine Nullmenge im $\mathbb{R}^m$.*

Die Voraussetzungen sind nach dem eben bewiesenen Hilfssatz insbesondere dann erfüllt, wenn A kompakt und $\mathbf{g}$ stetig differenzierbar ist. Anderseits genügt es nicht, die Funktion $\mathbf{g}$ als stetig vorauszusetzen: Es gibt stetige Kurven, die ein ganzes Quadrat ausfüllen (sogenannte *Peano-Kurven*). — Zusammen mit **(23.14)** beweisen wir für spätere Zwecke das folgende, den Fall $p=m$ betreffende, quantitative Resultat:

(23.15) *Es sei A eine beschränkte Teilmenge des $\mathbb{R}^m$ und $\mathbf{g}: A \to \mathbb{R}^m$, $\mathbf{g}(A) =: B$, eine C-quasikontrahierende Abbildung. Dann gilt*

$$(5) \qquad \bar{\mu}(B) \leqslant (C\sqrt{m})^m \bar{\mu}(A).$$

⌜ Nach Definition von $\bar{\mu}_r$ wird $A \subset \mathbb{R}^p$ überdeckt von

$$(6) \qquad N_r := \bar{\mu}_r(A) \cdot 2^{pr}$$

Würfeln der r-ten Generation. Wir denken uns diese Würfel geeignet numeriert und mit W_j $(1 \leqslant j \leqslant N_r)$ bezeichnet. Betrachten wir für ein festes j zwei beliebige Punkte $\mathbf{x}, \mathbf{y}$ in der Menge $A \cap W_j$, so gilt

$$|\mathbf{x}-\mathbf{y}| \leqslant \sqrt{p}\, 2^{-r}$$

(siehe die Fig. 235.1) und folglich nach Voraussetzung über $\mathbf{g}$:

$$g_k(\mathbf{x}) - g_k(\mathbf{y}) \leqslant |\mathbf{g}(\mathbf{x})-\mathbf{g}(\mathbf{y})| \leqslant C|\mathbf{x}-\mathbf{y}| \leqslant C\sqrt{p}\, 2^{-r} \qquad (1 \leqslant k \leqslant m).$$

Hieraus ergibt sich

$$\sup_{\mathbf{x} \in A \cap W_j} g_k(\mathbf{x}) - \inf_{\mathbf{y} \in A \cap W_j} g_k(\mathbf{y}) \leqslant C\sqrt{p}\, 2^{-r} \qquad (1 \leqslant k \leqslant m),$$

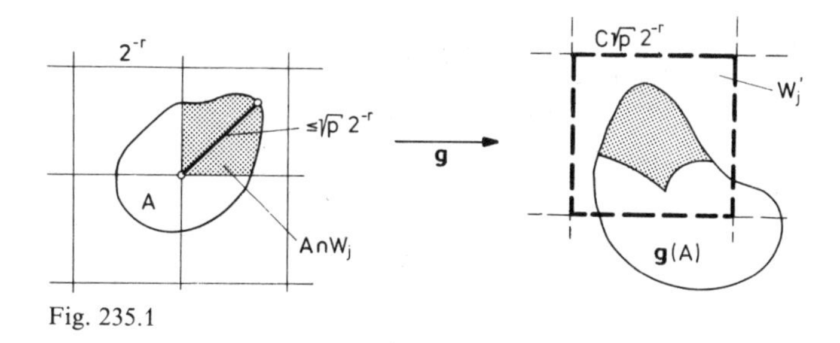

Fig. 235.1

das heißt aber: Die Menge $B_j := \mathbf{g}(A \cap W_j)$ ist enthalten in einem achsenparallelen Würfel W'_j der Kantenlänge $C\sqrt{p}\,2^{-r}$. Somit gilt nach **(23.10)**:

$$\overline{\mu}(B_j) \leqslant \overline{\mu}(W'_j) = (C\sqrt{p}\,2^{-r})^m .$$

Nun ist $B = \bigcup_{j=1}^{N_r} B_j$, wir erhalten daher weiter wegen **(23.3)**(b) und (6):

$$\overline{\mu}(B) \leqslant N_r (C\sqrt{p}\,2^{-r})^m = (C\sqrt{p})^m\, 2^{(p-m)r}\, \overline{\mu}_r(A) .$$

Im Fall $p < m$ folgt hieraus mit $r \to \infty$ die Behauptung $\overline{\mu}(B) = 0$; ist aber $p = m$, so folgt mit $r \to \infty$ die Ungleichung (5). ┘

① Kugeln und beliebige Parallelepipede sind meßbare Mengen: Die Randmenge einer Kugel oder eines Parallelepipeds läßt sich auffassen als Vereinigung von endlich vielen Teilstücken, die je eine Darstellung der in Satz **(23.14)** geforderten Art besitzen. Vgl. auch den Satz **(25.2)**. ○

236. Hilfssätze

Im nächsten Abschnitt werden wir das Verhalten des Jordanschen Maßes unter linearen Abbildungen $L: \mathbb{R}^m \to \mathbb{R}^m$ untersuchen. Hierzu müssen wir weiteres Material aus der linearen Algebra bereitstellen.

Es sei also $L \in \mathscr{L}(\mathbb{R}^m)$ eine fest gewählte lineare Abbildung. Für einen zunächst ebenfalls festgehaltenen Vektor $\mathbf{y} \in \mathbb{R}^m$ betrachten wir das lineare Funktional $\varphi_{\mathbf{y}}$, gegeben durch

$$\varphi_{\mathbf{y}}(\mathbf{x}) := \mathbf{y} \bullet L\mathbf{x} \qquad (\mathbf{x} \in \mathbb{R}^m) .$$

Nach Satz **(19.9)** gibt es einen wohlbestimmten Vektor $\mathbf{a_y} \in \mathbb{R}^m$, der dieses Funktional repräsentiert:

$$\mathbf{y} \bullet L\mathbf{x} = \mathbf{a_y} \bullet \mathbf{x} \qquad \forall \mathbf{x} \in \mathbb{R}^m ,$$

und zwar hängt der Vektor $\mathbf{a}_\mathbf{y}$ ersichtlich linear von $\mathbf{y}$ ab. Somit wird durch die Festsetzung $L'\mathbf{y} := \mathbf{a}_\mathbf{y}$ eine gewisse lineare Abbildung $L' \in \mathscr{L}(\mathbb{R}^m)$ festgelegt, und diese *zu L transponierte Abbildung* L' ist mit L verknüpft durch die Identität

$$\text{(1)} \qquad \mathbf{y} \bullet L\mathbf{x} = L'\mathbf{y} \bullet \mathbf{x} \qquad \forall \mathbf{x}, \mathbf{y} \in \mathbb{R}^m .$$

Betrachten wir jetzt die zugehörigen Matrizen

$$[L] =: [l_{ik}], \qquad [L'] =: [l'_{ik}]$$

bezüglich der Standardbasis (192.1), so folgt aus (192.3) durch skalare Multiplikation mit $\mathbf{e}_j$:

$$\text{(2)} \qquad L\mathbf{e}_k \bullet \mathbf{e}_j = \textstyle\sum_{i=1}^m l_{ik}(\mathbf{e}_i \bullet \mathbf{e}_j) = l_{jk}$$

und somit wegen (1):

$$\text{(3)} \qquad l_{jk} = \mathbf{e}_j \bullet L\mathbf{e}_k = L'\mathbf{e}_j \bullet \mathbf{e}_k = l'_{kj} \qquad \forall k, j ;$$

dabei haben wir auf L' ebenfalls (2) angewandt. Nach (3) gehen die Matrizen $[L]$ und $[L']$ durch Spiegelung an der Hauptdiagonalen, kurz: durch *Transponierung* auseinander hervor. Ist insbesondere $L = L'$ bzw. $[L] = [L']$, so heißt die Abbildung L bzw. die Matrix $[L]$ *symmetrisch*. Wir führen noch die folgenden Rechenregeln an:

$$\text{(4)} \qquad (LM)' = M'L', \qquad L'' = L ;$$

entsprechende Formeln gelten für Matrizen.

Weiter heißt eine lineare Abbildung $S \in \mathscr{L}(\mathbb{R}^m)$ *orthogonal*, falls

$$\text{(5)} \qquad S'S = \mathbb{1}$$

ist. Dann gilt auch $SS' = \mathbb{1}$, ferner folgt mit (1):

$$\text{(6)} \qquad S\mathbf{x} \bullet S\mathbf{y} = S'S\mathbf{x} \bullet \mathbf{y} = \mathbf{x} \bullet \mathbf{y} \qquad \forall \mathbf{x}, \mathbf{y} .$$

Eine orthogonale Abbildung läßt also das Skalarprodukt von je zwei Vektoren und damit auch die Länge jedes einzelnen Vektors unverändert. Endlich ergibt sich aus (5) und bekannten Sätzen über die Determinante: $(\det S)^2 = 1$. Die Determinante einer orthogonalen Abbildung besitzt daher den Betrag 1.

Eine quadratische Matrix, die außerhalb der Hauptdiagonalen lauter Nullen enthält, heißt *Diagonalmatrix*. Für Diagonalmatrizen hat sich folgende raumsparende Bezeichnungsweise eingebürgert:

$$\begin{bmatrix} \lambda_1 & & & 0 \\ & \lambda_2 & & \\ & & \ddots & \\ 0 & & & \lambda_m \end{bmatrix} =: \operatorname{diag}(\lambda_1, \lambda_2, \ldots, \lambda_m) .$$

Im weiteren werden wir eine Abbildung $D \in \mathscr{L}(\mathbb{R}^m)$ *diagonal* nennen, falls ihre Matrix bezüglich der Standardbasis diagonal ist.

Wir zitieren hier ohne Beweis den folgenden *Hauptsatz über symmetrische Abbildungen:*

(23.16) *Ist* $M \in \mathscr{L}(\mathbb{R}^m)$ *eine symmetrische Abbildung, so gibt es eine orthogonale Abbildung* S *und eine diagonale Abbildung* D *derart, daß gilt:* $M = SDS'$.

Mit Hilfe dieses Satzes beweisen wir nun:

(23.17) *Zu jeder regulären Abbildung* $L \in \mathscr{L}(\mathbb{R}^m)$ *gibt es zwei orthogonale Abbildungen* T, S *und eine diagonale Abbildung* D,

$$[D] = \operatorname{diag}(\lambda_1, \ldots, \lambda_m), \qquad \lambda_k > 0 \qquad (1 \leqslant k \leqslant m),$$

derart, daß gilt: $L = TDS'$.

⌜ Die Abbildung $M := L'L$ ist symmetrisch, nach den Regeln (4) gilt nämlich

$$M' = (L'L)' = L'L'' = L'L = M .$$

Aufgrund des Hauptsatzes **(23.16)** gibt es daher eine orthogonale Abbildung S und eine diagonale Abbildung $\tilde{D}$ mit

$$L'L = S\tilde{D}S' . \tag{7}$$

Wir behaupten weiter: In der Matrix $[\tilde{D}] = \operatorname{diag}(\tau_1, \tau_2, \ldots, \tau_m)$ sind alle $\tau_k > 0$. Zum Beweis multiplizieren wir (7) von links mit S' und von rechts mit S; es folgt

$$\tilde{D} = S'L'LS . \tag{8}$$

Unter Benutzung von (2), angewandt auf $\tilde{D}$, und (1) erhalten wir hieraus

$$\tau_k = \tilde{D}\mathbf{e}_k \bullet \mathbf{e}_k = S'L'LS\mathbf{e}_k \bullet \mathbf{e}_k = LS\mathbf{e}_k \bullet LS\mathbf{e}_k = |LS\mathbf{e}_k|^2 .$$

Hier ist die rechte Seite >0, da L und S beide regulär sind.

Setzen wir nunmehr

$$[D] := \operatorname{diag}(\sqrt{\tau_1}, \ldots, \sqrt{\tau_m}), \qquad T := LSD^{-1},$$

so haben wir einerseits wegen (4) und (8):

$$T'T = D^{-1}S'L'LSD^{-1} = D^{-1}\tilde{D}D^{-1} = \mathbb{1}$$

(das heißt: T ist orthogonal), anderseits aber

$$L = TDS',$$

wie behauptet. ⌟

237. Verhalten des Maßes gegenüber linearen Abbildungen

Wir können nun daran gehen, das Verhalten des Jordanschen Maßes unter einer linearen Abbildung $L: \mathbb{R}^m \to \mathbb{R}^m$ zu untersuchen. Zur Abkürzung bezeichnen wir dabei die Bildmenge der Menge $A \subset \mathbb{R}^m$ mit A^L. — Wir erledigen vorweg den singulären Fall:

(23.18) *Eine singuläre Abbildung $L \in \mathscr{L}(\mathbb{R}^m)$ führt jede beschränkte Menge $A \subset \mathbb{R}^m$ in eine Nullmenge über.*

⌜ A ist enthalten in einem Quader Q. Nach Voraussetzung über L gibt es einen Vektor $\mathbf{a} \neq 0$ mit $L\mathbf{a} = \mathbf{0}$. Weiter gibt es zu jedem Punkt $\mathbf{x} \in A$ ein $\lambda \in \mathbb{R}$ derart, daß gilt: $\mathbf{x} + \lambda\mathbf{a} \in \operatorname{rd} Q$. Hieraus folgt

$$L\mathbf{x} = L(\mathbf{x} + \lambda\mathbf{a}) \in (\operatorname{rd} Q)^L$$

und somit, da $\mathbf{x} \in A$ beliebig war: $A^L \subset (\operatorname{rd} Q)^L$. Nun ist $\operatorname{rd} Q$ eine Nullmenge und L eine quasikontrahierende Abbildung. Nach Satz **(23.15)** ist dann auch $(\operatorname{rd} Q)^L$ eine Nullmenge, erst recht also A^L. ⌟

Eine *reguläre* lineare Abbildung L führt den Einheitswürfel $I \subset \mathbb{R}^m$ in ein Parallelepiped über. Wir definieren allgemein die Zahl $\chi_L \geq 0$ durch

$$\chi_L := \mu(I^L)$$

(I^L ist nach 235.① meßbar) und behaupten:

(23.19) *Ist A eine beliebige meßbare Menge, so ist auch A^L meßbar, und es gilt*

$$\mu(A^L) = \chi_L \cdot \mu(A).$$

In anderen Worten: Unter einer linearen Abbildung multiplizieren sich alle Volumina mit demselben Faktor. — ⌜ Nach **(23.18)** trifft der Satz jedenfalls zu für singuläres L, und zwar ist dann $\chi_L=0$. Wir dürfen daher im weiteren annehmen, daß L regulär und damit injektiv ist. L führt die 2^{mr} translationsgleichen Würfel $I_{\alpha,r}\subset I$ in 2^{mr} translationsgleiche Parallelepipede über, die untereinander höchstens Bilder von Seitenflächen, nach Satz **(23.15)** also Nullmengen gemeinsam haben. Aus der Additivität und der Translationsinvarianz des Maßes folgt daher die Behauptung für beliebige Würfel $I_{\alpha,r}$ und durch nochmalige Anwendung der Additivität für beliebige r-Würfelgebäude.

Es sei jetzt wiederum B_r das A von innen approximierende r-Würfelgebäude. Dann gilt nach Definition von $\underline{\mu}_r$ und **(23.11)**:

$$\underline{\mu}_r(A)=\mu(B_r)$$

und somit nach dem bereits Bewiesenen:

$$\chi_L\underline{\mu}_r(A)=\chi_L\mu(B_r)=\mu(B_r^L)\leqslant\underline{\mu}(A^L),$$

denn es ist natürlich auch $B_r^L\subset A^L$. Zusammen mit der analogen Überlegung für das äußere Maß erhalten wir daher

$$\chi_L\underline{\mu}_r(A)\leqslant\underline{\mu}(A^L)\leqslant\overline{\mu}(A^L)\leqslant\chi_L\overline{\mu}_r(A).$$

Hieraus ergibt sich mit $r\to\infty$ die Behauptung. ⌟

Es verbleibt die Aufgabe, den Wert der (nur von L abhängigen) Konstanten χ_L zu bestimmen. Wir zeigen zunächst:

(23.20) (a) *Für eine diagonale Abbildung D bzw. Matrix* $[D]=\operatorname{diag}(\lambda_1,\ldots,\lambda_m)$ *mit positiven λ_k ist $\chi_D=\lambda_1\cdot\lambda_2\cdot\cdots\cdot\lambda_m$.*

(b) *Für eine orthogonale Abbildung S ist $\chi_S=1$.*

(c) *Für zwei beliebige Abbildungen L,M ist $\chi_{LM}=\chi_L\cdot\chi_M$.*

⌜ (a) D führt den Einheitswürfel über in den Quader

$$I^D=\{\mathbf{x}\,|\,0\leqslant x_k\leqslant\lambda_k\ \ (1\leqslant k\leqslant m)\}.\quad —$$

(b) Wir betrachten die Einheitskugel $B:=\{\mathbf{x}\in\mathbb{R}^m\,\big|\,|\mathbf{x}|\leqslant 1\}$. B enthält einen Würfel der Kantenlänge $2/\sqrt{m}$ und besitzt damit positives Maß. Da S die Beträge der Vektoren unverändert läßt, ist $B^S=B$, und wir erhalten mit Satz **(23.19)**:

$$\mu(B)=\mu(B^S)=\chi_S\cdot\mu(B).$$

Wegen $\mu(B)\neq 0$ ist somit $\chi_S=1$. — Die Behauptung (c) folgt unmittelbar aus Satz **(23.19)**. ⌟

Im allgemeinen Fall besitzt χ_L den folgenden Wert:

(23.21) $\chi_L = |\det L|$.

⌜ Für singuläres L sind χ_L und $\det L$ beide gleich 0. Auf eine reguläre Abbildung L läßt sich die in Satz **(23.17)** angegebene Zerlegung anwenden: $L = T'DS$. Mit der eben bewiesenen Proposition **(23.20)** führt das auf

$$\chi_L = \chi_{T'} \cdot \chi_D \cdot \chi_S = 1 \cdot \lambda_1 \cdot \dots \cdot \lambda_m \cdot 1 .$$

Anderseits ist aber auch

$$|\det L| = |\det T'| \cdot |\det D| \cdot |\det S| = 1 \cdot \lambda_1 \cdot \dots \cdot \lambda_m \cdot 1 . \quad ⌟$$

(23.19) und **(23.21)** lassen sich zu dem folgenden fundamentalen Satz zusammenfassen:

(23.22) *Es sei $A \subset \mathbb{R}^m$ eine beliebige meßbare Menge und $L \in \mathscr{L}(\mathbb{R}^m)$ eine beliebige lineare Abbildung. Dann gilt*

$$\mu(A^L) = |\det L| \, \mu(A) .$$

Als Korollar ergibt sich noch:

(23.23) *Das von den Vektoren $\mathbf{a}_k = (a_{1k}, \dots, a_{mk})$ $(1 \leqslant k \leqslant m)$ aufgespannte Parallelepiped A besitzt das Volumen*

$$\mu(A) = |\varepsilon(\mathbf{a}_1, \mathbf{a}_2, \dots, \mathbf{a}_m)| = |\det [a_{ik}]| .$$

⌜ Betrachten wir die durch

$$L\mathbf{e}_k := \mathbf{a}_k \qquad (1 \leqslant k \leqslant m)$$

definierte lineare Abbildung L, so ist $A = I^L$ und damit

$$\mu(A) = \chi_L = |\det L| = |\det [a_{ik}]| . \quad ⌟$$

Kapitel 24. Mehrfache Integrale

241. Das Riemannsche Integral im $\mathbb{R}^m$

Bei der Definition des Riemannschen Integrals im $\mathbb{R}^m$ gehen wir ganz analog vor wie im eindimensionalen Fall (Abschnitt 121); wir dürfen uns daher gegebenenfalls etwas kürzer fassen.

Wir betrachten zunächst Funktionen $f: \mathbb{R}^m \to \mathbb{R}$, die beschränkt sind und für große $|\mathbf{x}|$ verschwinden; solche Funktionen bezeichnen wir wiederum als *finit*. Für jede finite Funktion f gibt es eine *Schranke* $M \in \mathbb{N}$ mit

$$|f(\mathbf{x})| \leqslant M \qquad \forall \mathbf{x} \in \mathbb{R}^m; \qquad f(\mathbf{x}) = 0 \qquad (|\mathbf{x}| \geqslant M).$$

Es sei jetzt $I_{\boldsymbol{\alpha},r}$ ein beliebiger Würfel der r-ten Generation. Wir setzen zur Abkürzung

$$\underline{f}_{\boldsymbol{\alpha},r} := \inf\{f(\mathbf{x}) \mid \mathbf{x} \in I_{\boldsymbol{\alpha},r}\}, \qquad \overline{f}_{\boldsymbol{\alpha},r} := \sup\{f(\mathbf{x}) \mid \mathbf{x} \in I_{\boldsymbol{\alpha},r}\},$$

dann gelten für alle r und $\boldsymbol{\alpha}$ die Beziehungen

$$-M \leqslant \underline{f}_{\boldsymbol{\alpha},r} \leqslant \overline{f}_{\boldsymbol{\alpha},r} \leqslant M,$$

$$\overline{f}_{\boldsymbol{\alpha},r} - \underline{f}_{\boldsymbol{\alpha},r} = \sup\{|f(\mathbf{x}) - f(\mathbf{y})| \mid \mathbf{x}, \mathbf{y} \in I_{\boldsymbol{\alpha},r}\}. \tag{1}$$

Für jedes feste r sind nur endlich viele $\underline{f}_{\boldsymbol{\alpha},r}, \overline{f}_{\boldsymbol{\alpha},r}$ von 0 verschieden, somit sind die *Riemannschen Unter-* und *Obersummen*

$$\underline{S}_r(f) := \textstyle\sum_{\boldsymbol{\alpha}} \underline{f}_{\boldsymbol{\alpha},r} \cdot 2^{-mr}, \qquad \overline{S}_r(f) := \textstyle\sum_{\boldsymbol{\alpha}} \overline{f}_{\boldsymbol{\alpha},r} \cdot 2^{-mr}$$

wohldefiniert. Wie in Abschnitt 121 zeigt man, daß die Untersummen eine monoton wachsende, die Obersummen eine monoton fallende Folge bilden und daß für alle $r', r'' \in \mathbb{N}$ die Ungleichungen

$$\underline{S}_0(f) \leqslant \underline{S}_{r'}(f) \leqslant \overline{S}_{r''}(f) \leqslant \overline{S}_0(f)$$

gelten. Somit existieren die Grenzwerte

$$\lim_{r\to\infty} \underline{S}_r(f) =: \underline{\int} f\,d\mu, \qquad \lim_{r\to\infty} \overline{S}_r(f) =: \overline{\int} f\,d\mu,$$

die beziehungsweise *unteres* und *oberes Riemannsches Integral* von f genannt werden. Stimmen unteres und oberes Integral der finiten Funktion f überein, so heißt f *(Riemann-)integrierbar* und der gemeinsame Wert das *Riemannsche Integral* von f. Wir verwenden dafür die folgenden Bezeichnungen:

(2) $$\int f\,d\mu, \quad \int f(\mathbf{x})\,d\mu_{\mathbf{x}}.$$

Was die elementaren Eigenschaften des Riemannschen Integrals betrifft, so läßt sich Proposition **(12.2)** wortwörtlich auf den mehrdimensionalen Fall übertragen; insbesondere gelten die folgenden Rechenregeln:

(24.1) (a) $\int (f+g)\,d\mu = \int f\,d\mu + \int g\,d\mu$,
(b) $\int (\alpha f)\,d\mu = \alpha \int f\,d\mu \quad (\alpha \in \mathbb{R})$,
(c) $f(\mathbf{x}) \geqslant 0 \quad \forall \mathbf{x} \;\Rightarrow\; \int f\,d\mu \geqslant 0$,
(d) $\left|\int f\,d\mu\right| \leqslant \int |f|\,d\mu$.

Im folgenden gehen wir jedoch über das bereits im eindimensionalen Fall Gesagte hinaus und ersetzen die Sätze **(12.1)** bzw. **(12.5)** durch definitive Fassungen, in denen statt endlich vielen „Ausnahmepunkten" eine ganze Nullmenge von „Ausnahmepunkten" zugelassen ist. In diesem Zusammenhang ist folgende Redeweise zweckmäßig: Eine Aussage über Punkte $\mathbf{x}$ gilt *fast überall* auf einer Menge X, wenn die Aussage für alle Punkte $\mathbf{x} \in X$ mit Ausnahme einer Nullmenge $A \subset X$ zutrifft.

(24.2) *Ist f finit und fast überall gleich* 0, *so gilt* $\int f\,d\mu = 0$.

⌜ Es sei M eine Schranke für f und A die Nullmenge der Punkte $\mathbf{x}$, in denen $f(\mathbf{x}) \neq 0$ ist. Zu gegebenem $\varepsilon > 0$ gibt es dann ein r mit $\overline{\mu}_r(A) < \varepsilon/M$, und für dieses r gilt

$$\overline{S}_r(f) = \sum_\alpha \overline{f}_{\alpha,r} \cdot 2^{-mr} \leqslant \sum_{I_{\alpha,r} \between A} M \cdot 2^{-mr} = M\,\overline{\mu}_r(A) < \varepsilon.$$

Analog beweist man $\underline{S}_r(f) > -\varepsilon$. Da die Obersummen mit wachsendem r monoton ab-, die Untersummen monoton zunehmen, folgt hieraus die Behauptung. ⌟

Der nächste Satz sichert die Existenz des Integrals für eine hinreichend große Klasse von Funktionen:

(24.3) *Ist f finit und fast überall stetig, so ist f integrierbar.*

⌈ Es genügt, das folgende zu zeigen: Zu jedem $\varepsilon>0$ gibt es ein $r\in\mathbb{N}$ derart, daß gilt

$$\overline{S}_r(f)-\underline{S}_r(f)<\varepsilon.$$

Es sei $M\in\mathbb{N}$ eine Schranke für f und A die Menge der Punkte, in denen f unstetig ist. Zunächst gibt es ein r' mit

$$\overline{\mu}_{r'}(A)<\varepsilon/4M. \tag{2}$$

Es sei P das zugehörige (die Menge A von außen approximierende) r'-Gebäude und Q das Gebäude der übrigen in

$$W:=\{\mathbf{x}\in\mathbb{R}^m \,\big|\, |x_k|\leqslant M \;\; (1\leqslant k\leqslant m)\}$$

enthaltenen r'-Würfel. Da Q die Menge A nicht schneidet, ist f stetig auf Q, nach Satz **(8.27)** also gleichmäßig stetig auf Q (Q ist kompakt). Es gibt daher ein $r\geqslant r'$, so daß für je zwei Punkte $\mathbf{x},\mathbf{y}$, die in demselben r-Würfel von Q liegen, gilt:

$$|f(\mathbf{x})-f(\mathbf{y})|<\frac{\varepsilon}{2\mu(W)}.$$

Mit Hilfe von (1) und (2) erhalten wir jetzt nacheinander

$$\begin{aligned}
\overline{S}_r(f)-\underline{S}_r(f)&=\textstyle\sum_{I_{\alpha,r}\subset P}(\overline{f}_{\alpha,r}-\underline{f}_{\alpha,r})2^{-mr}+\sum_{I_{\alpha,r}\subset Q}(\overline{f}_{\alpha,r}-\underline{f}_{\alpha,r})2^{-mr}\\
&\leqslant 2M\textstyle\sum_{I_{\alpha,r}\subset P}2^{-mr}+\dfrac{\varepsilon}{2\mu(W)}\sum_{I_{\alpha,r}\subset Q}2^{-mr}\\
&=2M\,\overline{\mu}_{r'}(A)+\dfrac{\varepsilon}{2}\,\dfrac{\mu(Q)}{\mu(W)}\\
&<2M\,\dfrac{\varepsilon}{4M}+\dfrac{\varepsilon}{2}=\varepsilon.
\end{aligned}$$ ⌋

242. Reduktionssatz („Satz von Fubini")

Für die praktische Berechnung von Riemannschen Integralen benötigen wir einen Reduktionssatz, der die Integration im $\mathbb{R}^m$, $m>1$, zurückführt auf „einfache" Integrationen, wie wir sie in den Kapiteln 12 und 13 behandelt haben.

Es sei $m=p+q$; $p,q\geqslant 1$. Wir betrachten den $\mathbb{R}^m$ als kartesisches Produkt des $\mathbf{x}$-Raums $\mathbb{R}^p$ und des $\mathbf{y}$-Raums $\mathbb{R}^q$ und bezeichnen den allgemeinen Punkt von $\mathbb{R}^m$ mit

$$(\mathbf{x},\mathbf{y}):=(x_1,\ldots,x_p,y_1,\ldots,y_q);$$

ferner schreiben wir beziehungsweise $\mu_{\mathbf{x}}, \mu_{\mathbf{y}}, \mu_{\mathbf{xy}}$ für das Jordansche Maß in den drei Räumen $\mathbb{R}^p, \mathbb{R}^q, \mathbb{R}^m$. Die gesuchte Reduktion eines sogenannten *m-fachen Integrals* auf „einfache“ Integrale wird nun durch den folgenden Satz ermöglicht:

(24.4) *Ist* $f: \mathbb{R}^m \to \mathbb{R}$ *eine integrierbare finite Funktion und existiert für alle* $\mathbf{x} \in \mathbb{R}^p$ *das Integral*

(1) $$\int f(\mathbf{x}, \mathbf{y})\, d\mu_{\mathbf{y}},$$

so gilt

$$\int f(\mathbf{x}, \mathbf{y})\, d\mu_{\mathbf{xy}} = \int \left(\int f(\mathbf{x}, \mathbf{y})\, d\mu_{\mathbf{y}} \right) d\mu_{\mathbf{x}}.$$

Die Existenz des *inneren Integrals* (1) für jedes $\mathbf{x}$ braucht in Wirklichkeit nicht vorausgesetzt zu werden; wir beweisen nämlich den folgenden stärkeren Satz:

(24.5) *Ist* $f: \mathbb{R}^m \to \mathbb{R}$ *eine integrierbare finite Funktion, so gilt*

$$\int f(\mathbf{x}, \mathbf{y})\, d\mu_{\mathbf{xy}} = \int \left(\underline{\int} f(\mathbf{x}, \mathbf{y})\, d\mu_{\mathbf{y}} \right) d\mu_{\mathbf{x}} = \int \left(\overline{\int} f(\mathbf{x}, \mathbf{y})\, d\mu_{\mathbf{y}} \right) d\mu_{\mathbf{x}}.$$

In anderen Worten: Auch wenn die beiden (jedenfalls existierenden) Integrale

(2) $$F(\mathbf{x}) := \underline{\int} f(\mathbf{x}, \mathbf{y})\, d\mu_{\mathbf{y}}, \qquad G(\mathbf{x}) := \overline{\int} f(\mathbf{x}, \mathbf{y})\, d\mu_{\mathbf{y}}$$

nicht für alle $\mathbf{x}$ übereinstimmen, ist der Unterschied im ganzen so klein, daß er bei der zweiten Integration keine Rolle spielt.

⌜ Wir halten den „Generationsindex“ $r \in \mathbb{N}$ im folgenden zunächst fest und bezeichnen die r-Würfel des $\mathbf{x}$-Raums mit $I_{\boldsymbol{\alpha}}$, die r-Würfel des $\mathbf{y}$-Raums mit $I_{\boldsymbol{\beta}}$; dann sind die r-Würfel von $\mathbb{R}^m = \mathbb{R}^p \times \mathbb{R}^q$ gegeben durch

$$I_{\boldsymbol{\alpha}, \boldsymbol{\beta}} := I_{\boldsymbol{\alpha}} \times I_{\boldsymbol{\beta}}.$$

Riemannsche Summen im $\mathbf{x}$-Raum bezeichnen wir mit S'_r, solche im $\mathbf{y}$-Raum mit S''_r; endlich schreiben wir S_r für Riemannsche Summen im $\mathbb{R}^m$.

Wir betrachten jetzt (siehe die Fig. 242.1) für einen festen Punkt $\mathbf{x}_0 \in \mathbb{R}^p$ die partielle Funktion

$$f(\mathbf{x}_0, \cdot): \quad \mathbb{R}^q \to \mathbb{R}, \qquad \mathbf{y} \mapsto f(\mathbf{x}_0, \mathbf{y})$$

und erhalten für das erste Integral (2):

$$F(\mathbf{x}_0) \geqslant \underline{S}''_r(f(\mathbf{x}_0, \cdot)) = \sum\nolimits_{\boldsymbol{\beta}} \inf\{f(\mathbf{x}_0, \mathbf{y}) \mid \mathbf{y} \in I_{\boldsymbol{\beta}}\} \cdot 2^{-qr}.$$

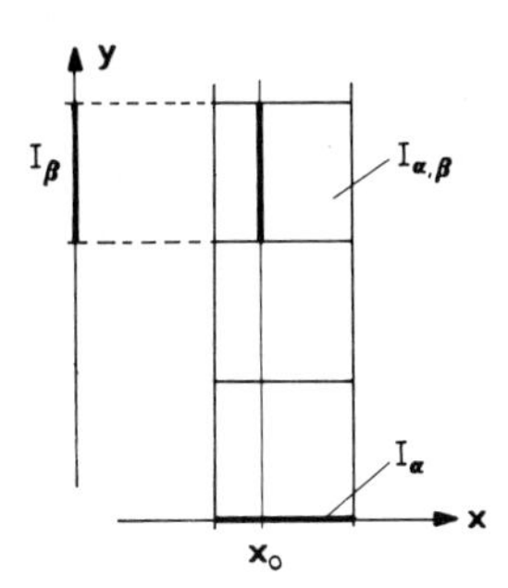

Fig. 242.1

Ist $\mathbf{x}_0 \in I_\alpha$, so gilt natürlich

$$\inf\{f(\mathbf{x}_0, \mathbf{y}) \mid \mathbf{y} \in I_\beta\} \geqslant \inf\{f(\mathbf{x}, \mathbf{y}) \mid (\mathbf{x}, \mathbf{y}) \in I_{\alpha,\beta}\}.$$

Damit folgt weiter

$$F(\mathbf{x}_0) \geqslant \sum_\beta \inf\{f(\mathbf{x}, \mathbf{y}) \mid (\mathbf{x}, \mathbf{y}) \in I_{\alpha,\beta}\} \cdot 2^{-qr},$$

und zwar trifft dies zu für alle $\mathbf{x}_0 \in I_\alpha$. Dann gilt aber auch

$$\underline{F}_{\alpha,r} \geqslant \sum_\beta \inf\{f(\mathbf{x}, \mathbf{y}) \mid (\mathbf{x}, \mathbf{y}) \in I_{\alpha,\beta}\} \cdot 2^{-qr},$$

und wir erhalten folglich

$$\begin{aligned} \underline{S}'_r(F) &= \sum_\alpha \underline{F}_{\alpha,r} \cdot 2^{-pr} \\ &\geqslant \sum_{\alpha,\beta} \inf\{f(\mathbf{x}, \mathbf{y}) \big| (\mathbf{x}, \mathbf{y}) \in I_{\alpha,\beta}\} \cdot 2^{-(p+q)r}. \end{aligned}$$

Der Ausdruck rechter Hand ist aber gerade $\underline{S}_r(f)$. Wegen $G(\mathbf{x}) \geqslant F(\mathbf{x})\ \forall \mathbf{x}$ ergibt sich damit

$$\underline{S}'_r(G) \geqslant \underline{S}'_r(F) \geqslant \underline{S}_r(f),$$

und mit $r \to \infty$ folgt hieraus

$$\underline{\int} G(\mathbf{x})\, d\mu_{\mathbf{x}} \geqslant \underline{\int} F(\mathbf{x})\, d\mu_{\mathbf{x}} \geqslant \int f(\mathbf{x}, \mathbf{y})\, d\mu_{\mathbf{x}\mathbf{y}}. \tag{3}$$

In analoger Weise erhält man

$$\overline{\int} F(\mathbf{x})\, d\mu_{\mathbf{x}} \leqslant \overline{\int} G(\mathbf{x})\, d\mu_{\mathbf{x}} \leqslant \int f(\mathbf{x}, \mathbf{y})\, d\mu_{\mathbf{x}\mathbf{y}}. \tag{4}$$

Die beiden Zeilen (3) und (4) ergeben zusammen die Behauptung. ⌋

Wir werden auf diesen Satz ausführlich zurückkommen.

243. Integral über beliebige meßbare Mengen

Um die Funktion f nur über eine Teilmenge $A \subset \mathbb{R}^m$ zu integrieren, nehmen wir wiederum die charakteristische Funktion χ_A zuhilfe (siehe Abschnitt 124). Zunächst gilt:

(24.6) *Die Funktion χ_A ist unstetig in den Randpunkten von A und überall sonst stetig.*

⌜ Da jede noch so kleine Umgebung eines Punktes $\mathbf{x} \in \operatorname{rd} A$ sowohl A wie $\complement A$ schneidet, nimmt χ_A beliebig nahe bei $\mathbf{x}$ sowohl den Wert 1 wie den Wert 0 an, ist also im Punkt $\mathbf{x}$ unstetig. Gehört $\mathbf{x}$ nicht zu $\operatorname{rd} A$, so gibt es ein $U_\varepsilon(\mathbf{x}) \subset A$ oder ein $U_\varepsilon(\mathbf{x}) \subset \complement A$. In beiden Fällen ist χ_A in einer ganzen Umgebung von $\mathbf{x}$ konstant und damit im Punkt $\mathbf{x}$ stetig. ⌟

Es seien $A \subset \mathbb{R}^m$ eine beschränkte Menge und $f: A \to \mathbb{R}$ eine beschränkte Funktion; dann ist $\chi_A f$, definiert durch (124.1), eine finite Funktion. Wir definieren nunmehr das *Riemannsche Integral von f über die Menge A* durch

$$(1) \qquad \int_A f\, d\mu := \int \chi_A f\, d\mu\,;$$

analog werden das untere und das obere Integral

$$\underline{\int}_A f\, d\mu \quad \text{bzw.} \quad \overline{\int}_A f\, d\mu$$

erklärt.

Die Verifikation der nachstehenden Tatsachen überlassen wir dem Leser:

(24.7) *(Rechenregeln* **(24.1)** *mit $\int_A$ anstelle von $\int$)*

(24.8) *Ist f auf der beschränkten Menge $A \subset \mathbb{R}^m$ beschränkt und fast überall gleich 0, so ist $\int_A f\, d\mu = 0$.*

Vor allem aber gilt der folgende fundamentale Existenzsatz:

(24.9) *Ist A eine beschränkte meßbare Menge und $f: A \to \mathbb{R}$ eine beschränkte und fast überall stetige Funktion, so existiert das Integral $\int_A f\, d\mu$.*

⌜ Nach Voraussetzung über A und Satz **(23.6)** ist $\operatorname{rd} A$ eine Nullmenge, ferner bilden die Unstetigkeitsstellen von f eine Nullmenge $N \subset A$. Die Funktion $\chi_A f$ ist finit und höchstens auf der Nullmenge $\operatorname{rd} A \cup N$ unstetig. Aufgrund von Satz **(24.3)** existiert daher das Integral

$$\int \chi_A f\, d\mu\,. \quad ⌟$$

Das Integral (1) ist nicht nur additiv bezüglich f, sondern auch bezüglich A:

(24.10) *Ist* $A\cap B$ *eine Nullmenge, so gilt*

$$\int_{A\cup B} f\,d\mu=\int_A f\,d\mu+\int_B f\,d\mu\,.$$

⌈ Aus $\chi_{A\cup B}=\chi_A+\chi_B-\chi_{A\cap B}$ folgt

$$\int \chi_{A\cup B} f\,d\mu=\int \chi_A f\,d\mu+\int \chi_B f\,d\mu-\int \chi_{A\cap B} f\,d\mu\,.$$

Da $\chi_{A\cap B}$ fast überall gleich 0 ist, verschwindet hier das letzte Integral nach Proposition **(24.2)**. ⌋

Der folgende Satz war aufgrund unserer Konstruktion zu erwarten. Indem er das Maß einer Menge A durch ein Integral darstellt, macht er die Volumenbestimmung der Reduktion und damit dem praktischen Rechnen mit Stammfunktionen usw. zugänglich.

(24.11) *Für jede beschränkte meßbare Menge A gilt*

$$\mu(A)=\int_A d\mu\,.$$

⌈ Für die Würfel $I_{\alpha,r}\subset\underline{A}$ ist

$$\inf\{\chi_A(\mathbf{x})\,|\,\mathbf{x}\in I_{\alpha,r}\}=1\,,$$

für alle andern Würfel ist dieses Infimum jedenfalls $\geqslant 0$. Hieraus folgt schon

$$\underline{S}_r(\chi_A)\geqslant\underline{\mu}_r(A)\,,$$

mit $r\to\infty$ also

$$\int \chi_A\,d\mu\geqslant\mu(A)\,.$$

Anderseits ist

$$\sup\{\chi_A(\mathbf{x})\,|\,\mathbf{x}\in I_{\alpha,r}\}=1$$

genau dann, wenn $I_{\alpha,r}\between A$, also höchstens dann, wenn $I_{\alpha,r}\between\bar{A}$. Für alle andern Würfel ist dieses Supremum jedenfalls gleich 0. Hieraus folgt

$$\overline{S}_r(\chi_A)\leqslant\overline{\mu}_r(A)\,,$$

mit $r\to\infty$ also

$$\int \chi_A\,d\mu\leqslant\mu(A)\,.\quad ⌋$$

Als Korollare erhalten wir unter Benutzung von **(24.7)**(c) und (d) die folgenden Mittelwertsätze:

(24.12) (a) *Es sei*

$$\inf_{\mathbf{x}\in A} f(\mathbf{x}) =: m, \qquad \sup_{\mathbf{x}\in A} f(\mathbf{x}) =: M.$$

Dann gilt

$$m\,\mu(A) \leqslant \int_A f\,d\mu \leqslant M\,\mu(A).$$

(b) *Nimmt f auf A jeden Wert zwischen m und M wirklich an, so hat man sogar*

$$\int_A f\,d\mu = f(\xi)\,\mu(A)$$

für einen geeigneten Punkt $\xi \in A$.

(24.13) *Ist*

$$|f(\mathbf{x})| \leqslant C \qquad \forall \mathbf{x}\in A,$$

so gilt

$$\left|\int_A f\,d\mu\right| \leqslant C\,\mu(A).$$

Die folgenden Sätze über den Grenzübergang unter dem Integralzeichen werden wie die Sätze **(17.11)** und **(17.12)** bewiesen; wir überlassen die Details dem Leser.

(24.14) *Ist $A \subset \mathbb{R}^m$ eine beschränkte meßbare Menge und konvergieren die integrierbaren Funktionen $f_n: A \to \mathbb{R}$ auf A gleichmäßig gegen eine Funktion f, so ist auch f auf A integrierbar, und es gilt*

$$\int_A f\,d\mu = \lim_{n\to\infty} \int_A f_n\,d\mu.$$

(24.15) *Ist $A \subset \mathbb{R}^m$ eine beschränkte meßbare Menge und f die Summe einer auf A gleichmäßig konvergenten Reihe $\sum_{k=0}^{\infty} f_k$ von integrierbaren Funktionen $f_k: A \to \mathbb{R}$, so ist auch f auf A integrierbar, und es gilt*

$$\int_A f\,d\mu = \sum_{k=0}^{\infty} \int f_n\,d\mu.$$

244. Praktische Berechnung mehrfacher Integrale

Wir kommen nun endlich zu der praktischen Berechnung von mehrfachen Integralen mit Hilfe des Reduktionssatzes **(24.4)**. Hierzu führen wir zunächst weitere Bezeichnungen ein: Liegt die für jenen Satz getroffene Disposition vor und ist A eine Teilmenge des $\mathbb{R}^m$, so bezeichnet A' die Projektion von A in den $\mathbf{x}$-Raum $\mathbb{R}^p$:

$$A' := \{\mathbf{x} \in \mathbb{R}^p \mid \exists\, \mathbf{y}((\mathbf{x}, \mathbf{y}) \in A)\},$$

und $A_\mathbf{x}$ den Schnitt von A mit der im Punkt $\mathbf{x}$ errichteten „Ordinate" (siehe die Fig. 244.1):

$$A_\mathbf{x} := \{\mathbf{y} \in \mathbb{R}^q \mid (\mathbf{x}, \mathbf{y}) \in A\}.$$

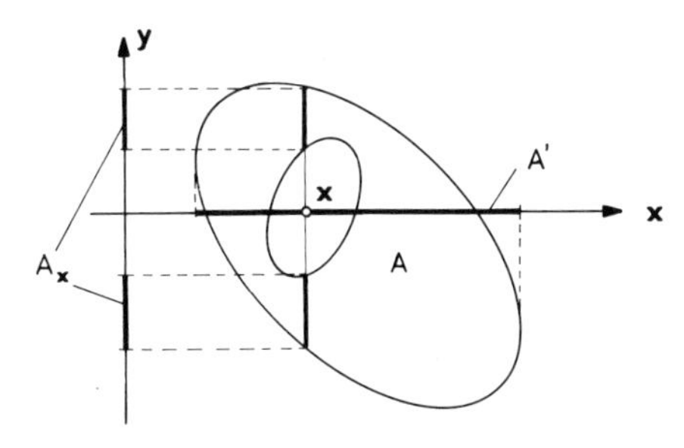

Fig. 244.1

Der Reduktionssatz erhält nun folgende „anwendungsorientierte" Form:

(24.16) *Es sei $A \subset \mathbb{R}^m$ eine beschränkte meßbare Menge und $f: A \to \mathbb{R}$ eine beschränkte fast überall stetige Funktion. Existiert dann für alle $\mathbf{x} \in A'$ das Integral*

(1) $$\int_{A_\mathbf{x}} f(\mathbf{x}, \mathbf{y})\, d\mu_\mathbf{y},$$

so gilt

(2) $$\int_A f(\mathbf{x}, \mathbf{y})\, d\mu_{\mathbf{x}\mathbf{y}} = \int_{A'} \left(\int_{A_\mathbf{x}} f(\mathbf{x}, \mathbf{y})\, d\mu_\mathbf{y}\right) d\mu_\mathbf{x}.$$

(Die Existenz der inneren Integrale (1) braucht an sich nicht vorausgesetzt zu werden; in Wirklichkeit gilt die Satz **(24.5)** entsprechende stärkere Aussage.)

⌈ Die Behauptung ergibt sich unmittelbar aus **(24.4)** und der leicht zu verifizierenden Identität

$$\chi_A(\mathbf{x}, \mathbf{y}) = \chi_{A'}(\mathbf{x}) \cdot \chi_{A_\mathbf{x}}(\mathbf{y}).$$

Man erhält nacheinander

$$\begin{aligned}\int_A f\,d\mu &= \int \chi_A(\mathbf{x},\mathbf{y})\,f(\mathbf{x},\mathbf{y})\,d\mu_{\mathbf{xy}}\\ &= \int\Bigl(\int \chi_{A'}(\mathbf{x})\,\chi_{A_\mathbf{x}}(\mathbf{y})\,f(\mathbf{x},\mathbf{y})\,d\mu_\mathbf{y}\Bigr)d\mu_\mathbf{x}\\ &= \int \chi_{A'}(\mathbf{x})\Bigl(\int \chi_{A_\mathbf{x}}(\mathbf{y})\,f(\mathbf{x},\mathbf{y})\,d\mu_\mathbf{y}\Bigr)d\mu_\mathbf{x}\\ &= \int_{A'}\Bigl(\int_{A_\mathbf{x}} f(\mathbf{x},\mathbf{y})\,d\mu_\mathbf{y}\Bigr)d\mu_\mathbf{x}\,. \quad \lrcorner\end{aligned}$$

Im allgemeinen wird man $q:=1$ wählen. $A_\mathbf{x}\subset\mathbb{R}^1$ ist dann z.B. ein Intervall $[\varphi(\mathbf{x}),\psi(\mathbf{x})]$, und das innere Integral (1) kann mit Hilfe des Hauptsatzes der Infinitesimalrechnung **(12.16)** evaluiert werden. Man erhält

$$\int_{A_\mathbf{x}} f(\mathbf{x},y)\,d\mu_y = \int_{\varphi(\mathbf{x})}^{\psi(\mathbf{x})} f(\mathbf{x},y)\,dy =: F(\mathbf{x})\,,$$

und es bleibt noch die Berechnung des $(m-1)$-fachen Integrals

$$\text{(3)}\qquad \int_{A'} F(\mathbf{x})\,d\mu_\mathbf{x}$$

übrig.

Ist z.B. $m=2$ und auch $A'\subset\mathbb{R}^1$ ein Intervall: $A'=[a,b]$, so ergibt sich durch nochmalige Anwendung von Satz **(12.16)** die Rechenvorschrift

$$\int_A f(x,y)\,d\mu_{xy} = \int_a^b\Bigl(\int_{\varphi(x)}^{\psi(x)} f(x,y)\,dy\Bigr)dx\,;$$

für das letzte Integral schreiben wir der Übersichtlichkeit halber auch

$$\int_a^b dx \int_{\varphi(x)}^{\psi(x)} dy\,\{f(x,y)\}\,.$$

Ist $m>2$, so muß das $(m-1)$-fache Integral (3) weiter reduziert werden. Im ganzen erhält man nach $m-1$ Schritten m ineinandergeschachtelte einfache Integrale, die anschließend „von innen nach außen" nacheinander zu evaluieren sind. Die folgenden Beispiele zeigen, wie das im einzelnen vor sich geht.

① Es soll die Funktion

$$f(x,y,z) := \cos(x+y+z)$$

über den Würfel

$$\begin{aligned}W &:= \{(x,y,z)\,|\,x,y,z\in[-\pi/2,\pi/2]\}\\ &= [-\pi/2,\pi/2]\times[-\pi/2,\pi/2]\times[-\pi/2,\pi/2]\subset\mathbb{R}^3\end{aligned}$$

integriert werden. — Bei der ersten Reduktion („nach z") haben wir

$$W' = [-\pi/2, \pi/2] \times [-\pi/2, \pi/2], \qquad W_{(x,y)} = [-\pi/2, \pi/2],$$

und bei der zweiten („nach y"):

$$W'' = [-\pi/2, \pi/2], \qquad W'_x = [-\pi/2, \pi/2].$$

Wir erhalten daher nacheinander

$$\begin{aligned}\int_W f\,d\mu &= \int_{W'} \left(\int_{-\pi/2}^{\pi/2} f(x,y,z)\,dz\right) d\mu_{xy} \\ &= \int_{W''} \left(\int_{-\pi/2}^{\pi/2} \left(\int_{-\pi/2}^{\pi/2} f(x,y,z)\,dz\right) dy\right) d\mu_x \\ &= \int_{-\pi/2}^{\pi/2} \left(\int_{-\pi/2}^{\pi/2} \left(\int_{-\pi/2}^{\pi/2} f(x,y,z)\,dz\right) dy\right) dx,\end{aligned}$$

wie erwartet. Bei der Auswertung der ineinandergeschachtelten Integrale benutzen wir dreimal die Identität

$$\sin(\alpha + \pi/2) - \sin(\alpha - \pi/2) = 2\cos\alpha.$$

Es ergibt sich

$$\begin{aligned}\int_W f\,d\mu &= \int_{-\pi/2}^{\pi/2} dx \int_{-\pi/2}^{\pi/2} dy \int_{-\pi/2}^{\pi/2} dz \{\cos(x+y+z)\} \\ &= \int_{-\pi/2}^{\pi/2} dx \int_{-\pi/2}^{\pi/2} dy \{2\cos(x+y)\} = \int_{-\pi/2}^{\pi/2} dx \{4\cos x\} \\ &= 8\cos 0 = 8. \quad \bigcirc\end{aligned}$$

② Um das Volumen der Menge

$$A := \{(x,y,z) \mid x,y,z \geqslant 0;\ x+y+z \leqslant \sqrt{2};\ x^2+y^2 \leqslant 1\}$$

(siehe die Fig. 244.2) zu bestimmen, verwenden wir Satz **(24.11)**:

$$\mu(A) = \int_A d\mu.$$

Bei der ersten Reduktion („nach z") gilt

$$A' = \{(x,y) \mid x,y \geqslant 0;\ x^2+y^2 \leqslant 1\}, \qquad A_{(x,y)} = [0, \sqrt{2}-x-y],$$

und bei der zweiten („nach y"):

$$A'' = [0,1], \quad A'_x = [0, \sqrt{1-x^2}].$$

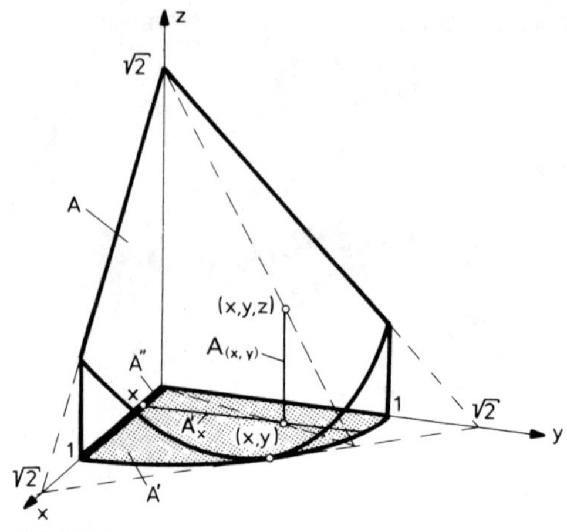

Fig. 244.2

Es ergibt sich daher nacheinander

$$\begin{aligned}\mu(A) &= \int_{A'}\left(\int_0^{\sqrt{2}-x-y} dz\right) d\mu_{xy}\\ &= \int_{A''}\left(\int_0^{\sqrt{1-x^2}}\left(\int_0^{\sqrt{2}-x-y} dz\right) dy\right) d\mu_x\\ &= \int_0^1\left(\int_0^{\sqrt{1-x^2}}\left(\int_0^{\sqrt{2}-x-y} dz\right) dy\right) dx\\ &= \int_0^1\left(\int_0^{\sqrt{1-x^2}}(\sqrt{2}-x-y)\, dy\right) dx\\ &= \int_0^1\left((\sqrt{2}-x)\sqrt{1-x^2}-\tfrac{1}{2}(1-x^2)\right) dx\,.\end{aligned}$$

Nun ist

$$\begin{aligned}&\int_0^1 \sqrt{1-x^2}\, dx = \pi/4\,,\\ &\int_0^1 x\sqrt{1-x^2}\, dx = -\tfrac{1}{2}\int_1^0 u^{1/2}\, du = -\tfrac{1}{2}\cdot\tfrac{2}{3}u^{3/2}\Big|_1^0 = \tfrac{1}{3} \qquad [1-x^2 := u]\,,\\ &\int_0^1 (1-x^2)\, dx = 1-\tfrac{1}{3} = \tfrac{2}{3}\,.\end{aligned}$$

Wir erhalten somit

$$\mu(A) = \sqrt{2}\,\frac{\pi}{4}-\frac{1}{3}-\frac{1}{2}\cdot\frac{2}{3} = \frac{\pi}{2\sqrt{2}}-\frac{2}{3}. \quad \bigcirc$$

③ Es sei

$$Q_R := \{(x,y)\,\big|\,|x| \leqslant R,\ |y| \leqslant R\}\,.$$

Dann gelten trivialerweise die Ungleichungen

(4) $$\int_{B_{2,R}} e^{-(x^2+y^2)} d\mu_{xy} \leqslant \int_{Q_R} e^{-(x^2+y^2)} d\mu_{xy} \leqslant \int_{B_{2,R\sqrt{2}}} e^{-(x^2+y^2)} d\mu_{xy}.$$

Für das erste Integral ergibt sich mit Hilfe der nachstehenden Proposition **(24.17)**:

$$\int_{B_{2,R}} e^{-(x^2+y^2)} d\mu_{xy} = \int_0^R e^{-r^2} 2\pi r\, dr = -\pi e^{-r^2} \Big|_0^R = \pi(1-e^{-R^2});$$

analog wird das dritte Integral berechnet. Das zweite Integral in (4) ist aber gleich

$$\int_{-R}^R dx \int_{-R}^R dy \{e^{-x^2} \cdot e^{-y^2}\} = (\int_{-R}^R e^{-x^2} dx)^2,$$

so daß wir zusammen erhalten

$$\pi(1-e^{-R^2}) \leqslant (\int_{-R}^R e^{-x^2} dx)^2 \leqslant \pi(1-e^{-2R^2}).$$

Mit $R \to \infty$ folgt hieraus die Formel

$$\int_{-\infty}^{\infty} e^{-x^2} dx = \sqrt{\pi},$$

die wir schon früher (Beispiel 176.①) auf andere Weise hergeleitet haben. ○

245. Anwendung: Volumen der m-dimensionalen Kugel

Wir berechnen hier das Volumen der m-dimensionalen Kugel

$$B_{m,R} := \{\mathbf{x} \in \mathbb{R}^m \,|\, |\mathbf{x}| \leqslant R\}$$

und setzen zur Abkürzung

$$\mu(B_{m,1}) =: \kappa_m.$$

Aus **(23.22)** folgt sofort

(1) $$\mu(B_{m,R}) = \kappa_m \cdot R^m;$$

es genügt also, die κ_m zu bestimmen. Zunächst ist

$$\kappa_1 = \int_{-1}^1 dx = 2, \qquad \kappa_2 = \int_{-1}^1 (\int_{-\sqrt{1-x^2}}^{\sqrt{1-x^2}} dy) dx = \cdots = \pi,$$

wie erwartet. Bevor wir nun weitergehen, beweisen wir den folgenden, auch in anderem Zusammenhang nützlichen Hilfssatz:

(24.17) *Hängt die stetige Funktion* $f: B_{2,R} \to \mathbb{R}$ *in Wirklichkeit nur von* $r := \sqrt{x^2+y^2}$ *ab, so gilt*

$$\int_{B_{2,R}} f \, d\mu_{xy} = 2\pi \int_0^R f(r) \, r \, dr .$$

⌈ Wir betrachten die Hilfsfunktion

$$F(r) := \int_{B_{2,r}} f \, d\mu_{xy} \qquad (0 \leqslant r \leqslant R),$$

ferner zwei Zahlen s und t, die den Ungleichungen $0 \leqslant s < t \leqslant R$ genügen und zunächst festgehalten werden. Dann gilt nach Satz **(24.10)**:

(2) $$F(t) - F(s) = \int_A f \, d\mu$$

mit

$$A := \{(x,y) \mid s \leqslant \sqrt{x^2+y^2} \leqslant t\}$$

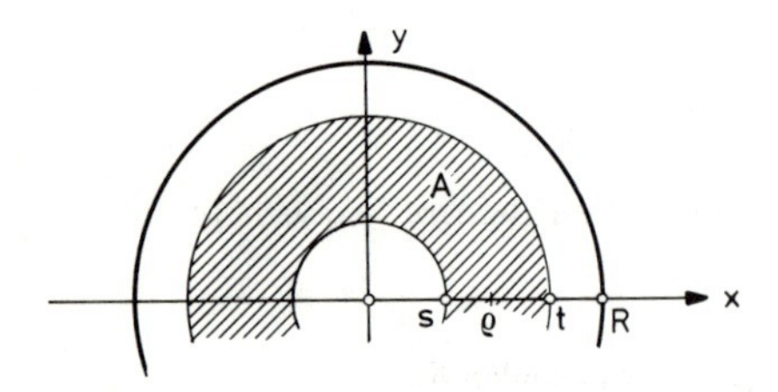

Fig. 245.1

(siehe die Fig. 245.1). Nach Voraussetzung über f können wir auf das Integral in (2) den Mittelwertsatz **(24.12)**(b) anwenden und erhalten

$$F(t) - F(s) = f(\rho) \mu(A)$$

für ein geeignetes $\rho \in [s,t]$. Wegen $\kappa_2 = \pi$ gilt

$$\mu(A) = \mu(B_{2,t}) - \mu(B_{2,s}) = \pi(t^2 - s^2);$$

wir erhalten daher weiter

$$\frac{F(t) - F(s)}{t - s} = \pi(t+s) f(\rho), \qquad \rho \in [s,t].$$

Führen wir hier bei festem s den Grenzübergang $t \to s+$ durch sowie bei festem t den Grenzübergang $s \to t-$, so ergibt sich zusammen

$$F'(r) = 2\pi r f(r) \qquad (0 \leqslant r \leqslant R)$$

und damit endlich

$$\int_{B_{2,R}} f \, d\mu_{xy} = F(R) - F(0) = \int_0^R F'(r)\, dr = 2\pi \int_0^R f(r)\, r\, dr . \quad \lrcorner$$

Es sei jetzt $m \geqslant 3$. Zur Bestimmung von

$$\kappa_m = \int_{B_{m,1}} d\mu$$

nehmen wir eine Reduktion mit $p := 2$, $q := m-2$ vor. Wir bezeichnen daher den allgemeinen Punkt des $\mathbb{R}^m$ mit $(x, y, \mathbf{z})$, dabei ist $\mathbf{z} = (z_1, \ldots, z_{m-2})$. Mit der Abkürzung $B_{m,1} =: A$ gilt dann (siehe die Fig. 245.2):

$$A' = B_{2,1} \qquad (\subset (x, y)\text{-Ebene})$$

und für festes $(x, y) \in A'$:

$$\begin{aligned} A_{(x,y)} &= \{\mathbf{z} \in \mathbb{R}^{m-2} \,|\, (x, y, \mathbf{z}) \in B_{m,1}\} \\ &= \{\mathbf{z} \in \mathbb{R}^{m-2} \,|\, x^2 + y^2 + |\mathbf{z}|^2 \leqslant 1\} = B_{m-2, \sqrt{1-r^2}} , \end{aligned}$$

wobei wir wiederum $\sqrt{x^2 + y^2} =: r$ gesetzt haben. Damit wird

$$\kappa_m = \int_{A'} \left(\int_{A_{(x,y)}} d\mu_{\mathbf{z}} \right) d\mu_{xy} = \int_{B_{2,1}} \left(\int_{B_{m-2,\sqrt{1-r^2}}} d\mu_{\mathbf{z}} \right) d\mu_{xy} .$$

Hier ist das innere Integral nach (1) gleich

$$\kappa_{m-2} (1 - r^2)^{(m-2)/2} .$$

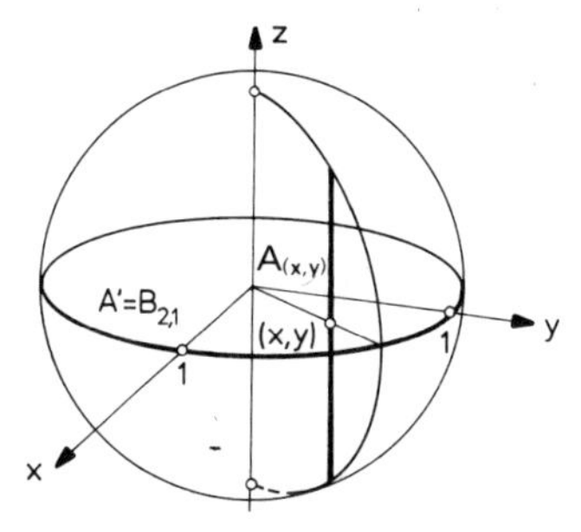

Fig. 245.2

Wir können daher auf das äußere Integral den eben bewiesenen Hilfssatz anwenden und erhalten

$$\kappa_m = \kappa_{m-2} \int_{B_{2,1}} (1-r^2)^{(m-2)/2} \, d\mu_{xy} = \kappa_{m-2} \cdot 2\pi \int_0^1 (1-r^2)^{(m-2)/2} \, r \, dr \, .$$

Die Substitution $1-r^2 := u$ führt auf

$$\int_0^1 (1-r^2)^{(m-2)/2} \, r \, dr = -\frac{1}{2} \int_1^0 u^{(m-2)/2} \, du = -\frac{1}{2} \cdot \frac{2}{m} \cdot u^{m/2} \Big|_1^0 = \frac{1}{m} \, ;$$

somit ergibt sich für κ_m die Rekursionsformel

(3) $$\kappa_m = (2\pi/m) \, \kappa_{m-2} \qquad (m \geqslant 3) \, .$$

Insbesondere erhalten wir für das Volumen der dreidimensionalen Einheitskugel den Wert

$$\kappa_3 = (2\pi/3) \, \kappa_1 = 4\pi/3 \, ,$$

wie erwartet. — Mit Hilfe von (3) beweisen wir nun die folgende „geschlossene" Formel für κ_m:

(24.18) $$\kappa_m = \frac{\pi^{m/2}}{\Gamma(m/2+1)} \qquad (m \geqslant 1) \, .$$

⌜ Ist erstens $m=1$, so hat man wegen der Funktionalgleichung der Gammafunktion **(13.15)** und dem speziellen Wert (176.7):

$$\frac{\pi^{1/2}}{\Gamma(\frac{1}{2}+1)} = \frac{\pi^{1/2}}{\frac{1}{2}\Gamma(\frac{1}{2})} = 2 = \kappa_1 \, .$$

Für $m=2$ gilt zweitens wegen **(13.16)**:

$$\frac{\pi}{\Gamma(1+1)} = \frac{\pi}{1!} = \kappa_2 \, .$$

Die Behauptung sei drittens richtig für $m-2$. Wir erhalten dann mit (3):

$$\kappa_m = \frac{2\pi}{m} \kappa_{m-2} = \frac{2\pi}{m} \, \frac{\pi^{(m-2)/2}}{\Gamma\left(\frac{m-2}{2}+1\right)} = \frac{\pi^{m/2}}{\frac{m}{2}\Gamma\left(\frac{m}{2}\right)} = \frac{\pi^{m/2}}{\Gamma\left(\frac{m}{2}+1\right)} \, . \qquad ⌟$$

246. Uneigentliche mehrfache Integrale

Wir schließen dieses Kapitel mit einer Bemerkung über die Vertauschbarkeit der Integrationsreihenfolge bei uneigentlichen mehrfachen Integralen. Im Reduktionssatz **(24.16)** ist ja implizite enthalten, daß es nicht darauf ankommt, in welcher Reihenfolge nach den verschiedenen Variablen reduziert wird. Das Ergebnis ist jedesmal gleich dem wohlbestimmten Integral über einen gewissen mehrdimensionalen Bereich. Insbesondere gilt

$$\int_a^b dx \int_c^d dy \{f(x,y)\} = \int_c^d dy \int_a^b dx \{f(x,y)\}.$$

Für uneigentliche Integrale ist aber diese Vertauschungsformel im allgemeinen falsch, wie das folgende Beispiel zeigt:

① Die beiden Integrale

$$I := \int_1^\infty dy \int_1^\infty dx \left\{\frac{x-y}{(x+y)^3}\right\}, \qquad J := \int_1^\infty dx \int_1^\infty dy \left\{\frac{x-y}{(x+y)^3}\right\}$$

unterscheiden sich nur in der Integrationsreihenfolge. — Wir berechnen I und erhalten zunächst für das innere Integral:

$$\int_1^\infty \frac{x-y}{(x+y)^3}\, dx = \left.\frac{-x}{(x+y)^2}\right|_{x=1}^{\infty} = \frac{1}{(1+y)^2},$$

denn die angeschriebene Stammfunktion hat für $x \to \infty$ den Grenzwert 0. Hieraus ergibt sich weiter

$$I = \int_1^\infty \frac{dy}{(1+y)^2} = \left.\frac{-1}{1+y}\right|_{y=1}^{\infty} = \tfrac{1}{2}.$$

Aus Symmetriegründen ist dann $J = -\frac{1}{2} \neq I$. ○

Es hat keinen Sinn, hier eine mehr oder weniger vollständige Theorie der mehrfachen uneigentlichen Integrale zu entwickeln, denn wir stoßen hier einmal mehr mit unserem Riemannschen Integralbegriff an die Decke. Wirklich befriedigende Resultate liefert nur die Theorie des Lebesgueschen Integrals, in deren Rahmen sich die Frage der mehrfachen uneigentlichen Integrale von selbst erledigt.

Kapitel 25. Variablentransformation bei mehrfachen Integralen

251. Zylinder- und Kugelkoordinaten

Die besonderen Symmetrien eines vorgelegten Problems kommen am besten zum Ausdruck, wenn das Problem in den richtigen Koordinaten beschrieben wird. Aufgrund dieses Prinzips wird man gegebenenfalls die kartesischen Koordinaten verwerfen und z.B. in der Ebene Polarkoordinaten einführen. Im $\mathbb{R}^3$ werden anstelle der kartesischen Koordinaten (x,y,z) vor allem die *Zylinderkoordinaten* (r,φ,z) und die *Kugelkoordinaten* (r,φ,ϑ) verwendet. Wir erklären zunächst diese beiden Koordinatensysteme.

Bei den *Zylinderkoordinaten* (siehe die Fig. 251.1) geht man in der (x,y)-Ebene zu Polarkoordinaten (r,φ) über, während die z-Achse beibehalten wird. Dies führt auf die folgenden Umrechnungsformeln zwischen den Tripeln (x,y,z) und (r,φ,z):

$$(1)\qquad \begin{cases} x = r\cos\varphi \\ y = r\sin\varphi \\ z = z\,. \end{cases}$$

Zu jedem Tripel

$$(r,\varphi,z)\qquad (r\geqslant 0,\ -\infty<\varphi<\infty,\ -\infty<z<\infty)$$

gehört hiernach genau ein Punkt $(x,y,z)\in\mathbb{R}^3$. In der umgekehrten Richtung weist diese Beziehung natürlich die von den Polarkoordinaten herrührende Mehrdeutigkeit bzw. Unbestimmtheit (wenn $r=0$) des Arguments auf:

$$\begin{cases} r = \sqrt{x^2+y^2} \\ \varphi = \arg(x,y) \\ z = z\,. \end{cases}$$

Man kann die Formeln (1) als Parameterdarstellung des (x,y,z)-Raums auffassen. Dabei ist z.B. der Quader

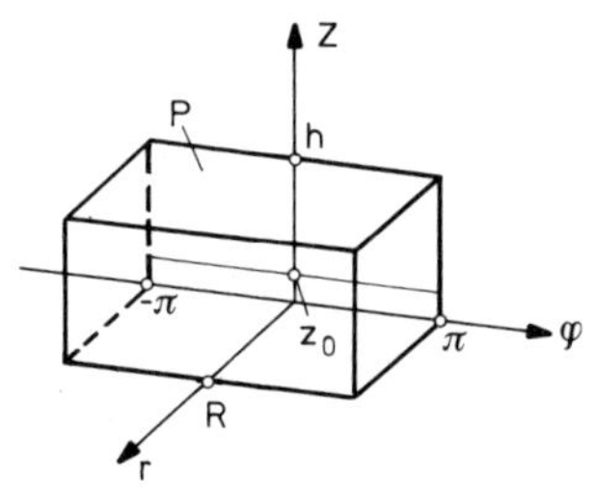

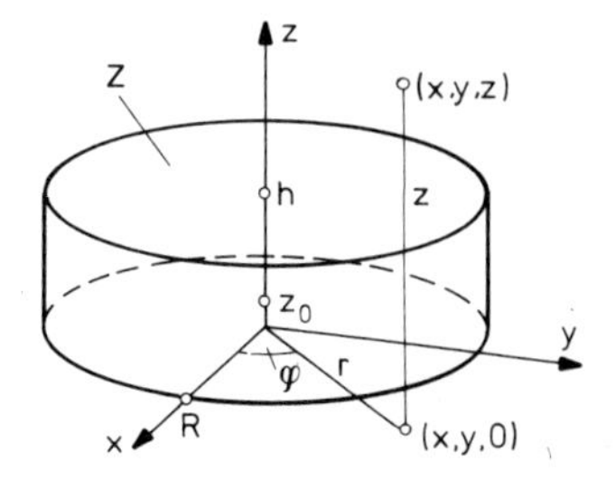

Fig. 251.1

$$P := \{(r, \varphi, z) \mid 0 \leqslant r \leqslant R, \ -\pi \leqslant \varphi \leqslant \pi, \ 0 \leqslant z \leqslant h\}$$

im (r, φ, z)-Raum (ein) Parameterbereich für den Zylinder

$$Z := \{(x, y, z) \mid x^2 + y^2 \leqslant R^2, \ 0 \leqslant z \leqslant h\}$$

im (x, y, z)-Raum. Die Darstellung ist surjektiv und im Innern von P injektiv. Die Randmenge von P (eine Nullmenge!) wird hingegen nicht injektiv abgebildet, so gehen z.B. alle Punkte $(0, \varphi, z_0) \in P$, $-\pi \leqslant \varphi \leqslant \pi$, in ein und denselben Punkt $(0, 0, z_0) \in Z$ über.

Die *Kugelkoordinaten* (r, φ, ϑ) eines Punktes $(x, y, z) \in \mathbb{R}^3$ sind folgendermaßen erklärt: r ist der Abstand des betrachteten Punktes vom Ursprung, φ seine von der positiven x-Achse aus gezählte „geographische Länge" bezüglich der (x, y)-Ebene als Äquatorebene und ϑ seine „geographische Breite":

$$\begin{cases} r := \sqrt{x^2 + y^2 + z^2} \\ \varphi := \arg(x, y) \\ \vartheta := \arg(\sqrt{x^2 + y^2}, z), \qquad -\pi/2 \leqslant \vartheta \leqslant \pi/2 . \end{cases}$$

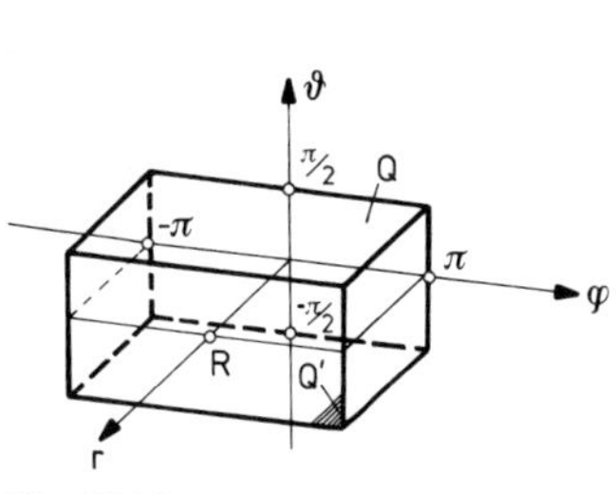

Fig. 251.2

Hieraus ergeben sich leicht die (1) entsprechenden Formeln

$$(2)\qquad \begin{cases} x = r\cos\varphi\cos\vartheta \\ y = r\sin\varphi\cos\vartheta \\ z = r\sin\vartheta \end{cases}$$

(siehe auch die Fig. 251.2; man beachte, daß r hier eine andere Bedeutung hat als bei den Zylinderkoordinaten). Auf diese Weise wird der Quader

$$(3)\qquad Q := \{(r,\varphi,\vartheta)\,|\,0 \leqslant r \leqslant R,\ -\pi \leqslant \varphi \leqslant \pi,\ -\pi/2 \leqslant \vartheta \leqslant \pi/2\}\,, \qquad R > 0$$

im (r,φ,ϑ)-Raum Parameterbereich für die Kugel

$$B_{3,R} := \{(x,y,z)\,|\,x^2+y^2+z^2 \leqslant R^2\}$$

im (x,y,z)-Raum. Die Darstellung ist wiederum surjektiv und im Innern von Q injektiv; hingegen wird z. B. die ganze Seitenfläche $r := 0$ von Q in den einen Punkt $(0,0,0)$ abgebildet.

252. Problemstellung

Für die Integralrechnung ergibt sich mit der Einführung neuer Koordinaten folgende Situation: Gegeben ist z. B. eine Funktion $f: B_{3,R} \to \mathbb{R}$ in Kugelkoordinaten, d. h. in der Form $\tilde{f}(r,\varphi,\vartheta)$, und es soll das Integral

$$(1)\qquad \int_{B_{3,R}} f\,d\mu$$

berechnet werden. Dieses Integral ist per definitionem und nach Satz **(24.16)** gleich

$$\int_{-R}^{R} dx \int_{-\sqrt{R^2-x^2}}^{\sqrt{R^2-x^2}} dy \int_{-\sqrt{R^2-x^2-y^2}}^{\sqrt{R^2-x^2-y^2}} dz \,\{\tilde{f}(r(x,y,z), \varphi(x,y,z), \vartheta(x,y,z))\}\,.$$

Gelingt es stattdessen, die Integration in den (r,φ,ϑ)-Raum zu verlegen, so entfällt die Umrechnung des Integranden auf (x,y,z), und zweitens vereinfacht sich die Reduktion des Integrals, denn $B_{3,R}$ erscheint im (r,φ,ϑ)-Raum als Quader (251.3). Dieser zweite Vorteil legt es sogar zuweilen nahe, einen in der Form $f(x,y,z)$ gegebenen Integranden mit Hilfe der Formeln (251.2) durch r,φ und ϑ auszudrücken.

Wir bemerken vorweg, daß (1) jedenfalls verschieden ist von dem (naiverweise hingeschriebenen) Integral

$$(2)\qquad \int_Q \tilde{f}(r,\varphi,\vartheta)\,d\mu_{r\varphi\vartheta}\,.$$

Für die Funktion $f(x,y,z):\equiv 1$ zum Beispiel hat (1) den Wert $(4\pi/3)R^3$, (2) aber den Wert $R\cdot 2\pi\cdot\pi = 2\pi^2 R$.

Um den wahren Sachverhalt zu ergründen, betrachten wir für ein großes, aber festes $s\in\mathbb{N}$ die im Innern von Q enthaltenen s-Würfel $I_{\boldsymbol{\alpha},s}$ und bezeichnen sie mit W_j $(1\leqslant j\leqslant N)$. Die durch (251.2) definierte Abbildung

$$\mathbf{g}:\quad \mathbf{u}:=(r,\varphi,\vartheta)\mapsto \mathbf{x}:=(x,y,z)$$

führt jeden Würfel W_j bijektiv in ein krummlinig begrenztes „Klötzchen“ $\Delta_j\subset B_{3,R}$ über (siehe die Fig. 252.1). Diese Klötzchen bilden zusammen ein die Kugel $B_{3,R}$ von innen approximierendes Klötzchengebäude, somit gilt (wir verwenden wiederum das Zeichen $\doteq$ für „ungefähr gleich“):

$$\text{(3)}\qquad \int_{B_{3,R}} f(\mathbf{x})\,d\mu_{\mathbf{x}} \doteq \sum_j \int_{\Delta_j} f(\mathbf{x})\,d\mu_{\mathbf{x}}\,.$$

Es sei $\mathbf{u}_j$ das Zentrum des Würfels W_j und $\mathbf{x}_j:=\mathbf{g}(\mathbf{u}_j)\in\Delta_j$. Wir wollen annehmen, die Funktion f sei stetig; dann dürfen wir weiter schreiben

$$\text{(4)}\qquad \int_{\Delta_j} f(\mathbf{x})\,d\mu_{\mathbf{x}} \doteq f(\mathbf{x}_j)\,\mu(\Delta_j)\,.$$

Nun ist $\mathbf{g}$ differenzierbar und W_j „klein“, somit ist

$$\mathbf{g}(\mathbf{u}) \doteq \mathbf{g}(\mathbf{u}_j) + \mathbf{g}_*(\mathbf{u}_j)(\mathbf{u}-\mathbf{u}_j)$$

eine für alle $\mathbf{u}\in W_j$ brauchbare Approximation. Hiernach ist das Klötzchen $\Delta_j=\mathbf{g}(W_j)$ in erster Näherung ein Parallelepiped, das durch Verzerrung des Würfels W_j mit der linearen Abbildung $\mathbf{g}_*(\mathbf{u}_j)$ entstanden ist. Aufgrund von Satz **(23.22)** gilt daher

$$\mu(\Delta_j) \doteq |\det \mathbf{g}_*(\mathbf{u}_j)|\,\mu(W_j)\,,$$

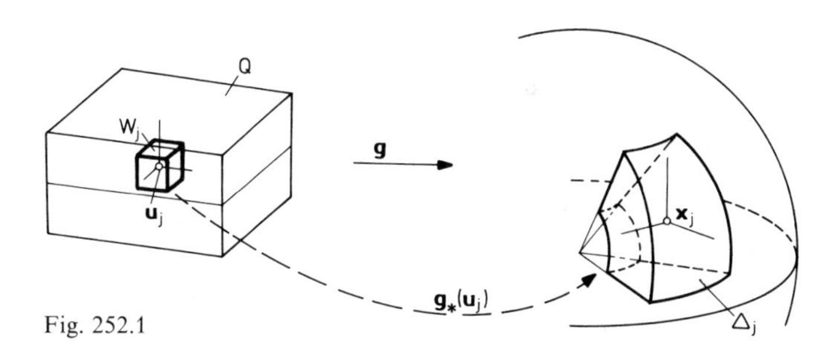

Fig. 252.1

so daß wir anstelle von (4) erhalten:

$$(5)\qquad \int_{\Delta_j} f(\mathbf{x})\,d\mu_{\mathbf{x}} \doteq f(\mathbf{x}_j)\,|\det \mathbf{g}_*(\mathbf{u}_j)|\,\mu(W_j) = \tilde{f}(\mathbf{u}_j)\,|J_{\mathbf{g}}(\mathbf{u}_j)|\,\mu(W_j);$$

dabei bezeichnet wiederum $\tilde{f}$ die „durch $\mathbf{u}$ ausgedrückte Funktion f“:

$$\tilde{f}(\mathbf{u}) := f(\mathbf{g}(\mathbf{u})),$$

ferner $J_{\mathbf{g}}$ die Funktionaldeterminante von $\mathbf{g}$. Tragen wir nun (5) in die Formel (3) ein:

$$\int_{B_{3,R}} f(\mathbf{x})\,d\mu_{\mathbf{x}} \doteq \sum_j \tilde{f}(\mathbf{u}_j)\,|J_{\mathbf{g}}(\mathbf{u}_j)|\,\mu(W_j),$$

so läßt sich die resultierende Summe als Näherungswert für ein Integral über den $\mathbf{u}$-Bereich Q auffassen. Wir ersetzen sie durch dieses Integral und erhalten schließlich

$$\int_{B_{3,R}} f(\mathbf{x})\,d\mu_{\mathbf{x}} \overset{?}{=} \int_Q \tilde{f}(\mathbf{u})\,|J_{\mathbf{g}}(\mathbf{u})|\,d\mu_{\mathbf{u}}.$$

Dies ist die gesuchte Transformationsformel, und zwar gilt sie sinngemäß für beliebige Koordinatentransformationen $\mathbf{g}$. Der Beweis folgt im wesentlichen den eben angestellten heuristischen Überlegungen. — Wir beginnen mit einigen Hilfssätzen.

253. Hilfssätze

(25.1) *Es sei W eine kompakte Teilmenge des $\mathbb{R}^m$ und*

$$\mathbf{g}:\quad W \to \mathbb{R}^m$$

eine stetig differenzierbare Abbildung mit durchwegs regulärer Ableitung $\mathbf{g}_*$. Dann gilt für den Rand der Bildmenge $\Delta := \mathbf{g}(W)$:

$$\operatorname{rd}\Delta \subset \mathbf{g}(\operatorname{rd} W).$$

⌜ Nach Satz **(8.25)** ist Δ kompakt und somit abgeschlossen. Also gilt jedenfalls

$$(1)\qquad \operatorname{rd}\Delta \subset \Delta = \mathbf{g}(W).$$

Wenden wir nun Satz **(21.6)** mit $A := \mathring{W}$ an, so ergibt sich aus unserer Voraussetzung über $\mathbf{g}_*$, daß $\mathbf{g}$ jeden inneren Punkt von W in einen inneren Punkt von Δ überführt. Wegen (1) müssen dann die Randpunkte von Δ aus Randpunkten von W hervorgehen, wie behauptet. ⌟

Als Korollar ergibt sich:

(25.2) *Gelten die Voraussetzungen von* **(25.1)** *und ist W meßbar, so ist auch Δ meßbar.*

⌜ Die stetig differenzierbare Abbildung $\mathbf{g}$ ist nach **(23.13)** auf der kompakten Menge W quasikontrahierend. Ist C eine Lipschitz-Konstante für $\mathbf{g}$, so folgt mit **(23.15)** und dem eben Bewiesenen:

$$\bar{\mu}(\mathrm{rd}\,\Delta) \leqslant \bar{\mu}(\mathbf{g}(\mathrm{rd}\,W)) \leqslant (C\sqrt{m})^m \bar{\mu}(\mathrm{rd}\,W) = 0\,. \quad ⌟$$

In den beiden folgenden Hilfssätzen wird nun gezeigt, daß ein kleiner Würfel unter einer regulären C^1-Abbildung tatsächlich in ein „parallelepipedoides Klötzchen" übergeht.

(25.3) *Es sei $W \subset \mathbb{R}^m$ ein achsenparalleler Würfel mit Kantenlänge $2a$ und Zentrum im Ursprung, ferner sei $\mathbf{h}: W \to \mathbb{R}^m$ eine stetig differenzierbare Abbildung mit $\mathbf{h}(\mathbf{0}) = \mathbf{0}$ und*

$$(2) \qquad \|\mathbf{h}_*(\mathbf{u}) - \mathbb{1}\| \leqslant \rho \qquad \forall \mathbf{u} \in W, \quad 0 < \rho\sqrt{m} < 1\,.$$

Dann gilt für die Bildmenge $\Delta := \mathbf{h}(W)$:

$$(3) \qquad (1 - \rho\sqrt{m})\,W \subset \Delta \subset (1 + \rho\sqrt{m})\,W\,.$$

Hier und im folgenden bezeichnet λW den mit dem Faktor $\lambda\,(>0)$ vom Zentrum aus gestreckten Würfel W. — ⌜ Die Voraussetzungen über $\mathbf{h}$ legen nahe, $\mathbf{h}$ als (kleine) Deformation des Würfels W aufzufassen. Wir betrachten daher die Hilfsabbildung

$$\mathbf{k}(\mathbf{u}) := \mathbf{h}(\mathbf{u}) - \mathbf{u}$$

mit der Ableitung

$$(4) \qquad \mathbf{k}_* = \mathbf{h}_* - \mathbb{1}\,.$$

Der Mittelwertsatz **(20.8)** ergibt zusammen mit (4) und (2):

$$(5) \qquad \|\mathbf{h}(\mathbf{u}) - \mathbf{u}\| = \|\mathbf{k}(\mathbf{u}) - \mathbf{k}(\mathbf{0})\| \leqslant \sup_{\boldsymbol{\xi} \in W} \|\mathbf{k}_*(\boldsymbol{\xi})\| \cdot |\mathbf{u}| \leqslant \rho\sqrt{m}\,a \qquad \forall \mathbf{u} \in W\,.$$

Da hiernach jeder Punkt $\mathbf{u} \in W$ durch $\mathbf{h}$ um höchstens $\rho\sqrt{m}\,a$ verschoben wird, folgt bereits (siehe die Fig. 253.1):

$$\Delta \subset (1 + \rho\sqrt{m})\,W\,.$$

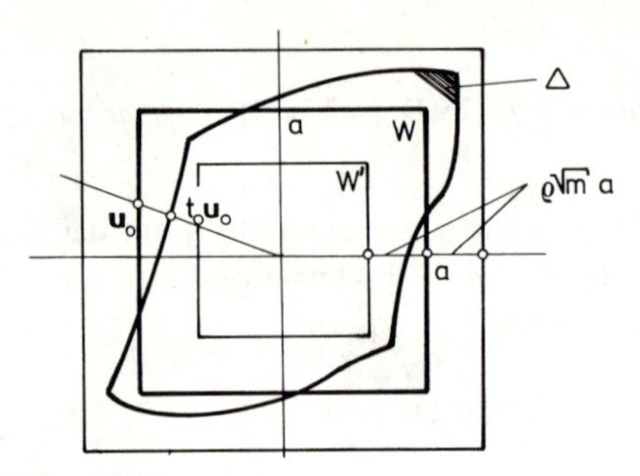

Fig. 253.1

Zum Beweis der ersten Inklusion (3) bemerken wir zunächst: $\mathbf{h}_*$ ist auf W durchwegs regulär. Dies folgt aus (2) und Proposition **(21.3)**(b), angewandt mit $L_0 := \mathbb{1}$. Wegen Hilfssatz **(25.1)** ist damit $\operatorname{rd}\Delta \subset \mathbf{h}(\operatorname{rd} W)$, und mit (5) ergibt sich hieraus weiter (siehe die Fig. 253.1): Im Innern des Würfels $W' := (1-\rho\sqrt{m})W$ liegen keine Randpunkte von Δ. Hiernach ist schon anschaulich klar, daß Δ den Würfel W' vollständig überdecken muß. Um dies nun wirklich zu beweisen, betrachten wir einen beliebigen, aber festen Punkt $\mathbf{u}_0 \in \operatorname{rd} W$ und setzen

$$t_0 := \inf\{t>0 \mid t\mathbf{u}_0 \notin \Delta\}.$$

Dann gilt aufgrund der Eigenschaften des Infimums:

$$t_0\mathbf{u}_0 \in \operatorname{rd}\Delta$$

und folglich nach dem vorher Gesagten: $t_0 \geqslant 1-\rho\sqrt{m}$. Nach Definition von t_0 liegen daher alle Punkte

$$t\mathbf{u}_0 \quad (0 \leqslant t < 1-\rho\sqrt{m})$$

in Δ. Wie schon bei **(25.1)** bemerkt, ist Δ abgeschlossen, also gilt sogar

$$\{t\mathbf{u}_0 \mid 0 \leqslant t \leqslant 1-\rho\sqrt{m}\} \subset \Delta.$$

Da $\mathbf{u}_0 \in \operatorname{rd} W$ beliebig war, folgt hieraus $W' \subset \Delta$, wie behauptet. ⌟

(25.4) *Es sei $W \subset \mathbb{R}^m$ ein achsenparalleler Würfel mit Zentrum im Ursprung, ferner sei $\mathbf{g}: W \to \mathbb{R}^m$ eine stetig differenzierbare Abbildung mit $\mathbf{g}(\mathbf{0}) = \mathbf{0}$,*

$$\mathbf{g}_*(\mathbf{0}) =: L, \quad \|L^{-1}\| \leqslant p$$

und

(6) $$\|\mathbf{g}_*(\mathbf{u})-L\|\leqslant\sigma \qquad \forall\mathbf{u}\in W, \qquad 0<p\sigma\sqrt{m}<1.$$

Dann gilt für die Bildmenge $\Delta:=\mathbf{g}(W)$:

(7) $$(1-p\sigma\sqrt{m})W^L\subset\Delta\subset(1+p\sigma\sqrt{m})W^L.$$

⌜ Wir zeigen zunächst: Die Hilfsabbildung

$$\mathbf{h}:=L^{-1}\circ\mathbf{g}$$

genügt den Voraussetzungen von Hilfssatz **(25.3)** mit $\rho:=p\sigma$. — Erstens führt $\mathbf{h}$ den Ursprung in sich über; zweitens folgt mit der Kettenregel und **(20.1)**(c): $\mathbf{h}_*=L^{-1}\circ\mathbf{g}_*$, somit gilt

$$\mathbf{h}_*(\mathbf{u})-\mathbb{1}=L^{-1}\circ(\mathbf{g}_*(\mathbf{u})-L)$$

und folglich wegen **(19.5)** und (6):

$$\|\mathbf{h}_*(\mathbf{u})-\mathbb{1}\|\leqslant\|L^{-1}\|\,\|\mathbf{g}_*(\mathbf{u})-L\|\leqslant p\sigma \qquad \forall\mathbf{u}\in W.$$

Hilfssatz **(25.3)** liefert nun die Inklusion

$$(1-p\sigma\sqrt{m})W\subset\mathbf{h}(W)\subset(1+p\sigma\sqrt{m})W.$$

Wenden wir hier auf alle Glieder die Abbildung L an, so ergibt sich wegen $L\circ\mathbf{h}=\mathbf{g}$ die Behauptung. ⌟

Im letzten Hilfssatz wird nun das Volumen unserer „parallelepipedoiden Klötzchen" mit Hilfe der Funktionaldeterminante approximativ berechnet:

(25.5) *Es sei* $K\subset\mathbb{R}^m$ *eine kompakte Menge und* $\mathbf{g}:K\to\mathbb{R}^m$ *eine stetig differenzierbare Abbildung mit durchwegs regulärer Ableitung. Dann gibt es zu jedem* $\varepsilon>0$ *ein* $\delta>0$ *derart, daß für jeden achsenparallelen Würfel* $W\subset K$ *der Kantenlänge* $\leqslant\delta$ *gilt:*

$$\big|\,\mu(\mathbf{g}(W))-|J_{\mathbf{g}}(\mathbf{u}_0)|\,\mu(W)\,\big|\leqslant\varepsilon\,\mu(W);$$

dabei bezeichnet $J_{\mathbf{g}}(\mathbf{u}_0)$ *die Funktionaldeterminante von* $\mathbf{g}$ *im Zentrum* $\mathbf{u}_0$ *des Würfels* W.

⌜ Nach Voraussetzung über $\mathbf{g}$ und Lemma **(21.4)** ist

$$\mathbf{g}_*^{-1}=\iota\circ\mathbf{g}_*: \qquad K\to GL(\mathbb{R}^m)$$

stetig; wegen (192.8) gibt es somit eine Zahl p mit

(8) $$\|\mathbf{g}_*^{-1}(\mathbf{u})\| \leqslant p \qquad \forall \mathbf{u} \in K .$$

Weiter gilt für ein geeignetes C':

(9) $$|J_\mathbf{g}(\mathbf{u})| \leqslant C' \qquad \forall \mathbf{u} \in K ;$$

endlich läßt sich ein σ finden mit $0 < p\sigma\sqrt{m} < 1$ und

(10) $$[(1+p\sigma\sqrt{m})^m - (1-p\sigma\sqrt{m})^m] \leqslant \varepsilon/C' .$$

Nach Satz **(8.27)** ist $\mathbf{g}_*: K \to \mathscr{L}(\mathbb{R}^m)$ sogar gleichmäßig stetig. Es gibt daher ein $\delta > 0$ derart, daß für alle $\mathbf{u}, \mathbf{u}_0 \in K$ mit

(11) $$|\mathbf{u} - \mathbf{u}_0| \leqslant (\delta/2)\sqrt{m}$$

gilt:

(12) $$\|\mathbf{g}_*(\mathbf{u}) - \mathbf{g}_*(\mathbf{u}_0)\| \leqslant \sigma .$$

Dieses δ genügt: Ist $W \subset K$ ein Würfel mit Zentrum $\mathbf{u}_0$ und Kantenlänge $\leqslant \delta$, so gilt (11) und damit (12) für alle $\mathbf{u} \in W$, und mit (8) ergibt sich für die Ableitung $\mathbf{g}_*(\mathbf{u}_0) =: L$ die Abschätzung $\|L^{-1}\| \leqslant p$. Damit sind die Voraussetzungen des vorangehenden Hilfssatzes (bis auf Translationen) erfüllt, und wir erhalten

(13) $$(1-p\sigma\sqrt{m})\, W^L \subset \mathbf{g}(W) \subset (1+p\sigma\sqrt{m})\, W^L$$

(λW^L sinngemäß interpretiert). Nach **(25.2)** ist $\mathbf{g}(W)$ meßbar. Benutzen wir daher den fundamentalen Satz **(23.22)**, so folgt aus (13):

$$(1-p\sigma\sqrt{m})^m |\det L|\, \mu(W) \leqslant \mu(\mathbf{g}(W)) \leqslant (1+p\sigma\sqrt{m})^m |\det L|\, \mu(W) .$$

Die Zahl $|\det L|\, \mu(W)$ läßt sich trivialerweise zwischen dieselben Grenzen einschließen. Somit folgt unter Verwendung von (9) und (10):

$$\begin{aligned} \big|\mu(\mathbf{g}(W)) - |\det L|\, \mu(W)\big| &\leqslant [(1+p\sigma\sqrt{m})^m - (1-p\sigma\sqrt{m})^m]\, |\det L|\, \mu(W) \\ &\leqslant (\varepsilon/C')\, C'\, \mu(W) \\ &= \varepsilon\, \mu(W) , \end{aligned}$$

wie behauptet. ┘

254. Die Transformationsformel

Nach diesen Vorbereitungen können wir nun den angekündigten *Satz über die Variablentransformation bei mehrfachen Integralen* formulieren:

(25.6) *A und B seien kompakte meßbare Teilmengen des* **u**-*Raums bzw. des* **x**-*Raums* $\mathbb{R}^m$, $N \subset A$ *sei eine Nullmenge, und*

$$\mathbf{g}\colon \quad A \to B$$

sei eine stetig differenzierbare Abbildung von A auf B mit den folgenden Eigenschaften:

(a) **g** *bildet die Menge* $A' := A \setminus N$ *injektiv ab,*
(b) $\mathbf{g}_*(\mathbf{u})$ *ist in allen Punkten* $\mathbf{u} \in A'$ *regulär.*

Ferner sei

$$f\colon \quad B \to \mathbb{R}, \qquad \mathbf{x} \mapsto f(\mathbf{x})$$

eine stetige Funktion, und es werde $f(\mathbf{g}(\mathbf{u})) =: \tilde{f}(\mathbf{u})$ *gesetzt. Dann gilt*

$$\int_B f(\mathbf{x})\, d\mu_{\mathbf{x}} = \int_A \tilde{f}(\mathbf{u})\, |J_{\mathbf{g}}(\mathbf{u})|\, d\mu_{\mathbf{u}}\,.$$

⌜ Nach Satz **(23.13)** ist **g** auf A quasikontrahierend; es sei daher C eine Lipschitz-Konstante für **g**. Weiter gelte

$$(1) \qquad |f(\mathbf{x})| \leqslant M \quad \forall \mathbf{x} \in B, \qquad |J_{\mathbf{g}}(\mathbf{u})| \leqslant C' \quad \forall \mathbf{u} \in A\,.$$

Ist nun ein beliebiges $\varepsilon > 0$ vorgegeben, so gibt es nach unserer Voraussetzung über A ein r_0-Würfelgebäude $K \subset A'$ derart, daß gilt:

$$(2) \qquad \mu(A \setminus K) \leqslant \frac{\varepsilon}{4} \min\left\{\frac{1}{C'M}, \frac{1}{(C\sqrt{m})^m M}\right\}.$$

Wir halten K fest (siehe die Fig. 254.1) und betrachten für ein hinreichend großes $r \geqslant r_0$ die Zerlegung von K in die darin enthaltenen Würfel der r-ten Generation. Diese Würfel bezeichnen wir mit W_j $(1 \leqslant j \leqslant N)$, das Zentrum von W_j mit $\mathbf{u}_j$; endlich setzen wir

$$\mathbf{g}(W_j) =: \Delta_j, \qquad \mathbf{g}(\mathbf{u}_j) =: \mathbf{x}_j\,.$$

Dabei werde r so groß gewählt, daß gleichzeitig gilt

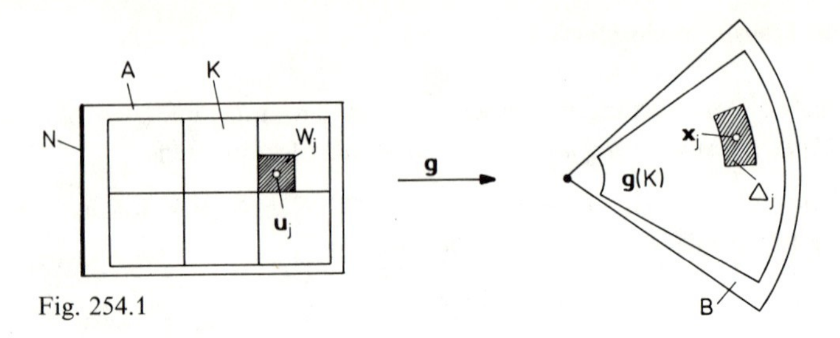

Fig. 254.1

$$(3) \quad \begin{cases} \left| \mu(\Delta_j) - |J_{\mathbf{g}}(\mathbf{u}_j)|\, \mu(W_j) \right| \leqslant \dfrac{\varepsilon}{6M\,\mu(A)}\, \mu(W_j) & \forall j\,; \\[2ex] \left| \tilde{f}(\mathbf{u})\,|J_{\mathbf{g}}(\mathbf{u})| - \tilde{f}(\mathbf{u}_j)\,|J_{\mathbf{g}}(\mathbf{u}_j)| \right| \leqslant \dfrac{\varepsilon}{6\mu(A)} & \forall \mathbf{u} \in W_j, \quad \forall j\,; \\[2ex] |f(\mathbf{x}) - f(\mathbf{x}_j)| \leqslant \dfrac{\varepsilon}{6\mu(B)} & \forall \mathbf{x} \in \Delta_j, \quad \forall j\,. \end{cases}$$

Die erste Bedingung ist erfüllbar aufgrund von Hilfssatz **(25.5)**, die zweite wegen der gleichmäßigen Stetigkeit von $\tilde{f}\,|J_{\mathbf{g}}|$ auf K und die dritte wegen der gleichmäßigen Stetigkeit von f auf der kompakten Menge $\mathbf{g}(K)$. Man beachte nämlich, daß aus der Lipschitz-Eigenschaft von $\mathbf{g}$ folgt:

$$|\mathbf{x} - \mathbf{x}_j| \leqslant C \frac{\sqrt{m}}{2}\, 2^{-r} \qquad \forall \mathbf{x} \in \Delta_j\,.$$

Wir betrachten jetzt die Differenz

$$(4) \quad \begin{aligned} &\int_A \tilde{f}(\mathbf{u})\,|J_{\mathbf{g}}(\mathbf{u})|\, d\mu_{\mathbf{u}} - \int_B f(\mathbf{x})\, d\mu_{\mathbf{x}} \\ &= \Big(\int_K \tilde{f}(\mathbf{u})\,|J_{\mathbf{g}}(\mathbf{u})|\, d\mu_{\mathbf{u}} - \int_{\mathbf{g}(K)} f(\mathbf{x})\, d\mu_{\mathbf{x}}\Big) + \int_{A \setminus K} \tilde{f}(\mathbf{u})\,|J_{\mathbf{g}}(\mathbf{u})|\, d\mu_{\mathbf{u}} - \int_{B \setminus \mathbf{g}(K)} f(\mathbf{x})\, d\mu_{\mathbf{x}} \\ &=: \qquad I \qquad\qquad\qquad\qquad + \qquad II \qquad - \qquad III \end{aligned}$$

und wenden uns zunächst den Integralen II und III zu. Der Mittelwertsatz **(24.13)** liefert wegen (1) und (2):

$$(5) \quad |II| \leqslant M\,C'\,\mu(A \setminus K) \leqslant \varepsilon/4\,.$$

Weiter ist $\mathbf{g}: A \to B$ nach Voraussetzung surjektiv. Somit gilt $B \setminus \mathbf{g}(K) \subset \mathbf{g}(A \setminus K)$, und es folgt mit **(23.15)** und (2):

$$\mu(B \setminus \mathbf{g}(K)) \leqslant (C\sqrt{m})^m\, \mu(A \setminus K) \leqslant \varepsilon/4M\,.$$

Damit wird auch

$$(6) \qquad |III| \leqslant M\,\mu(B \setminus \mathbf{g}(K)) \leqslant \varepsilon/4\,.$$

Nach Voraussetzung über $\mathbf{g}$ haben die Klötzchen $\Delta_j := \mathbf{g}(W_j)$ wie die W_j untereinander höchstens Seitenflächen gemeinsam. Wir dürfen daher schreiben

$$I = \sum_{j=1}^{N} \left(\int_{W_j} \tilde{f}(\mathbf{u})\,|J_{\mathbf{g}}(\mathbf{u})|\,d\mu_{\mathbf{u}} - \int_{\Delta_j} f(\mathbf{x})\,d\mu_{\mathbf{x}} \right) =: \sum_{j=1}^{N} I_j\,.$$

Für jedes j werden nun die beiden Integrale in dem Summanden I_j in naheliegender Weise approximiert. Wegen $\tilde{f}(\mathbf{u}_j) = f(\mathbf{x}_j)$ ergibt sich

$$\begin{aligned} I_j = {} & f(\mathbf{x}_j)\left(|J_{\mathbf{g}}(\mathbf{u}_j)|\,\mu(W_j) - \mu(\Delta_j)\right) \\ & + \int_{W_j} (\tilde{f}(\mathbf{u})\,|J_{\mathbf{g}}(\mathbf{u})| - \tilde{f}(\mathbf{u}_j)\,|J_{\mathbf{g}}(\mathbf{u}_j)|)\,d\mu_{\mathbf{u}} \\ & + \int_{\Delta_j} (f(\mathbf{x}_j) - f(\mathbf{x}))\,d\mu_{\mathbf{x}}\,. \end{aligned}$$

Verwenden wir nun die vorbereiteten Ungleichungen (3), so erhalten wir folgende Abschätzung für I_j:

$$|I_j| \leqslant M \frac{\varepsilon}{6M\,\mu(A)}\,\mu(W_j) + \frac{\varepsilon}{6\mu(A)}\,\mu(W_j) + \frac{\varepsilon}{6\mu(B)}\,\mu(\Delta_j)\,,$$

und hieraus ergibt sich durch Summation über j:

$$|I| \leqslant \sum_{j=1}^{N} |I_j| \leqslant \frac{\varepsilon}{6} + \frac{\varepsilon}{6} + \frac{\varepsilon}{6} = \frac{\varepsilon}{2}\,.$$

Zusammen mit (5) und (6) folgt: Die linke Seite von (4) ist dem Betrag nach $\leqslant \varepsilon$ und somit, da ε beliebig war, gleich 0. ⌟

① Wir betrachten als einfachstes Beispiel Polarkoordinaten in der Ebene. Hier ist das Rechteck

$$A := \{(r, \varphi) \,|\, 0 \leqslant r \leqslant R,\ 0 \leqslant \varphi \leqslant 2\pi\}$$

Parameterbereich für die Kreisscheibe $B_{2,R}$, und die Abbildung $\mathbf{g}$ des Satzes ist gegeben durch

$$\mathbf{g}: \begin{cases} x := r\cos\varphi \\ y := r\sin\varphi\,. \end{cases}$$

Die Funktionaldeterminante haben wir schon in (214.3) zu $J_{\mathbf{g}}(r, \varphi) = r$ berechnet.

Damit genügt $\mathbf{g}: A \to B_{2,R}$ den angegebenen Voraussetzungen, und wir erhalten

$$(7) \qquad \begin{aligned} \int_{B_{2,R}} f(x,y)\,d\mu_{xy} &= \int_A \tilde{f}(r,\varphi)\,r\,d\mu_{r\varphi} \\ &= \int_0^R dr \int_0^{2\pi} d\varphi \{r\tilde{f}(r,\varphi)\}\,. \end{aligned}$$

Ist $\tilde{f}$ in Wirklichkeit nur von r abhängig, so hat hier das innere Integral rechter Hand den Wert $2\pi r \tilde{f}(r)$, so daß nur noch die Integration nach r verbleibt. (Dieser Fall wurde schon in Proposition **(24.17)** betrachtet.) ○

② Um das Integral

$$I := \int_{B_{2,R}} (x^2 - xy + y^2)\,d\mu_{xy}$$

zu bestimmen, rechnen wir erst den Integranden auf Polarkoordinaten um und verwenden dann (7). Es ergibt sich

$$\begin{aligned} I &= \int_0^R dr \int_0^{2\pi} d\varphi \{r(r^2\cos^2\varphi - r^2\cos\varphi\sin\varphi + r^2\sin^2\varphi)\} \\ &= \int_0^R r^3\,dr \int_0^{2\pi} (1 - \tfrac{1}{2}\sin 2\varphi)\,d\varphi = \frac{R^4}{4}\cdot 2\pi = \frac{\pi R^4}{2}\,. \quad ○ \end{aligned}$$

③ Wir betrachten nun Kugelkoordinaten im $\mathbb{R}^3$. Aus den Formeln (251.2) ergibt sich

$$\left[\frac{\partial(x,y,z)}{\partial(r,\varphi,\vartheta)}\right] = \begin{bmatrix} \cos\vartheta\cos\varphi & -r\cos\vartheta\sin\varphi & -r\sin\vartheta\cos\varphi \\ \cos\vartheta\sin\varphi & r\cos\vartheta\cos\varphi & -r\sin\vartheta\sin\varphi \\ \sin\vartheta & 0 & r\cos\vartheta \end{bmatrix}.$$

Zur Berechnung der Funktionaldeterminante entwickeln wir nach der letzten Zeile und erhalten

$$\begin{aligned} J(r,\varphi,\vartheta) &= \sin\vartheta\, r^2 \sin\vartheta\cos\vartheta(\sin^2\varphi + \cos^2\varphi) \\ &\quad + r\cos\vartheta\, r\cos^2\vartheta(\cos^2\varphi + \sin^2\varphi) \\ &= r^2\cos\vartheta\,. \end{aligned}$$

Hiernach ist J im Innern des Quaders (251.3) durchwegs von 0 verschieden, und zusammen mit den im Anschluß an (251.3) gemachten Bemerkungen ergibt sich, daß die Voraussetzungen von Satz **(25.6)** für die hier betrachtete Abbildung $Q \to B_{3,R}$ erfüllt sind. Wir erhalten damit die folgende Transformationsformel:

$$\begin{aligned} \int_{B_{3,R}} f(x,y,z)\,d\mu_{xyz} &= \int_Q \tilde{f}(r,\varphi,\vartheta)\,r^2\cos\vartheta\,d\mu_{r\varphi\vartheta} \\ &= \int_0^R dr \int_0^{2\pi} d\varphi \int_{-\pi/2}^{\pi/2} d\vartheta \{\tilde{f}(r,\varphi,\vartheta)\,r^2\cos\vartheta\}\,. \quad ○ \end{aligned}$$

Kapitel 26. Flächen im $\mathbb{R}^3$

261. Das Vektorprodukt im $\mathbb{R}^3$

Es ist eine Besonderheit des $\mathbb{R}^3$, daß hier neben dem Skalarprodukt eine weitere multiplikative Verknüpfung der Vektoren zur Verfügung steht. Dieses sogenannte Vektorprodukt läßt sich folgendermaßen erklären:

Es seien $\mathbf{p}$ und $\mathbf{q}$ zwei feste gegebene Vektoren des $\mathbb{R}^3$. Wir betrachten dann die Determinantenfunktion $\varepsilon(\mathbf{p},\mathbf{q},\mathbf{x})$ als partielle Funktion von $\mathbf{x}$. Diese Funktion

$$(1) \qquad \varepsilon(\mathbf{p},\mathbf{q},\cdot): \quad \mathbb{R}^3 \to \mathbb{R}$$

ist ein lineares Funktional. Nach Satz **(19.9)** gibt es daher einen wohlbestimmten Vektor $\mathbf{a}_{\varepsilon(\mathbf{p},\mathbf{q},\cdot)} =: \mathbf{a} \in \mathbb{R}^3$ mit

$$\varepsilon(\mathbf{p},\mathbf{q},\mathbf{x}) = \mathbf{a} \bullet \mathbf{x} \qquad \forall \mathbf{x} \in \mathbb{R}^3 .$$

Man bezeichnet den Vektor $\mathbf{a}$ mit $\mathbf{p} \times \mathbf{q}$ und nennt $\mathbf{p} \times \mathbf{q}$ das *Vektorprodukt* der beiden Vektoren $\mathbf{p}$ und $\mathbf{q}$. Es gilt also per definitionem

$$(2) \qquad \varepsilon(\mathbf{p},\mathbf{q},\mathbf{x}) = (\mathbf{p} \times \mathbf{q}) \bullet \mathbf{x} \qquad \forall \mathbf{x} \in \mathbb{R}^3 .$$

Wir fassen die Eigenschaften des Vektorprodukts in dem folgenden Satz zusammen:

(26.1) (a) *Das Vektorprodukt ist eine schiefe bilineare Funktion* $\mathbb{R}^3 \times \mathbb{R}^3 \to \mathbb{R}^3$, *d.h. es gilt allgemein:*

$$\mathbf{p} \times \mathbf{q} = -\mathbf{q} \times \mathbf{p} ,$$

$$(\mathbf{p} + \mathbf{p}') \times \mathbf{q} = (\mathbf{p} \times \mathbf{q}) + (\mathbf{p}' \times \mathbf{q}) ,$$

$$(\lambda \mathbf{p}) \times \mathbf{q} = \lambda(\mathbf{p} \times \mathbf{q}) \qquad (\lambda \in \mathbb{R}) .$$

(b) $|\mathbf{p} \times \mathbf{q}| \leqslant |\mathbf{p}| \cdot |\mathbf{q}|$.

(c) *Der Vektor* $\mathbf{p} \times \mathbf{q}$ *ist genau dann* $\neq \mathbf{0}$, *wenn* $\mathbf{p}$ *und* $\mathbf{q}$ *linear unabhängig sind.*

(d) *Ist* $\mathbf{p}\times\mathbf{q}\neq\mathbf{0}$, *so steht* $\mathbf{p}\times\mathbf{q}$ *senkrecht auf* $\mathbf{p}$ *und auf* $\mathbf{q}$, *und zwar bilden die drei Vektoren* $\mathbf{p},\mathbf{q},\mathbf{p}\times\mathbf{q}$ *ein positiv orientiertes Tripel, d.h. die Determinante* $\varepsilon(\mathbf{p},\mathbf{q},\mathbf{p}\times\mathbf{q})$ *ist* >0.

(e) *Es sei T eine orthogonale lineare Abbildung des* $\mathbb{R}^3$. *Dann gilt*

$$T\mathbf{p}\times T\mathbf{q}=\det T\cdot T(\mathbf{p}\times\mathbf{q}) \tag{3}$$

und insbesondere

$$|T\mathbf{p}\times T\mathbf{q}|=|\mathbf{p}\times\mathbf{q}|\,.$$

(f) *Mit* $\mathbf{p}=(p_1,p_2,p_3)$, $\mathbf{q}=(q_1,q_2,q_3)$ *gilt*

$$\mathbf{p}\times\mathbf{q}=(p_2q_3-p_3q_2,\,p_3q_1-p_1q_3,\,p_1q_2-p_2q_1)\,.$$

Zu (d): Durch die Orthogonalitätsbedingung ist die Richtung von $\mathbf{p}\times\mathbf{q}$ „bis aufs Vorzeichen“ bestimmt. Genau eine der beiden möglichen Richtungen genügt auch der Determinantenbedingung. — (e) besagt: Die Zuordnung $(\mathbf{p},\mathbf{q})\mapsto\mathbf{p}\times\mathbf{q}$ ist „bis aufs Vorzeichen“ (es gilt ja $\det T=\pm1$) bewegungsinvariant. Dies war aufgrund der geometrischen Erklärungen (d) zu erwarten.

⌈ (a) Die elementaren Eigenschaften der Determinante implizieren für die Funktionale (1) die Relationen

$$\begin{cases}\varepsilon(\mathbf{p},\mathbf{q},\cdot)=-\varepsilon(\mathbf{q},\mathbf{p},\cdot)\,,\\ \varepsilon(\mathbf{p}+\mathbf{p}',\mathbf{q},\cdot)=\varepsilon(\mathbf{p},\mathbf{q},\cdot)+\varepsilon(\mathbf{p}',\mathbf{q},\cdot)\,,\\ \varepsilon(\lambda\mathbf{p},\mathbf{q},\cdot)=\lambda\varepsilon(\mathbf{p},\mathbf{q},\cdot)\,.\end{cases} \tag{4}$$

Weiter ist die in der Definition des Vektorprodukts benutzte Darstellung der Funktionale $\varphi:\mathbb{R}^3\to\mathbb{R}$ als Vektoren $\mathbf{a}_\varphi\in\mathbb{R}^3$ eine lineare Abbildung des Raums $(\mathbb{R}^3)^*$ der Funktionale in den $\mathbb{R}^3$, d.h. es gilt für alle $\varphi,\psi\in(\mathbb{R}^3)^*$ und für beliebige $\lambda\in\mathbb{R}$:

$$\mathbf{a}_{\varphi+\psi}=\mathbf{a}_\varphi+\mathbf{a}_\psi\,,\qquad \mathbf{a}_{\lambda\varphi}=\lambda\mathbf{a}_\varphi$$

(die Verifikation dieser Tatsache sei dem Leser überlassen). Aus den drei Gleichungen (4) folgen daher gerade die drei behaupteten Formeln.

(b) Nach der Hadamardschen Ungleichung **(22.8)** ist

$$|\varepsilon(\mathbf{p},\mathbf{q},\mathbf{x})|\leqslant|\mathbf{p}|\cdot|\mathbf{q}|\cdot|\mathbf{x}|\,.$$

Folglich ist die Norm des Funktionals (1) bzw. der Betrag des Vektors $\mathbf{p}\times\mathbf{q}$ (vgl. **(19.9)**) höchstens gleich $|\mathbf{p}|\cdot|\mathbf{q}|$.

(c) Sind $\mathbf{p}$ und $\mathbf{q}$ linear abhängig, so ist $\varepsilon(\mathbf{p},\mathbf{q},\mathbf{x})$ für alle $\mathbf{x}$ gleich 0, d.h. $\varepsilon(\mathbf{p},\mathbf{q},\cdot)$ ist das Nullfunktional. Das Nullfunktional wird natürlich durch den Nullvektor repräsentiert, also ist $\mathbf{p}\times\mathbf{q}=\mathbf{0}$. — Sind $\mathbf{p}$ und $\mathbf{q}$ linear unabhängig, so gibt es einen Vektor $\mathbf{x}$ mit $(\mathbf{p}\times\mathbf{q})\bullet\mathbf{x}=\varepsilon(\mathbf{p},\mathbf{q},\mathbf{x})\neq 0$. Dann ist aber $\mathbf{p}\times\mathbf{q}\neq\mathbf{0}$.

(d) Die behauptete Orthogonalität ergibt sich aus

$$(\mathbf{p}\times\mathbf{q})\bullet\mathbf{p}=\varepsilon(\mathbf{p},\mathbf{q},\mathbf{p})=0$$

und der analogen Gleichung für $\mathbf{q}$. Ferner folgt aus $\mathbf{p}\times\mathbf{q}\neq\mathbf{0}$ die Ungleichung

$$\varepsilon(\mathbf{p},\mathbf{q},\mathbf{p}\times\mathbf{q})=(\mathbf{p}\times\mathbf{q})\bullet(\mathbf{p}\times\mathbf{q})>0\,.$$

(e) Sind $\mathbf{p},\mathbf{q},\mathbf{r}$ drei gegebene Vektoren, so läßt sich die durch

$$L:\quad \mathbf{e}_1,\mathbf{e}_2,\mathbf{e}_3 \mapsto T\mathbf{p},T\mathbf{q},\ \mathbf{r}$$

festgelegte lineare Hilfsabbildung L zusammensetzen aus der Abbildung

$$L':\quad \mathbf{e}_1,\mathbf{e}_2,\mathbf{e}_3 \mapsto \mathbf{p},\ \mathbf{q},T^{-1}\mathbf{r}$$

und T. Es folgt

$$\det L=\det T\det L'$$

und somit nach Definition von $\varepsilon(\cdot,\cdot,\cdot)$:

$$\varepsilon(T\mathbf{p},T\mathbf{q},\mathbf{r})=\det T\ \ \varepsilon(\mathbf{p},\mathbf{q},T^{-1}\mathbf{r})\,,$$

d.h.

$$(T\mathbf{p}\times T\mathbf{q})\bullet\mathbf{r}=\det T\ \ (\mathbf{p}\times\mathbf{q})\bullet T^{-1}\mathbf{r}\,.$$

Da T das Skalarprodukt invariant läßt, ergibt sich hieraus

$$(T\mathbf{p}\times T\mathbf{q})\bullet\mathbf{r}=\det T\ \ T(\mathbf{p}\times\mathbf{q})\bullet\mathbf{r}\,,$$

und zwar gilt dies für alle $\mathbf{r}\in\mathbb{R}^3$. Hieraus folgt aber (3), und die zweite Behauptung ergibt sich anschließend wegen der Orthogonalität von T.

(f) Für alle $\mathbf{x}$ gilt:

$$(\mathbf{p}\times\mathbf{q})\bullet\mathbf{x}=\varepsilon(\mathbf{p},\mathbf{q},\mathbf{x})=\det\begin{bmatrix}p_1 & q_1 & x_1\\ p_2 & q_2 & x_2\\ p_3 & q_3 & x_3\end{bmatrix}$$

$$=(p_2q_3-p_3q_2)x_1+(p_3q_1-p_1q_3)x_2+(p_1q_2-p_2q_1)x_3$$

$$=(p_2q_3-p_3q_2,\, p_3q_1-p_1q_3,\, p_1q_2-p_2q_1)\bullet\mathbf{x}\,.$$

Hieraus folgt die Behauptung, denn $\mathbf{p}\times\mathbf{q}$ ist durch die definierende Identität (2) eindeutig bestimmt. ⌟

① Wir wollen die Vektorprodukte $\mathbf{e}_i\times\mathbf{e}_k$ der Basisvektoren berechnen und vereinbaren hierzu, den Index „modulo 3“ zu nehmen; wir setzen also $\mathbf{e}_4:=\mathbf{e}_1$, $\mathbf{e}_5:=\mathbf{e}_2,\ldots$. Zunächst ist natürlich

$$\mathbf{e}_i\times\mathbf{e}_i=\mathbf{0}\qquad(1\leqslant i\leqslant 3)\,.$$

Aufgrund von **(26.1)**(d) gibt es weiter Konstanten λ_i mit

$$\mathbf{e}_{i+1}\times\mathbf{e}_{i+2}=\lambda_i\mathbf{e}_i\qquad(1\leqslant i\leqslant 3)\,,$$

und für diese λ_i erhalten wir nacheinander

$$\lambda_i=\lambda_i\mathbf{e}_i\bullet\mathbf{e}_i=(\mathbf{e}_{i+1}\times\mathbf{e}_{i+2})\bullet e_i$$
$$=\varepsilon(\mathbf{e}_{i+1},\mathbf{e}_{i+2},\mathbf{e}_i)\,.$$

Hieraus folgt $\lambda_i=1$ $(1\leqslant i\leqslant 3)$, denn die Vektoren $\mathbf{e}_{i+1},\mathbf{e}_{i+2},\mathbf{e}_{i+3}$ (in dieser Reihenfolge) bilden eine zyklische und damit eine gerade Permutation der Vektoren $\mathbf{e}_1,\mathbf{e}_2,\mathbf{e}_3$. Wir haben also

$$\mathbf{e}_{i+1}\times\mathbf{e}_{i+2}=\mathbf{e}_i\qquad(1\leqslant i\leqslant 3)$$

bzw.

$$\mathbf{e}_1\times\mathbf{e}_2=\mathbf{e}_3,\qquad \mathbf{e}_2\times\mathbf{e}_3=\mathbf{e}_1,\qquad \mathbf{e}_3\times\mathbf{e}_1=\mathbf{e}_2\,.$$

Es seien jetzt allgemeiner $\mathbf{e}_1',\mathbf{e}_2',\mathbf{e}_3'$ drei Vektoren, die durch eine orthogonale Transformation T der Determinante 1 aus den Vektoren $\mathbf{e}_1,\mathbf{e}_2,\mathbf{e}_3$ hervorgehen:

$$\mathbf{e}_i'=T\mathbf{e}_i\qquad(1\leqslant i\leqslant 3)\,.$$

Dann gilt immer noch

$$\mathbf{e}_{i+1}'\times\mathbf{e}_{i+2}'=\mathbf{e}_i'\qquad(1\leqslant i\leqslant 3)\,.\tag{4}$$

⌜ Zum Beweis benutzen wir **(26.1)**(e) und haben nacheinander

$$\mathbf{e}'_{i+1} \times \mathbf{e}'_{i+2} = T\mathbf{e}_{i+1} \times T\mathbf{e}_{i+2} = \det T \cdot T(\mathbf{e}_{i+1} \times \mathbf{e}_{i+2})$$
$$= T\mathbf{e}_i = \mathbf{e}'_i . \quad ⌟ \quad \bigcirc$$

262. Orientierung

Es seien jetzt A eine offene Teilmenge der (u_1, u_2)- bzw. $\mathbf{u}$-Ebene,

(1) $$\mathbf{f}\colon \quad A \to \mathbb{R}^3, \qquad \mathbf{u} \mapsto \mathbf{f}(\mathbf{u}) = (f_1(u_1, u_2), \ldots, f_3(u_1, u_2))$$

eine reguläre Parameterdarstellung einer 2-Fläche $S \subset \mathbb{R}^3$ und $\mathbf{u}$ ein fester Punkt von A. Dann spannen die beiden Vektoren

(2) $$\mathbf{f}_*(\mathbf{u})\mathbf{e}_k = \left(\frac{\partial f_1}{\partial u_k}, \frac{\partial f_2}{\partial u_k}, \frac{\partial f_3}{\partial u_k}\right)_{\mathbf{u}} =: \mathbf{f}_{.k} \qquad (k=1,2)$$

(k-te Kolonne der Funktionalmatrix von $\mathbf{f}$!) zusammen die Tangentialebene $S_{\mathbf{x}}$ der Fläche S im Punkt $\mathbf{x} := \mathbf{f}(\mathbf{u})$ auf. Das Vektorprodukt $\mathbf{f}_{.1} \times \mathbf{f}_{.2}$ ist $\neq \mathbf{0}$ und steht senkrecht auf $S_{\mathbf{x}}$, liegt also in der Flächennormalen. Man nennt

(3) $$\mathbf{n} := \mathbf{n}(\mathbf{u}) := \frac{\mathbf{f}_{.1} \times \mathbf{f}_{.2}}{|\mathbf{f}_{.1} \times \mathbf{f}_{.2}|}$$

den *Normalen(einheits)vektor* von S im Punkt $\mathbf{x}$.

Die Tangentialebene $S_{\mathbf{x}}$ und damit die Flächennormale im Punkt $\mathbf{x}$ sind durch S eindeutig bestimmt, d.h. nicht von der gewählten Parameterdarstellung abhängig (siehe Abschnitt 222). Der Normalenvektor ist also jedenfalls „bis aufs Vorzeichen" bestimmt. Die folgenden Überlegungen zeigen, daß eine reguläre Parametertransformation $\mathbf{u} := \varphi(\tilde{\mathbf{u}})$ mit negativer Funktionaldeterminante den Normalenvektor umkehrt:

⌜ Neben der Darstellung (1) wird jetzt die weitere Darstellung

$$\tilde{\mathbf{f}}\colon \quad \tilde{A} \to \mathbb{R}^3, \qquad \tilde{\mathbf{u}} \mapsto \mathbf{f}(\varphi(\tilde{\mathbf{u}}))$$

derselben Fläche S betrachtet. Wir halten wiederum einen Parameterpunkt $\tilde{\mathbf{u}} \in \tilde{A}$ sowie die zugehörigen Punkte $\mathbf{u} \in A$ und $\mathbf{x} \in \mathbb{R}^3$ fest. Für beliebiges $\mathbf{X} \in T_{\mathbf{x}}$ gilt dann nach (2) und der Kettenregel:

$$\text{(4)}\qquad \begin{aligned}\varepsilon(\tilde{\mathbf{f}}_{.1},\tilde{\mathbf{f}}_{.2},\mathbf{X}) &= \varepsilon(\tilde{\mathbf{f}}_*(\tilde{\mathbf{u}})\mathbf{e}_1,\tilde{\mathbf{f}}_*(\tilde{\mathbf{u}})\mathbf{e}_2,\mathbf{X})\\ &= \varepsilon((\mathbf{f}_*\circ\boldsymbol{\varphi}_*)\mathbf{e}_1,(\mathbf{f}_*\circ\boldsymbol{\varphi}_*)\mathbf{e}_2,\mathbf{X})\\ &= \det L,\end{aligned}$$

wobei die Hilfsabbildung L durch

$$L:\quad \mathbf{e}_1,\mathbf{e}_2,\mathbf{e}_3 \mapsto (\mathbf{f}_*\circ\boldsymbol{\varphi}_*)\mathbf{e}_1,\ (\mathbf{f}_*\circ\boldsymbol{\varphi}_*)\mathbf{e}_2,\ \mathbf{X}$$

definiert ist. Da hiernach L in der (x_1,x_2)-Ebene mit $\mathbf{f}_*\circ\boldsymbol{\varphi}_*(:=\mathbf{f}_*(\mathbf{u})\circ\boldsymbol{\varphi}_*(\tilde{\mathbf{u}}))$ übereinstimmt und $\mathbf{e}_3$ in $\mathbf{X}$ überführt, können wir L als Produkt der Abbildungen

$$L_1:\quad \mathbf{e}_1,\mathbf{e}_2,\mathbf{e}_3 \mapsto \boldsymbol{\varphi}_*(\tilde{\mathbf{u}})\mathbf{e}_1,\ \boldsymbol{\varphi}_*(\tilde{\mathbf{u}})\mathbf{e}_2,\mathbf{e}_3$$

und

$$L_2:\quad \mathbf{e}_1,\mathbf{e}_2,\mathbf{e}_3 \mapsto \mathbf{f}_*(\mathbf{u})\mathbf{e}_1,\ \mathbf{f}_*(\mathbf{u})\mathbf{e}_2,\mathbf{X}$$

darstellen. L_1 besitzt die Matrix

$$[L_1] = \begin{bmatrix} \dfrac{\partial\varphi_1}{\partial\tilde{u}_1} & \dfrac{\partial\varphi_1}{\partial\tilde{u}_2} & 0\\ \dfrac{\partial\varphi_2}{\partial\tilde{u}_1} & \dfrac{\partial\varphi_2}{\partial\tilde{u}_2} & 0\\ 0 & 0 & 1\end{bmatrix};$$

wir erhalten somit

$$\det L = \det L_2\cdot\det L_1 = \varepsilon(\mathbf{f}_*(\mathbf{u})\mathbf{e}_1,\mathbf{f}_*(\mathbf{u})\mathbf{e}_2,\mathbf{X})\cdot\det\boldsymbol{\varphi}_*\,.$$

Setzen wir dies in (4) ein, so ergibt sich

$$\varepsilon(\tilde{\mathbf{f}}_{.1},\tilde{\mathbf{f}}_{.2},\mathbf{X}) = \varepsilon(\mathbf{f}_{.1},\mathbf{f}_{.2},\mathbf{X})\ \det\boldsymbol{\varphi}_*\qquad \forall\mathbf{X},$$

d. h. aber

$$\text{(5)}\qquad \tilde{\mathbf{f}}_{.1}\times\tilde{\mathbf{f}}_{.2} = \det\boldsymbol{\varphi}_*\ (\mathbf{f}_{.1}\times\mathbf{f}_{.2})\,.$$

Für die zugehörigen Einheitsvektoren gilt daher

$$\tilde{\mathbf{n}} = \operatorname{sgn}(\det\boldsymbol{\varphi}_*)\mathbf{n}\,,$$

wie behauptet. ⌋

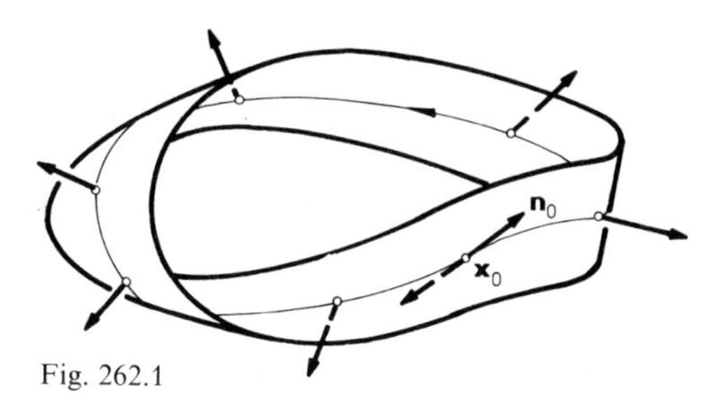

Fig. 262.1

Die Fläche S *orientieren* heißt, in jedem Punkt $\mathbf{x} \in S$ einen Normalenvektor $\mathbf{n}$ so festlegen, daß $\mathbf{n}$ stetig von $\mathbf{x}$ abhängt (also nicht plötzlich umschlägt). Ist S orientiert, so kann man sich auf Parameterdarstellungen bzw. lokale Parameterdarstellungen („Koordinatenpflaster") beschränken, die via (3) den gegebenen Normalenvektor $\mathbf{n}$ erzeugen. Es gibt jedoch nichtorientierbare Flächen; am bekanntesten ist das sogenannte *Möbius-Band* (siehe die Fig. 262.1). Man stellt es her, indem man einen rechteckigen Streifen in der Längsachse um 180° verdreht und dann an den Schmalseiten verheftet. Wird ein Normalenvektor $\mathbf{n}$, ausgehend von der Lage $\mathbf{n}(\mathbf{x}_0) =: \mathbf{n}_0$, als Vektor $\mathbf{n}(\mathbf{x})$ längs einer Kurve stetig dem Band entlang bewegt bzw. „fortgesetzt", so ist die Endlage nach einem vollen Umlauf gleich $-\mathbf{n}_0$.

263. Begriff des Flächeninhalts

Der Flächeninhalt $\omega(S)$ einer krummen Fläche $S \subset \mathbb{R}^3$ ist das zweidimensionale Analogon zur Länge $L(\gamma)$ einer gekrümmten Kurve γ. Es liegt daher nahe, zu definieren:

$$\omega(S) := \sup_P \omega(P),$$

wobei das Supremum über alle der Fläche S „einbeschriebenen" Polyeder P zu nehmen ist. Dieser Ansatz erweist sich leider als unbrauchbar; es gibt nämlich das berühmte *Beispiel von Schwarz*:

① (Fig. 263.1) Ein Kreiszylinder S vom Radius 1 und der Höhe 1 besitzt nach bürgerlichen Maßstäben den Flächeninhalt 2π. — Für ein beliebiges $n \geqslant 3$ werde nun diesem Zylinder ein Polyeder P_n, bestehend aus $4n^4$ Dreiecken, einbeschrieben (die Figur zeigt vier dieser Dreiecke). Die Fläche eines Dreiecks Δ ist wenigstens gleich der Fläche des zugehörigen Grundrisses Δ', es gilt daher (siehe die Figur):

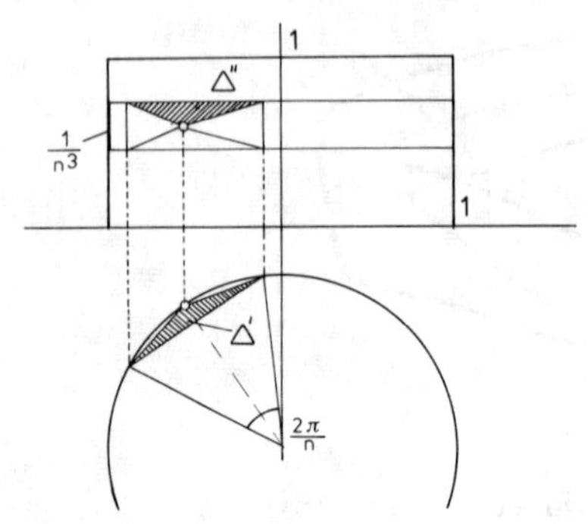

Fig. 263.1

$$\omega(\Delta) \geqslant \omega(\Delta') = \sin\frac{\pi}{n} \cdot \left(1 - \cos\frac{\pi}{n}\right) = 2\sin\frac{\pi}{n} \cdot \sin^2\frac{\pi}{2n}$$

$$\geqslant 2 \cdot \frac{2}{n} \cdot \left(\frac{1}{n}\right)^2 = \frac{4}{n^3},$$

wobei wir die für $0 \leqslant t \leqslant \pi/2$ gültige Abschätzung $\sin t \geqslant (2/\pi)t$ benutzt haben. P_n enthält im ganzen $2n^4$ Dreiecke Δ; damit wird

$$\omega(P_n) > 2n^4 \omega(\Delta) \geqslant 2n^4 \cdot \frac{4}{n^3} = 8n,$$

und es folgt $\sup\limits_P \omega(P) = \infty$. ○

Zur Begründung der Flächenmessung wählen wir stattdessen den Weg über die Volumenmessung, die uns ja bereits zur Verfügung steht. Wir betten nämlich die zu messende Fläche S in eine dünne Schale S_ε der Dicke $2\varepsilon > 0$ ein (siehe die Fig. 263.2) und dividieren das Volumen $\mu(S_\varepsilon)$ dieser Schale durch ihre Dicke. Der Quotient ist eine vernünftige Approximation des gesuchten Flächeninhalts $\omega(S)$; es liegt daher nahe, den Ansatz

$$(1) \qquad \omega(S) := \lim_{\varepsilon \to 0} \frac{\mu(S_\varepsilon)}{2\varepsilon}$$

zu versuchen.

② Wird die 2-Sphäre $S_R^2 =: S$ in eine derartige Schale eingebettet, so hat man

$$S_\varepsilon = B_{3,R+\varepsilon} \setminus B_{3,R-\varepsilon},$$

und (1) liefert

$$\omega(S) = \lim_{\varepsilon \to 0} \frac{\mu(B_{3,R+\varepsilon}) - \mu(B_{3,R-\varepsilon})}{2\varepsilon} = \frac{d}{dR}(\mu(B_{3,R}))$$

$$= \frac{d}{dR}\left(\frac{4\pi R^3}{3}\right) = 4\pi R^2,$$

in Übereinstimmung mit den bürgerlichen Maßstäben. ○

Um aus dem Ansatz (1) eine brauchbare Formel für den Flächeninhalt zu gewinnen, treffen wir die folgenden Dispositionen: A sei eine kompakte meßbare Teilmenge der (u_1, u_2)-Ebene und

$$\mathbf{f}: \quad \mathbf{u} \mapsto \mathbf{f}(\mathbf{u})$$

eine zweimal stetig differenzierbare und durchwegs reguläre Funktion, die A injektiv in den $\mathbb{R}^3$ abbildet. Dann ist $\mathbf{f}(\mathring{A})$ eine 2-Fläche ohne Selbstdurchdringungen im Sinn von Abschnitt 221; der Einfachheit halber sprechen wir im folgenden von der Menge $S := \mathbf{f}(A)$.

Der Normalenvektor

$$\mathbf{n}(\mathbf{u}) := \frac{\mathbf{f}_{.1} \times \mathbf{f}_{.2}}{|\mathbf{f}_{.1} \times \mathbf{f}_{.2}|} \qquad (\mathbf{u} \in A) \tag{2}$$

ist noch einmal stetig differenzierbar. Erzeugen wir daher mit Hilfe der Abbildung

$$\mathbf{g}: \quad A \times [-\varepsilon, \varepsilon] \to \mathbb{R}^3, \qquad (u_1, u_2, t) \mapsto \mathbf{f}(\mathbf{u}) + t\,\mathbf{n}(\mathbf{u})$$

(siehe die Fig. 263.2) die oben beschriebene Schale S_ε, so ist $\mathbf{g} \in C^1$. Wir setzen $A \times [-\varepsilon, \varepsilon] =: A_\varepsilon$ und nehmen ε von vorneherein $\leqslant 1$ an. Die Matrix von $\mathbf{g}_*$ ist

$$\left[\frac{\partial(g_1, g_2, g_3)}{\partial(u_1, u_2, t)}\right] = \begin{bmatrix} f_{1.1} + t n_{1.1} & f_{1.2} + t n_{1.2} & n_1 \\ f_{2.1} + t n_{2.1} & f_{2.2} + t n_{2.2} & n_2 \\ f_{3.1} + t n_{3.1} & f_{3.2} + t n_{3.2} & n_3 \end{bmatrix};$$

damit ergibt sich für die Funktionaldeterminante $J_\mathbf{g}$:

$$J_\mathbf{g}(\mathbf{u}, t) = \det \begin{bmatrix} f_{1.1} & f_{1.2} & n_1 \\ f_{2.1} & f_{2.2} & n_2 \\ f_{3.1} & f_{3.2} & n_3 \end{bmatrix} + t R(\mathbf{u}, t). \tag{3}$$

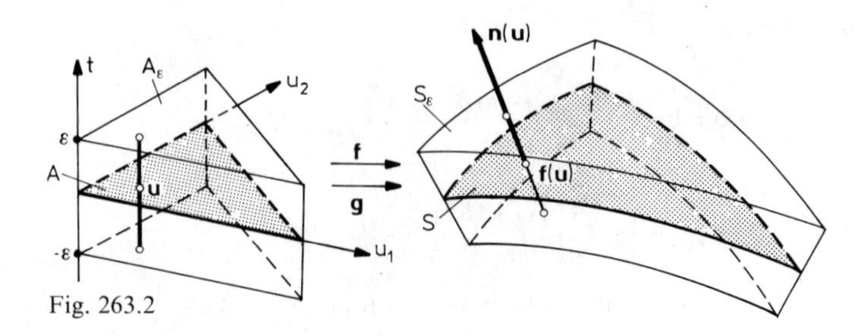

Fig. 263.2

Im zweiten Summanden rechter Hand sind alle Glieder der Determinante zusammengefaßt, die einen Faktor t oder t^2 enthalten. Es ist daher

$$R(\mathbf{u},t)=p(f_{i.k}(\mathbf{u}),n_{i.k}(\mathbf{u}),n_i(\mathbf{u}),t),$$

wobei $p(\ldots)$ ein gewisses Polynom in 16 Variablen darstellt. Da die $f_{i.k}, n_{i.k}, n_i$ auf A stetig sind, ist somit $R(\mathbf{u},t)$ eine auf der kompakten Menge A_1 stetige Funktion, und es gibt eine Konstante C mit

(4) $$|R(\mathbf{u},t)|\leqslant C \qquad \forall(\mathbf{u},t)\in A_1 .$$

Der erste Summand rechts in (3) läßt sich einfacher schreiben; er ist nämlich wegen (2) gleich

$$\varepsilon(\mathbf{f}_{.1},\mathbf{f}_{.2},\mathbf{n})=(\mathbf{f}_{.1}\times\mathbf{f}_{.2})\bullet\mathbf{n}=|\mathbf{f}_{.1}\times\mathbf{f}_{.2}| .$$

Wir erhalten daher anstelle von (3) die Formel

(5) $$J_{\mathbf{g}}(\mathbf{u},t)=|\mathbf{f}_{.1}(\mathbf{u})\times\mathbf{f}_{.2}(\mathbf{u})|+t\,R(\mathbf{u},t) .$$

Die Funktion $\mathbf{u}\mapsto|\mathbf{f}_{.1}(\mathbf{u})\times\mathbf{f}_{.2}(\mathbf{u})|$ besitzt auf der kompakten Menge A ein positives Minimum. Aufgrund von (4) und (5) gibt es folglich ein $\varepsilon_1\in]0,1[$ mit

(6) $$J_{\mathbf{g}}(\mathbf{u},t)>0 \qquad \forall(\mathbf{u},t)\in A_{\varepsilon_1} .$$

Wir zeigen weiter: Es gibt ein $\varepsilon_2\in]0,\varepsilon_1]$, so daß $\mathbf{g}$ die Menge A_{ε_2} und damit alle A_ε mit $\varepsilon\leqslant\varepsilon_2$ injektiv abbildet. In anderen Worten: Auch die Schalen S_ε weisen für hinreichend kleine ε keine Selbstdurchdringungen auf. — ⌜ Ist diese Behauptung falsch, so gibt es zwei Folgen $(\mathbf{u}_k,t_k)$ und $(\mathbf{u}'_k,t'_k)$ auf A_1 mit den folgenden Eigenschaften:

(a) $(\mathbf{u}_k,t_k)\neq(\mathbf{u}'_k,t'_k) \qquad \forall k,$
(b) $\mathbf{g}(\mathbf{u}_k,t_k)=\mathbf{g}(\mathbf{u}'_k,t'_k) \qquad \forall k,$
(c) $t_k\to 0, \quad t'_k\to 0 \quad (k\to\infty).$

Die $\mathbf{u}_k$ besitzen auf der kompakten Menge A einen Häufungspunkt $\boldsymbol{\eta}$. Indem wir die beiden Folgen durch geeignete Teilfolgen ersetzen, dürfen wir annehmen $\mathbf{u}_k \to \boldsymbol{\eta}$ $(k \to \infty)$, und durch nochmalige Siebung können wir erreichen, daß auch die $\mathbf{u}'_k$ auf A konvergieren. Dann gelten also die Beziehungen (a)—(c) nach wie vor, sowie zusätzlich

(d) $$\mathbf{u}_k \to \boldsymbol{\eta}, \quad \mathbf{u}'_k \to \boldsymbol{\eta}' \quad (k \to \infty).$$

Aus (b)—(d) ergibt sich, da $\mathbf{g}$ stetig ist: $\mathbf{g}(\boldsymbol{\eta},0)=\mathbf{g}(\boldsymbol{\eta}',0)$, d.h. aber $\mathbf{f}(\boldsymbol{\eta})=\mathbf{f}(\boldsymbol{\eta}')$. Nach Voraussetzung über $\mathbf{f}$ ist dann $\boldsymbol{\eta}=\boldsymbol{\eta}'$. Da nun die Funktionaldeterminante von $\mathbf{g}$ wegen (6) im Punkt $(\boldsymbol{\eta},0)$ von 0 verschieden ist, gibt es nach Satz **(21.6)** eine Umgebung dieses Punktes, die durch $\mathbf{g}$ injektiv abgebildet wird. Dies widerspricht aber der Annahme, daß in beliebiger Nähe von $(\boldsymbol{\eta},0)$ Punktepaare $(\mathbf{u}_k, t_k)$, $(\mathbf{u}'_k, t'_k)$ liegen, für die (a) und (b) gilt. $\lrcorner$

Die eben bewiesene Tatsache erlaubt, das Volumen der Schalen S_ε, $\varepsilon \leqslant \varepsilon_2$, mit Hilfe von Satz **(25.6)** als Integral über den Parameterbereich A_ε darzustellen. Benutzen wir ferner (5) und (6), so ergibt sich nacheinander

$$\begin{aligned}\mu(S_\varepsilon) &= \int_{S_\varepsilon} 1\, d\mu_{\mathbf{x}} = \int_{A_\varepsilon} |J_{\mathbf{g}}(\mathbf{u},t)|\, d\mu_{\mathbf{u},t} \\ &= \int_A d\mu_{\mathbf{u}} \int_{-\varepsilon}^{\varepsilon} dt \{|\mathbf{f}_{.1}(\mathbf{u}) \times \mathbf{f}_{.2}(\mathbf{u})| + t R(\mathbf{u},t)\}\end{aligned}$$

und somit

(7) $$\mu(S_\varepsilon) = 2\varepsilon \int_A |\mathbf{f}_{.1}(\mathbf{u}) \times \mathbf{f}_{.2}(\mathbf{u})|\, d\mu_{\mathbf{u}} + R,$$

wobei sich das Restglied R wegen (4) folgendermaßen abschätzen läßt:

(8) $$|R| \leqslant \int_A d\mu_{\mathbf{u}} \int_{-\varepsilon}^{\varepsilon} dt \{C|t|\} = C\mu(A)\varepsilon^2.$$

Aus (7) und (8) erhalten wir jetzt die gesuchte Formel für den Grenzwert (1):

$$\lim_{\varepsilon \to 0} \frac{\mu(S_\varepsilon)}{2\varepsilon} = \int_A |\mathbf{f}_{.1}(\mathbf{u}) \times \mathbf{f}_{.2}(\mathbf{u})|\, d\mu_{\mathbf{u}}.$$

Die Überlegungen dieses Abschnitts rechtfertigen die folgenden, auf die Anwendungen zugeschnittenen Definitionen: Es seien A eine kompakte meßbare Menge der (u_1, u_2)-Ebene, $N \subset A$ eine Nullmenge und

$$\mathbf{f}: \quad A \to \mathbb{R}^3$$

eine stetig differenzierbare, auf $A \setminus N$ reguläre und dort injektive Funktion. Dann sprechen wir von der *kompakten Fläche* $S := \mathbf{f}(A)$, und S besitzt den *Flächeninhalt*

(9) $$\omega(S) := \int_A |\mathbf{f}_{.1}(\mathbf{u}) \times \mathbf{f}_{.2}(\mathbf{u})|\, d\mu_{\mathbf{u}}.$$

264. Eigenschaften des Flächeninhalts

Die folgenden Eigenschaften des Flächeninhalts waren nach der geometrischen Begründung der Formel (263.9) zu erwarten:

(26.2) *Der Flächeninhalt ist invariant gegenüber*

(a) *stetig differenzierbaren und bis auf eine Nullmenge regulären und injektiven Parametertransformationen,*

(b) *Bewegungen der Fläche im* $\mathbb{R}^3$.

⌜ (a) Ist

$$\varphi: \quad \tilde{A} \to A, \qquad \tilde{\mathbf{u}} \mapsto \mathbf{u}$$

eine Parametertransformation der angegebenen Art und $\tilde{\mathbf{f}} := \mathbf{f} \circ \varphi$ die transformierte Darstellung von S, so gilt aufgrund von Satz **(25.6)** und der Formel (262.5):

$$\begin{aligned} &\int_A |\mathbf{f}_{.1}(\mathbf{u}) \times \mathbf{f}_{.2}(\mathbf{u})| \, d\mu_{\mathbf{u}} \\ &\qquad = \int_{\tilde{A}} |\mathbf{f}_{.1}(\varphi(\tilde{\mathbf{u}})) \times \mathbf{f}_{.2}(\varphi(\tilde{\mathbf{u}}))| \, |\det \varphi_*(\tilde{\mathbf{u}})| \, d\mu_{\tilde{\mathbf{u}}} \\ &\qquad = \int_{\tilde{A}} |\tilde{\mathbf{f}}_{.1}(\tilde{\mathbf{u}}) \times \tilde{\mathbf{f}}_{.2}(\tilde{\mathbf{u}})| \, d\mu_{\tilde{\mathbf{u}}} \,. \end{aligned}$$

(b) Eine Bewegung $\tilde{T}$ des $\mathbb{R}^3$ hat die Form

$$\tilde{T}: \quad \mathbf{x} \mapsto T\mathbf{x} + \mathbf{a} \,;$$

dabei ist T eine orthogonale lineare Abbildung und $\mathbf{a} \in \mathbb{R}^3$ ein fester Vektor. Ist jetzt $\mathbf{g} := \tilde{T} \circ \mathbf{f}$ die aus $\mathbf{f}$ gewonnene Parameterdarstellung der bewegten Fläche, so gilt nach der Kettenregel und **(20.1)**(c):

$$\mathbf{g}_{.k} = \mathbf{g}_*(\mathbf{u})\mathbf{e}_k = T(\mathbf{f}_*(\mathbf{u})\mathbf{e}_k) = T\mathbf{f}_{.k} \qquad (k = 1, 2) \,.$$

Mit **(26.1)**(e) folgt hieraus

$$|\mathbf{g}_{.1}(\mathbf{u}) \times \mathbf{g}_{.2}(\mathbf{u})| = |\mathbf{f}_{.1}(\mathbf{u}) \times \mathbf{f}_{.2}(\mathbf{u})| \qquad \forall \mathbf{u} \,. \quad ⌟$$

Der Ausdruck

$$|\mathbf{f}_{.1}(\mathbf{u}) \times \mathbf{f}_{.2}(\mathbf{u})| \, d\mu_{\mathbf{u}} =: d\omega$$

wird als *(skalares) Oberflächenelement* bezeichnet. Nach dem eben bewiesenen Satz dürfen wir schreiben

$$\omega(S) = \int_S d\omega \,,$$

ohne auf eine bestimmte Parameterdarstellung von S Bezug zu nehmen.

① Wir berechnen die Fläche des von zwei Vektoren $\mathbf{a}, \mathbf{b}$ aufgespannten Parallelogramms P. P besitzt die naheliegende Parameterdarstellung

$$\mathbf{f}: \quad (u,v) \mapsto u\,\mathbf{a} + v\,\mathbf{b}$$

mit dem Parameterbereich

$$I := \{(u,v) \mid 0 \leqslant u, v \leqslant 1\}.$$

Es ist $\mathbf{f}_{.u} \equiv \mathbf{a}$, $\mathbf{f}_{.v} \equiv \mathbf{b}$ und somit wegen $\mu(I) = 1$:

$$\omega(P) = \int_I |\mathbf{a} \times \mathbf{b}|\, d\mu_{uv} = |\mathbf{a} \times \mathbf{b}|.$$

In Worten: Der Betrag des Vektorprodukts $\mathbf{a} \times \mathbf{b}$ ist gleich der Fläche des von $\mathbf{a}$ und $\mathbf{b}$ aufgespannten Parallelogramms. ○

② (Fig. 251.2) Zur Berechnung der Kugeloberfläche schränken wir die in Abschnitt 251 betrachtete „Parameterdarstellung" (251.2) der Vollkugel $B_{3,R}$ auf die Seitenfläche $r := R$ des Quaders (251.3) ein und erhalten so für S_R^2 die Parameterdarstellung

$$(1) \qquad \mathbf{f}: \quad (\varphi, \vartheta) \mapsto \begin{cases} x := R \cos\varphi \cos\vartheta \\ y := R \sin\varphi \cos\vartheta \\ z := R \sin\vartheta \end{cases}$$

mit dem Parameterbereich

$$Q' := \{(\varphi, \vartheta) \,|\, 0 \leqslant \varphi \leqslant 2\pi, \quad -\pi/2 \leqslant \vartheta \leqslant \pi/2\}.$$

Diese Darstellung ist im Innern von Q' injektiv und überall regulär außer in den Randpunkten $(\varphi, \pm\pi/2)$, die in den Nord- und den Südpol von S_R^2 übergehen. Um das Letztere einzusehen, müssen wir das Vektorprodukt $\mathbf{f}_{.\varphi} \times \mathbf{f}_{.\vartheta}$ betrachten: Die Darstellung ist wegen **(26.1)**(c) genau in *den* Punkten singulär, wo dieses Vektorprodukt verschwindet. Aus

$$\mathbf{f}_{.\varphi} = (-R \sin\varphi \cos\vartheta, R \cos\varphi \cos\vartheta, 0),$$

$$\mathbf{f}_{.\vartheta} = (-R \cos\varphi \sin\vartheta, -R \sin\varphi \sin\vartheta, R \cos\vartheta)$$

ergibt sich mit der Rechenregel **(26.1)**(f):

$$\mathbf{f}_{.\varphi} \times \mathbf{f}_{.\vartheta} = (R^2 \cos\varphi \cos^2\vartheta, R^2 \sin\varphi \cos^2\vartheta, R^2 \sin\vartheta \cos\vartheta)$$

und damit weiter

(2) $$|\mathbf{f}_{.\varphi} \times \mathbf{f}_{.\vartheta}| = R^2 \cos\vartheta .$$

Hiernach verschwindet $\mathbf{f}_{.\varphi} \times \mathbf{f}_{.\vartheta}$ genau in den Punkten mit $\vartheta = \pm\pi/2$, wie angegeben. — Für den Flächeninhalt von S_R^2 liefert (263.9):

$$\omega(S_R^2) = \int_{Q'} R^2 \cos\vartheta \, d\mu_{\varphi\vartheta} = \int_{-\pi/2}^{\pi/2} d\vartheta \int_0^{2\pi} d\varphi \{R^2 \cos\vartheta\} = 4\pi R^2 ,$$

wie erwartet. ○

③ Ist die Fläche S gegeben als Graph einer C^1-Funktion $z := \psi(x,y)$ über einem Bereich A der (x,y)-Ebene, so können wir die durchwegs reguläre Parameterdarstellung

$$\mathbf{f}\colon \quad A \to \mathbb{R}^3, \quad (x,y) \mapsto (x,y,\psi(x,y))$$

zugrundelegen und erhalten nacheinander

$$\mathbf{f}_{.x} = (1,0,\psi_x), \quad \mathbf{f}_{.y} = (0,1,\psi_y),$$

$$\mathbf{f}_{.x} \times \mathbf{f}_{.y} = (-\psi_x, -\psi_y, 1) .$$

Damit ergibt sich für $\omega(S)$ die Formel

$$\omega(S) = \int_A \sqrt{1 + \psi_x^2 + \psi_y^2} \, d\mu_{xy} . \quad ○$$

④ (Fig. 264.1) S sei eine Rotationsfläche bezüglich der z-Achse mit dem Meridian

$$\gamma\colon \quad r := r(z) \quad (a \leqslant z \leqslant b)$$

(Zylinderkoordinaten). Die naheliegende Parameterdarstellung

(3) $$\mathbf{f}\colon \quad (\varphi, z) \mapsto (r(z)\cos\varphi, r(z)\sin\varphi, z)$$

mit dem Parameterbereich

$$A := \{(\varphi, z) \,|\, 0 \leqslant \varphi \leqslant 2\pi, \; a \leqslant z \leqslant b\}$$

führt auf

$$\mathbf{f}_{.\varphi} = (-r\sin\varphi, r\cos\varphi, 0)$$

$$\mathbf{f}_{.z} = (r'\cos\varphi, r'\sin\varphi, 1) ,$$

Kapitel 27. Vektorfelder

271. Vorbemerkungen. Begriff des Vektorfeldes

Die letzten vier Kapitel dieses Buches handeln von den Wechselwirkungen zwischen geometrischen und analytischen Gebilden vor allem im $\mathbb{R}^2$ und im $\mathbb{R}^3$. Die angeführte Beschränkung kommt der Anschauung entgegen und ermöglicht einige besondere Begriffe und Konstruktionen, die vor allem im Hinblick auf physikalische Anwendungen erdacht worden sind. Vom mathematischen Standpunkt aus hat aber diese Theorie nur vorläufigen Charakter: Die nach Green, Stokes und Gauß benannten klassischen Integralsätze der Vektoranalysis lassen sich nämlich in Wirklichkeit auf einen einzigen und für „Ketten" beliebiger Dimension gültigen Satz, die sogenannte allgemeine Greensche Formel

$$\int_A d\omega = \int_{\partial A} \omega$$

zurückführen. Die definitive Fassung der Theorie stützt sich jedoch auf Konstruktionen der linearen Algebra, die uns hier nicht zu Gebote stehen.

Bis auf weiteres ist allerdings die Dimension des „Grundraums" $\mathbb{R}^m$ noch keiner Beschränkung unterworfen; zur Erleichterung der Anschauung wollen wir immerhin $m \geqslant 2$ annehmen. Wir beginnen mit einigen Bemerkungen über Basen im $\mathbb{R}^m$.

Um die Buchstaben $\mathbf{e}_1, \ldots, \mathbf{e}_m$ für einen allgemeineren Zweck freizubekommen, bezeichnen wir die Standardbasis (192.1) des $\mathbb{R}^m$ für einen Augenblick mit $\{\mathbf{e}_1^*, \ldots, \mathbf{e}_m^*\}$, die Standardkoordinaten mit $(x_1^*, \ldots, x_m^*)$. Dies vorausgeschickt nennen wir eine beliebige Basis $\{\mathbf{e}_1, \ldots, \mathbf{e}_m\}$ und die zugehörigen Koordinaten $(x_1, \ldots, x_m)$ *zulässig*, wenn sie durch eine „spezielle orthogonale Transformation" aus der Standardbasis bzw. den Standardkoordinaten hervorgehen. Es gibt dann eine orthogonale Matrix $[S] = [s_{ik}]$ mit $\det[S] = 1$ (hierauf bezieht sich das „speziell") derart, daß die beiden Basen durch

$$(1) \qquad \text{(a)} \quad \mathbf{e}_k = \textstyle\sum_{i=1}^m s_{ik}\mathbf{e}_i^* \quad (1 \leqslant k \leqslant m), \qquad \text{(b)} \quad \mathbf{e}_i^* = \sum_{k=1}^m s_{ik}\mathbf{e}_k \quad (1 \leqslant i \leqslant m)$$

und die Koordinaten durch

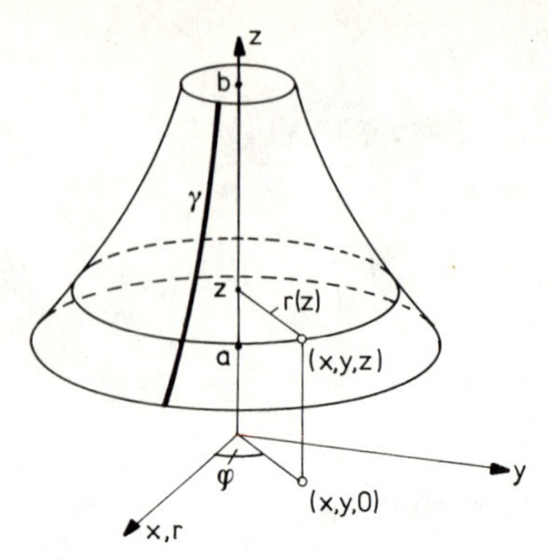

Fig. 264.1

woraus sich nacheinander

$$\mathbf{f}_{.\varphi} \times \mathbf{f}_{.z} = (r\cos\varphi, r\sin\varphi, -rr'),$$

$$|\mathbf{f}_{.\varphi} \times \mathbf{f}_{.z}|^2 = r^2(z)\,(1 + r'^2(z))$$

ergibt. Die Darstellung (3) ist also regulär, ausgenommen bei allfälligen „Polen" von S, d.h. in Punkten (φ, z) mit $r(z)=0$. Weiter ergibt sich für den Flächeninhalt:

$$\omega(S) = \int_A r(z)\sqrt{1+r'^2(z)}\,d\mu_{\varphi z} = 2\pi\int_a^b r(z)\sqrt{1+r'^2(z)}\,dz\,. \quad \bigcirc$$

⑤ Siehe auch das Beispiel 293.② (Torusfläche). ○

(2) (a) $x_i^* = \sum_{k=1}^m s_{ik} x_k \quad (1 \leqslant i \leqslant m)$, (b) $x_k = \sum_{i=1}^m s_{ik} x_i^* \quad (1 \leqslant k \leqslant m)$

miteinander verknüpft sind. Als Merkregel diene: In den Kolonnen von $[S]$ stehen die „neuen" Basisvektoren $\mathbf{e}_k$, ausgedrückt mit Hilfe der „alten" Basisvektoren $\mathbf{e}_i^*$. — Die gemeinsamen Eigenschaften von zulässigen Koordinatensystemen fassen wir in der folgenden Proposition zusammen:

(27.1) *Es seien* $\{\mathbf{e}_1, \ldots, \mathbf{e}_m\}$ *eine beliebige zulässige Basis des* $\mathbb{R}^m$ *und* $(x_1, \ldots, x_m)$ *die zugehörigen Koordinaten der Vektoren* $\mathbf{x} \in \mathbb{R}^m$. *Dann bestehen die folgenden Identitäten:*

(a) $\mathbf{e}_k \bullet \mathbf{e}_l = \delta_{kl}$,

(b) $x_k = \mathbf{x} \bullet \mathbf{e}_k \quad (1 \leqslant k \leqslant m)$,

(c) $\mathbf{x} \bullet \mathbf{y} = \sum_{k=1}^m x_k y_k$,

(d) $$\varepsilon(\mathbf{a}_1, \ldots, \mathbf{a}_m) = \det \begin{bmatrix} a_{11} & a_{12} & \cdots & a_{1m} \\ a_{21} & & & \vdots \\ \vdots & & & \vdots \\ a_{m1} & & \cdots & a_{mm} \end{bmatrix}.$$

(e) *Für die partiellen Ableitungen*

$$\frac{\partial f_i}{\partial x_k} =: f_{i.k}$$

einer Funktion $\mathbf{f}: \mathbb{R}^m \to \mathbb{R}^m$ *gilt*

$$f_{i.k} = \mathbf{f}_* \mathbf{e}_k \bullet \mathbf{e}_i .$$

⌈ (a) Wegen (1) (a), $\mathbf{e}_i^* \bullet \mathbf{e}_j^* = \delta_{ij}$ und $[S'][S] = [I]$ (:= Einheitsmatrix) hat man nacheinander

$$\begin{aligned} \mathbf{e}_k \bullet \mathbf{e}_l &= \sum_{i=1}^m s_{ik} \mathbf{e}_i^* \bullet \sum_{j=1}^m s_{jl} \mathbf{e}_j^* = \sum_{i,j} s_{ik} s_{jl} (\mathbf{e}_i^* \bullet \mathbf{e}_j^*) \\ &= \sum_i s_{ik} s_{il} = \sum_i s'_{ki} s_{il} \\ &= \delta_{kl} . \quad — \end{aligned}$$

Die Formeln (b) und (c) ergeben sich aus $\mathbf{x} = \sum_{j=1}^m x_j \mathbf{e}_j$ und (a). — Bezeichnen wir die auf der rechten Seite von (d) stehende Matrix mit $[A]$ und die analoge mit Hilfe der Standardkoordinaten der Vektoren $\mathbf{a}_1, \ldots, \mathbf{a}_m$ gebildete Matrix mit $[A^*]$, so gilt wegen (2) (a) die Beziehung $[A^*] = [S][A]$. Nach Definition von $\varepsilon(\cdot, \ldots, \cdot)$ und nach Voraussetzung über $[S]$ ergibt sich damit

$$\varepsilon(\mathbf{a}_1, \ldots, \mathbf{a}_m) = \det[A^*] = \det[S] \det[A] = \det[A] . \quad —$$

(e) Die partielle Ableitung $f_{i.k}$ ist nach (194.3) die i-te Koordinate von $\mathbf{f}_*\mathbf{e}_k$ und besitzt daher wegen (b) die angegebene Darstellung. $\lrcorner$

Nach dieser Proposition sind alle zulässigen Koordinatensysteme formal gleichwertig. Von nun an bezeichnen daher $\{\mathbf{e}_1, \ldots, \mathbf{e}_m\}$ eine beliebige zulässige Basis des $\mathbb{R}^m$ und $(x_1, \ldots, x_m)$ die zugehörigen Koordinaten der Vektoren $\mathbf{x}$. Im Fall $m=3$ werden wir auch (x, y, z) schreiben anstelle von (x_1, x_2, x_3), analog (x, y) anstelle von (x_1, x_2) im Fall $m=2$. Der Buchstabe $\mathbf{u}$ bezeichnet weiterhin ein Paar (u_1, u_2) bzw. (u, v) und dient als Parameter für die Darstellung von Flächen.

In der Differentialgeometrie bezeichnet man die Familie $\{T_\mathbf{x}\}_{\mathbf{x}\in M}$ der Tangentialräume einer Mannigfaltigkeit M als Tangentialbündel von M. Für uns genügt hier die folgende Definition: Das *Tangentialbündel* einer offenen Menge $A \subset \mathbb{R}^m$ ist die Menge

$$T_A := \{(\mathbf{x}, \mathbf{X}) \mid \mathbf{x} \in A, \mathbf{X} \in T_\mathbf{x}\}.$$

(In diesem einfachen Fall ist das Tangentialbündel „kanonisch isomorph" zum kartesischen Produkt $A \times \mathbb{R}^m$.) Eine Funktion

$$\mathbf{K}: \quad A \to T_A, \quad \mathbf{x} \mapsto (\mathbf{x}, \mathbf{K}(\mathbf{x})),$$

die in jedem Punkt $\mathbf{x} \in A$ einen Vektor $\mathbf{K}(\mathbf{x}) \in T_\mathbf{x}$ „anheftet", heißt ein *Vektorfeld* auf A; man kann dabei an ein Kraftfeld oder an ein Strömungsfeld denken. Das Vektorfeld ist *stetig differenzierbar*, wenn die Funktion

$$A \to \mathbb{R}^m, \quad \mathbf{x} \mapsto \mathbf{K}(\mathbf{x})$$

stetig differenzierbar ist; dies ist nach **(21.2)** genau dann der Fall, wenn die Komponentenfunktionen $K_i(x_1, \ldots, x_m)$ $(1 \leqslant i \leqslant m)$ stetige partielle Ableitungen nach den x_k besitzen.

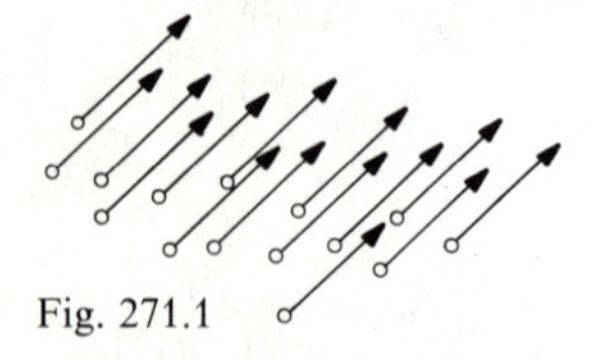

Fig. 271.1

① (Fig. 271.1) Ist $\mathbf{K}(\mathbf{x}) = \text{const.}$, so heißt das Feld $\mathbf{K}$ *homogen*. ○

② (Fig. 271.2) Ist

$$\mathbf{K}(\mathbf{x}) := \kappa(\mathbf{x}) \frac{\mathbf{x}}{r} \qquad (\mathbf{x} \neq \mathbf{0}),$$

unter κ eine reellwertige Funktion verstanden, so spricht man von einem *Zentralfeld*: Alle Feldvektoren zeigen von ihrem „Anfangspunkt" $\mathbf{x}$ gegen den Ursprung bzw. in die dazu entgegengesetzte Richtung — je nachdem, ob $\kappa(\mathbf{x})<0$ oder >0 ist. In vielen Fällen hängt κ sogar nur von r ab, z.B. beim *Coulomb-Feld* $(m=3)$:

$$\mathbf{K}(\mathbf{x}) := -\frac{1}{4\pi r^2}\,\frac{\mathbf{x}}{r} \qquad (\mathbf{x}\neq\mathbf{0})\,. \quad \bigcirc$$

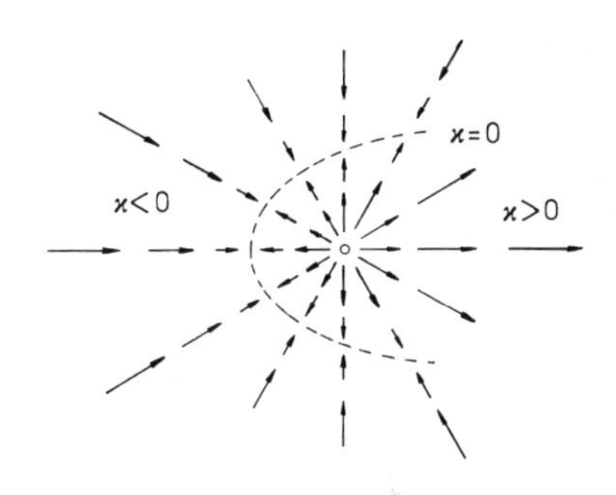

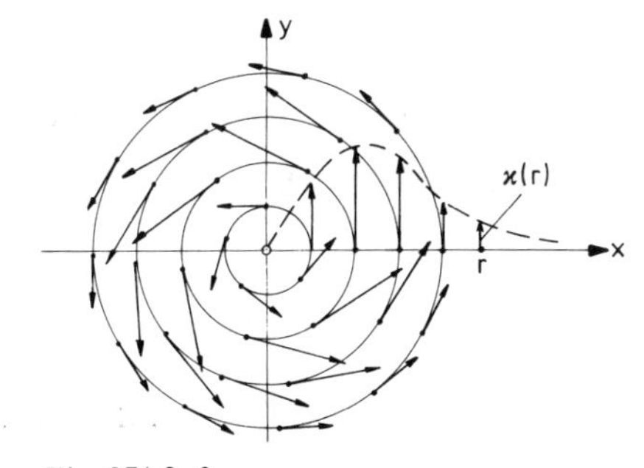

Fig. 271.2–3

③ (Fig. 271.3) Das ebene Feld

$$\mathbf{K}(\mathbf{x}) := \kappa(r)(-y/r, x/r) \qquad (\mathbf{x}\neq\mathbf{0})$$

stellt einen „Wirbel" dar: Die Feldvektoren sind in allen Punkten $\mathbf{x}$ tangential zum konzentrischen Kreis durch $\mathbf{x}$. ○

④ Zu jeder differenzierbaren Funktion $f: A \to \mathbb{R}$ gehört ihr *Gradientenfeld*

$$\mathbf{x} \mapsto (\mathbf{x}, \mathbf{grad}\, f(\mathbf{x}))\,. \quad \bigcirc$$

272. Linienintegrale

Schiebt ein homogenes Kraftfeld $\mathbf{K}$ einen Massenpunkt auf gerader Bahn von $\mathbf{x}_0$ nach $\mathbf{x}_1$, so leistet es dabei bekanntlich die Arbeit

$$W = \mathbf{K} \bullet (\mathbf{x}_1 - \mathbf{x}_0). \tag{1}$$

Diese Arbeit verwandelt sich — je nach Versuchsanordnung — z.B. in kinetische Energie des Massenpunktes.

Das Kraftfeld $\mathbf{K}$ sei jetzt variabel, und anstelle der geraden Bahn sei eine stetig differenzierbare Kurve

$$\gamma: \quad t \mapsto \mathbf{x}(t) \quad (a \leqslant t \leqslant b) \tag{2}$$

gegeben. Wir betrachten eine hinreichend feine Teilung

$$T: \quad a = t_0 < t_1 < \cdots < t_N = b$$

des Intervalls $[a, b]$ und setzen $\mathbf{x}(t_k) =: \mathbf{x}_k$. Aufgrund von (1) ist dann die längs der Kurve γ am Massenpunkt geleistete Arbeit ungefähr gleich

$$\sum_{k=0}^{N-1} \mathbf{K}(\mathbf{x}_k) \bullet (\mathbf{x}_{k+1} - \mathbf{x}_k)$$

(siehe die Fig. 272.1), wegen **(15.11)** also ungefähr gleich

$$\sum_{k=0}^{N-1} \mathbf{K}(\mathbf{x}_k) \bullet \mathbf{x}'(t_k)(t_{k+1} - t_k).$$

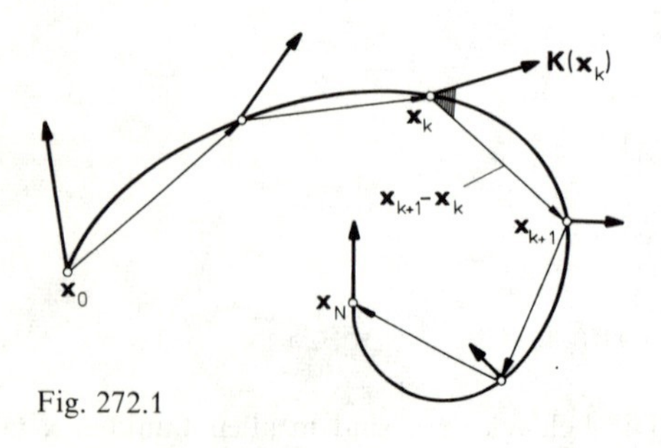

Fig. 272.1

Wir werden offenbar dazu geführt, die geleistete Arbeit in dem betrachteten Fall mit

$$W = \int_a^b \mathbf{K}(\mathbf{x}(t)) \bullet \mathbf{x}'(t)\,dt$$

anzusetzen; das angeschriebene Integral wird daher auch etwa als *Arbeitsintegral* bezeichnet.

Diese physikalischen Überlegungen motivieren die folgende Definition: Es sei $\mathbf{K}=(K_1, \ldots, K_m)$ ein stetiges Vektorfeld auf der offenen Menge $A \subset \mathbb{R}^m$ und (2) eine stetig differenzierbare Kurve in A. Dann heißt

$$\begin{aligned}\int_\gamma \mathbf{K} \bullet d\mathbf{x} &:= \int_a^b \mathbf{K}(\mathbf{x}(t)) \bullet \mathbf{x}'(t)\,dt \\ &= \int_a^b \left[K_1(\mathbf{x}(t))x_1'(t) + \cdots + K_m(\mathbf{x}(t))x_m'(t)\right] dt\end{aligned} \tag{3}$$

das *Linienintegral von* **K** *längs* γ. Der im Linienintegral auftretende Ausdruck

$$\mathbf{x}'(t)\,dt =: d\mathbf{x}$$

wird als *vektorielles Linienelement* bezeichnet; in ähnlicher Weise bildet man die Abkürzungen

$$x_i'(t)\,dt =: dx_i, \qquad x'(t)\,dt =: dx, \qquad y'(t)\,dt =: dy \qquad \text{usw.}$$

Die suggestiven Schreibweisen

$$\int_\gamma \mathbf{K} \bullet d\mathbf{x}, \qquad \int_\gamma (P\,dx + Q\,dy)$$

(die zweite bezieht sich auf den Fall $m=2, \mathbf{K}=(P, Q)$) vermitteln alle zur Festlegung eines bestimmten Linienintegrals nötige Information, denn der Wert der rechten Seite von (3) hängt nicht von der für γ gewählten Parameterdarstellung ab:

⌜ Ist eine weitere Parameterdarstellung

$$\gamma: \quad \tau \to \boldsymbol{\xi}(\tau) \quad (\alpha \leqslant \tau \leqslant \beta) \tag{4}$$

mit (2) verknüpft durch die Parametertransformation $t=\omega(\tau)$, d.h. gilt

$$\boldsymbol{\xi}(\tau) \equiv \mathbf{x}(\omega(\tau)), \tag{5}$$

so hat man nacheinander

$$\int_\alpha^\beta \mathbf{K}(\boldsymbol{\xi}(\tau)) \bullet \boldsymbol{\xi}'(\tau)\,d\tau = \int_\alpha^\beta \mathbf{K}(\mathbf{x}(\omega(\tau))) \bullet \mathbf{x}'(\omega(\tau))\,\omega'(\tau)\,d\tau = \int_a^b \mathbf{K}(\mathbf{x}(t)) \bullet \mathbf{x}'(t)\,dt\,;$$

dabei wurde zuerst die Kettenregel, dann die Substitutionsregel **(13.11)** benutzt. ⌟

Weiter ist das Linienintegral additiv bezüglich einer Zerlegung von γ in Teilkurven: Werden im Anschluß an (2) für ein $c \in [a, b]$ die Kurven

$$\gamma_1: \quad t \mapsto \mathbf{x}(t) \quad (a \leqslant t \leqslant c), \qquad \gamma_2: \quad t \mapsto \mathbf{x}(t) \quad (c \leqslant t \leqslant b)$$

eingeführt, so gilt

$$(6) \qquad \int_\gamma \mathbf{K} \bullet d\mathbf{x} = \int_{\gamma_1} \mathbf{K} \bullet d\mathbf{x} + \int_{\gamma_2} \mathbf{K} \bullet d\mathbf{x}\,.$$

Dies folgt unmittelbar aus der Definition (3). — Wir beweisen noch die folgende Abschätzung:

(27.2) *Die Kurve γ besitze die Länge $L(\gamma)$, und es gelte*

$$|\mathbf{K}(\mathbf{x})| \leqslant M \qquad \forall \mathbf{x} \in \operatorname{Spur}(\gamma)\,.$$

Dann ist

$$\left|\int_\gamma \mathbf{K} \bullet d\mathbf{x}\right| \leqslant M \cdot L(\gamma)\,.$$

⌜ Mit Hilfe der Schwarzschen Ungleichung **(5.7)** (c) ergibt sich nacheinander

$$\begin{aligned}\left|\int_a^b \mathbf{K}(\mathbf{x}(t)) \bullet \mathbf{x}'(t)\,dt\right| &\leqslant \int_a^b |\mathbf{K}(\mathbf{x}(t)) \bullet \mathbf{x}'(t)|\,dt \\ &\leqslant \int_a^b |\mathbf{K}(\mathbf{x}(t))| \cdot |\mathbf{x}'(t)|\,dt \\ &\leqslant M \int_a^b |\mathbf{x}'(t)|\,dt = M \cdot L(\gamma)\,. \quad ⌟\end{aligned}$$

① (Fig. 272.2) Wir betrachten im (x, y, z)-Raum das Feld

$$\mathbf{K}(\mathbf{x}) := (y^2, xz, 1)\,,$$

ferner die zwei Kurven

$$(7) \qquad \begin{cases} \gamma_1: & t \mapsto (t, t, t) \qquad (0 \leqslant t \leqslant 1)\,, \\ \gamma_2: & t \mapsto (t, t^2, t^3) \qquad (0 \leqslant t \leqslant 1)\,, \end{cases}$$

die beide den Punkt $\mathbf{p} := (0, 0, 0)$ mit dem Punkt $\mathbf{q} := (1, 1, 1)$ verbinden (siehe die Figur). Für das Linienintegral von $\mathbf{K}$ längs γ_i $(i = 1, 2)$ erhalten wir aufgrund der zweiten Zeile von (3):

$$\int_{\gamma_i} \mathbf{K} \bullet d\mathbf{x} = \int_0^1 (y^2(t)\,x'(t) + x(t)\,z(t)\,y'(t) + 1 \cdot z'(t))\,dt\,;$$

dabei sind rechter Hand die Parameterdarstellungen (7) der γ_i einzusetzen. Es ergibt sich

$$\begin{aligned}\int_{\gamma_1} \mathbf{K} \bullet d\mathbf{x} &= \int_0^1 (t^2 \cdot 1 + t^2 \cdot 1 + 1 \cdot 1)\,dt = 1/3 + 1/3 + 1 = 5/3\,, \\ \int_{\gamma_2} \mathbf{K} \bullet d\mathbf{x} &= \int_0^1 (t^4 \cdot 1 + t^4 \cdot 2t + 1 \cdot 3t^2)\,dt = 1/5 + 2/6 + 3/3 = 23/15\,.\end{aligned}$$

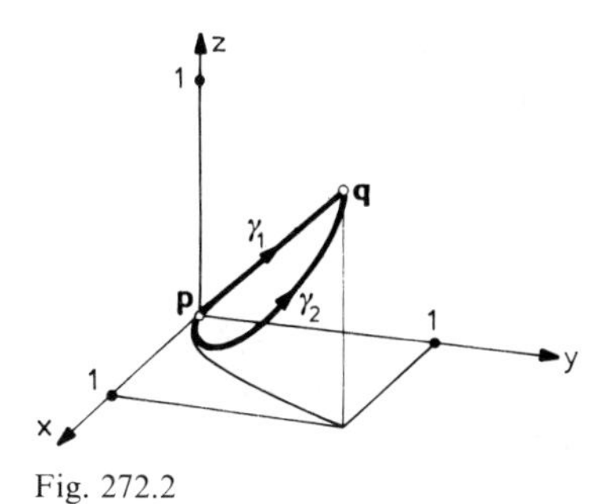

Fig. 272.2

Zu verschiedenen Verbindungswegen derselben zwei Punkte **p** und **q** können also durchaus verschiedene Werte des Linienintegrals gehören. ○

Für eine beliebige Kurve (2) repräsentiert die Funktion

(8) $$t' \mapsto \check{\mathbf{x}}(t') := \mathbf{x}(-t') \qquad (-b \leqslant t' \leqslant -a)$$

die *zu γ inverse Kurve* $-\gamma$. Anschaulich gesprochen ist $-\gamma$ „die in umgekehrter Richtung durchlaufene Kurve γ" (siehe die Fig. 272.3). Durch die angeführte Vorschrift ist $-\gamma$ als Kurve wohldefiniert: Wird für γ eine andere Parameterdarstellung, etwa (4), zugrundegelegt, so ergibt sich für $-\gamma$ die weitere Darstellung

(9) $$\tau' \mapsto \check{\boldsymbol{\xi}}(\tau') := \boldsymbol{\xi}(-\tau') \qquad (-\beta \leqslant \tau' \leqslant -\alpha).$$

Sind jetzt (2) und (4) wiederum verknüpft durch (5), so wird die behauptete Äquivalenz von (8) und (9) durch die Parametertransformation $t' := -\omega(-\tau')$ realisiert. Wir überlassen die Verifikation dem Leser. — Die folgende Identität war zu erwarten:

(27.3) $$\int_{-\gamma} \mathbf{K} \bullet d\mathbf{x} = -\int_\gamma \mathbf{K} \bullet d\mathbf{x}.$$

⌜ Es gilt nämlich

$$\int_{-b}^{-a} \mathbf{K}(\check{\mathbf{x}}(t')) \bullet \check{\mathbf{x}}'(t')\,dt' = \int_{-b}^{-a} \mathbf{K}(\mathbf{x}(-t')) \bullet (-\mathbf{x}'(-t'))\,dt'$$
$$= \int_b^a \mathbf{K}(\mathbf{x}(t)) \bullet \mathbf{x}'(t)\,dt = -\int_a^b \mathbf{K}(\mathbf{x}(t)) \bullet \mathbf{x}'(t)\,dt. \quad ⌟$$

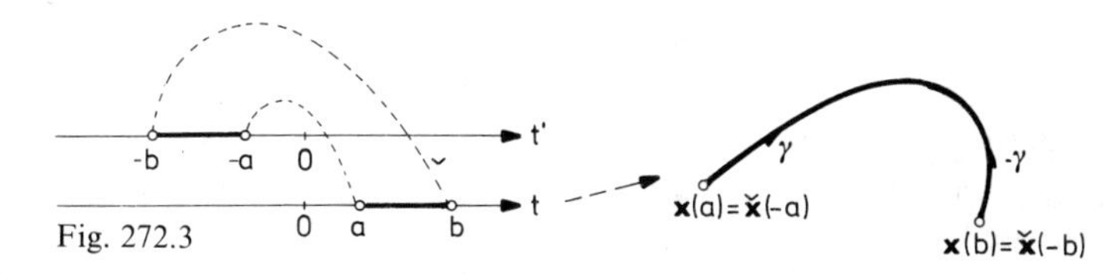

Fig. 272.3

Die Zerlegungsadditivität (6) des Linienintegrals sowie **(27.3)** legen für die Integration eine wesentliche Verallgemeinerung des Kurvenbegriffs nahe. Wir betrachten dazu „formale Summen"

(10) $\sum_{j=1}^{n} \gamma_j$

von endlich vielen stetig differenzierbaren Kurven γ_j. Zwei derartige Ausdrücke werden als *äquivalent* angesehen, wenn sie „die gleichen Kurven gleich oft enthalten", genau: wenn sie sich durch endlich viele Operationen der folgenden Art ineinander überführen lassen:

(a) Permutation der γ_j,
(b) Zerlegen eines γ_j in Teilkurven bzw. die umgekehrte Operation,
(c) Entfernen bzw. Hinzufügen zweier Summanden γ, $-\gamma$.

Äquivalenzklassen von Summen (10) nennen wir 1-*Ketten* oder kurz: *Ketten.* Aufgrund dieser Definition bilden die in einer offenen Menge $A \subset \mathbb{R}^m$ gelegenen Ketten eine additive Gruppe. Der Einfachheit halber werden wir im folgenden gelegentlich schon die repräsentierenden Summen (10) als *Ketten* bezeichnen und für Ketten ebenfalls griechische Buchstaben verwenden.

Mit Rücksicht auf (6) und **(27.3)** ist nun das *Linienintegral eines Vektorfeldes* **K** *längs einer Kette* γ durch folgende Vorschrift wohldefiniert: Man wählt eine beliebige Darstellung (10) von γ und setzt

$$\int_\gamma \mathbf{K} \cdot d\mathbf{x} := \sum_{j=1}^{n} \int_{\gamma_j} \mathbf{K} \cdot d\mathbf{x}\,.$$

Zwischen den stetig differenzierbaren Kurven (2) und den allgemeinsten Ketten (10) stehen die stückweise stetig differenzierbaren Kurven. Eine stetige Kurve

(11) $\gamma\colon \quad t \mapsto \mathbf{x}(t) \quad (a \leqslant t \leqslant b)$

heißt *stückweise stetig differenzierbar*, wenn es endlich viele Teilungspunkte t_k,

$$a = t_0 < t_1 < \cdots < t_n = b\,,$$

gibt derart, daß die Teilkurven

(12) $\gamma_j\colon \quad t \mapsto \mathbf{x}(t) \quad (t_{j-1} \leqslant t \leqslant t_j) \quad (1 \leqslant j \leqslant n)$

stetig differenzierbar sind (siehe die Fig. 272.4). Unter einer *Kurve* verstehen wir im folgenden, wenn nichts anderes gesagt ist, immer eine stückweise stetig differenzierbare Kurve.

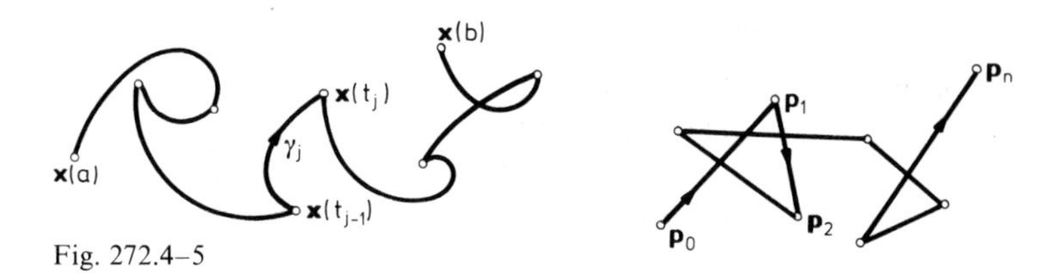

Fig. 272.4–5

② (Fig. 272.5) Sind $\mathbf{p}_0, \mathbf{p}_1, \ldots, \mathbf{p}_n \in \mathbb{R}^m$ beliebige $n+1$ Punkte, so verbindet die Kurve

$$\gamma: \quad t \mapsto \mathbf{p}_{[t]} + (t-[t])(\mathbf{p}_{[t]+1} - \mathbf{p}_{[t]}) \qquad (0 \leqslant t \leqslant n)$$

($[t] :=$ größte ganze Zahl $\leqslant t$) sukzessive $\mathbf{p}_{j-1}$ mit $\mathbf{p}_j$ $(1 \leqslant j \leqslant n)$ durch einen Streckenweg. Eine derartige Kurve heißt ein *Streckenzug.* ○

Die Teilkurven (12) der Kurve (11) bilden zusammen die Kette

$$\sum_{j=1}^{n} \gamma_j;$$

es liegt nahe, diese Kette ebenfalls mit γ zu bezeichnen.

Eine Summe von geschlossenen Kurven heißt ein *Zyklus.* Man kann leicht folgendes zeigen: Eine Kette (10) ist genau dann ein Zyklus, wenn jeder Punkt $\mathbf{x} \in \mathbb{R}^m$ gleich oft als Anfangspunkt wie als Endpunkt eines γ_j auftritt.

273. Konservative Felder

Wir haben oben (Beispiel 272.①) gesehen, daß das Linienintegral eines Vektorfeldes längs verschiedenen Kurven von $\mathbf{p}$ nach $\mathbf{q}$ verschiedene Werte annehmen kann. Es sei jetzt $A \subset \mathbb{R}^m$ eine offene Menge und $\mathbf{K}$ ein stetiges Vektorfeld auf A. Das Feld $\mathbf{K}$ heißt *konservativ* oder *exakt* (genau: *exakt modulo* A), wenn es eine der beiden folgenden Bedingungen erfüllt:

(I) Für je zwei Kurven γ_1, γ_2 in A mit denselben Anfangs- und Endpunkten gilt

(1) $$\int_{\gamma_1} \mathbf{K} \bullet d\mathbf{x} = \int_{\gamma_2} \mathbf{K} \bullet d\mathbf{x}.$$

(II) Für alle in A gelegenen Zyklen γ ist

(2) $$\int_{\gamma} \mathbf{K} \bullet d\mathbf{x} = 0.$$

Der Name „konservativ“ steht mit physikalischen Vorstellungen in Zusammenhang: Für konservative Vektorfelder gilt der Satz von der Erhaltung der Energie. — Nachzutragen bleibt:

(27.4) *Die beiden Bedingungen* (I) *und* (II) *sind äquivalent.*

⌜ (Siehe die Fig. 273.1.) Gilt (II) und sind γ_1, γ_2 zwei Kurven von **p** nach **q**, so ist $\gamma := \gamma_1 - \gamma_2$ ein Zyklus, und aus (2) folgt aufgrund der Rechenregeln:

$$(3) \qquad \int_{\gamma_1} \mathbf{K} \bullet d\mathbf{x} - \int_{\gamma_2} \mathbf{K} \bullet d\mathbf{x} = 0\,,$$

d.h. (1). — Umgekehrt läßt sich jede geschlossene Kurve γ in A als Differenz $\gamma_1 - \gamma_2$ von zwei Verbindungskurven geeignet gewählter Punkte **p** und **q** auffassen. Wird jetzt (I) vorausgesetzt, so folgt (3). Somit gilt dann (2) für beliebige geschlossene Kurven γ, also auch für Zyklen. ⌟

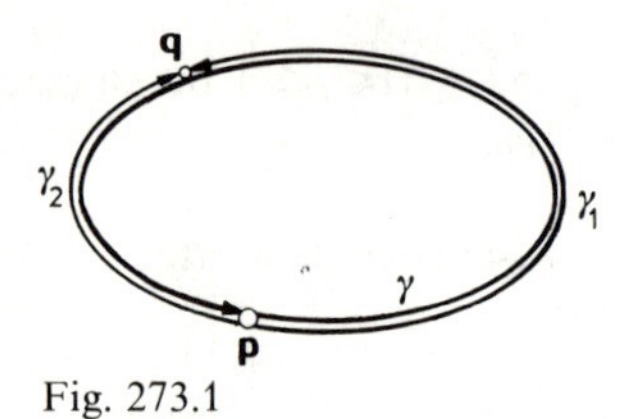

Fig. 273.1

Wir kommen nun zu dem folgenden fundamentalen Satz:

(27.5) *Es sei* **K** *ein stetiges Vektorfeld auf der offenen Menge* $A \subset \mathbb{R}^m$. **K** *ist genau dann konservativ, wenn es eine stetig differenzierbare Funktion* $f: A \to \mathbb{R}$ *gibt mit* $\mathbf{K} = \mathbf{grad}\, f$.

Liegt der im Satz beschriebene Tatbestand vor, so heißt f ein *Potential* des Feldes **K**. Ein konservatives Feld wird in der Folge auch als *Potentialfeld* oder als *Gradientenfeld* bezeichnet. — Wir beweisen die beiden Richtungen des „genau dann“ getrennt unter **(27.5′)** und **(27.5″)**; dabei wird auch noch eine gewisse Menge Zusatzinformation freiwerden.

(27.5′) *Ist* $\mathbf{K} = \mathbf{grad}\, f$ *für eine stetig differenzierbare Funktion* f, *so gilt für alle von* **p** *nach* **q** *laufenden Kurven* γ:

$$(4) \qquad \int_{\gamma} \mathbf{K} \bullet d\mathbf{x} = f(\mathbf{q}) - f(\mathbf{p})\,.$$

In anderen Worten: Bei einem Potentialfeld ist das Linienintegral längs irgendeiner Kurve gleich der Potentialdifferenz zwischen Anfangs- und Endpunkt der Kurve.

⌜ Es sei zunächst

$$\gamma_1: \quad t \mapsto \mathbf{x}(t) \quad (t_0 \leqslant t \leqslant t_1)$$

eine stetig differenzierbare Kurve von $\mathbf{p}_0$ nach $\mathbf{p}_1$. Für die Hilfsfunktion

$$\varphi(t) := f(\mathbf{x}(t))$$

gilt nach **(20.4′)**: $\varphi' = \mathbf{grad}\, f \bullet \mathbf{x}'$. Damit erhalten wir

$$\begin{aligned}\int_{\gamma_1} \mathbf{K} \bullet d\mathbf{x} &= \int_{\gamma_1} \mathbf{grad}\, f \bullet d\mathbf{x} = \int_{t_0}^{t_1} \mathbf{grad}\, f(\mathbf{x}(t)) \bullet \mathbf{x}'(t)\, dt \\ &= \int_{t_0}^{t_1} \varphi'(t)\, dt = \varphi(t_1) - \varphi(t_0) \\ &= f(\mathbf{p}_1) - f(\mathbf{p}_0),\end{aligned}$$

und durch Summation folgt für beliebige Kurven γ von $\mathbf{p} =: \mathbf{p}_0$ nach $\mathbf{q} =: \mathbf{p}_n$:

$$\begin{aligned}\int_\gamma \mathbf{K} \bullet d\mathbf{x} &= \sum_{k=1}^n (f(\mathbf{p}_k) - f(\mathbf{p}_{k-1})) = f(\mathbf{p}_n) - f(\mathbf{p}_0) \\ &= f(\mathbf{q}) - f(\mathbf{p}). \quad \lrcorner\end{aligned}$$

Für die Umkehrung benötigen wir noch den folgenden Begriff: Eine offene Menge $A \subset \mathbb{R}^m$ heißt *zusammenhängend*, wenn sich je zwei Punkte $\mathbf{p}, \mathbf{q} \in A$ durch einen in A gelegenen Streckenzug miteinander verbinden lassen. Eine zusammenhängende offene Menge bezeichnet man kurz als *Gebiet*. — Wir beweisen die Existenz eines Potentials f (bei konservativem $\mathbf{K}$) zunächst für zusammenhängendes A. In diesem Fall läßt sich f explizit als Integral mit variabler oberer Grenze darstellen:

(27.5″) *Es sei* $\mathbf{K}$ *ein stetiges konservatives Vektorfeld auf dem Gebiet* $A \subset \mathbb{R}^m$ *und* $\mathbf{p}_0$ *ein beliebiger, aber fester Punkt von* A*. Dann ist*

(5) $$f(\mathbf{p}) := \int_{\mathbf{p}_0}^{\mathbf{p}} \mathbf{K} \bullet d\mathbf{x} \qquad (\mathbf{p} \in A)$$

ein Potential von $\mathbf{K}$*; dabei bezeichnet* $\int_{\mathbf{p}_0}^{\mathbf{p}}$ *das Integral längs irgendeiner in* A *gelegenen Kurve von* $\mathbf{p}_0$ *nach* $\mathbf{p}$*. Zweitens gilt: Die sämtlichen Potentiale von* $\mathbf{K}$ *auf* A *sind die Funktionen* $f + \text{const}$.

$\ulcorner$ Die Funktion f ist durch (5) wohldefiniert: Es gibt immer eine Kurve (sogar einen Streckenzug) von $\mathbf{p}_0$ nach $\mathbf{p}$, und verschiedene solche Kurven liefern nach Voraussetzung über $\mathbf{K}$ dasselbe Integral. — Wir betrachten jetzt einen festen Punkt $\mathbf{p} \in A$. Es gibt ein $\delta > 0$ derart, daß für alle $\mathbf{X}$ mit $|\mathbf{X}| < \delta$ die Verbindungsstrecke

(6) $$\sigma_{\mathbf{X}}: \quad t \mapsto \mathbf{p} + t\mathbf{X} \qquad (0 \leqslant t \leqslant 1)$$

der Punkte $\mathbf{p}$ und $\mathbf{p} + \mathbf{X}$ ganz in A liegt (siehe die Fig. 273.2). Für solche $\mathbf{X}$ gilt nach Definition von f:

$$f(\mathbf{p} + \mathbf{X}) = \int_{\mathbf{p}_0}^{\mathbf{p}} \mathbf{K} \bullet d\mathbf{x} + \int_{\sigma_{\mathbf{X}}} \mathbf{K} \bullet d\mathbf{x};$$

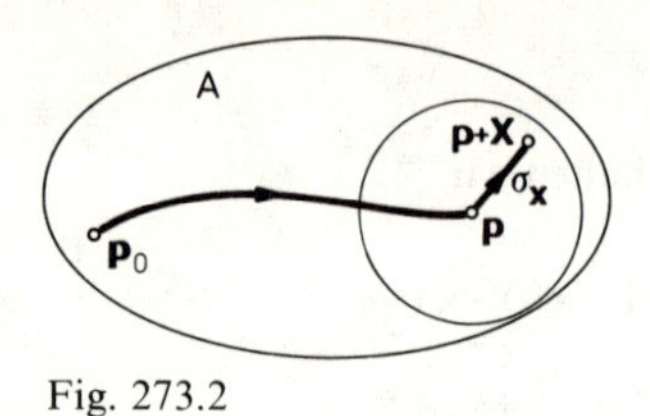

Fig. 273.2

wir haben daher

$$(7)\qquad f(\mathbf{p}+\mathbf{X})=f(\mathbf{p})+\int_{\sigma_{\mathbf{X}}}\mathbf{K}\bullet d\mathbf{x}\qquad (|\mathbf{X}|<\delta).$$

Der erste Teil von **(27.5″)** ergibt sich nun aus dem folgenden Lemma:

(27.6) *Gilt* (7), *so ist* f *im Punkt* $\mathbf{p}$ *differenzierbar, und es ist* $\mathbf{grad}\, f(\mathbf{p})=\mathbf{K}(\mathbf{p})$.

⌜ Nach dem Mittelwertsatz der Integralrechnung gibt es ein (von $\mathbf{X}$ abhängiges) $\tau\in[0,1]$ mit

$$\begin{aligned}\int_{\sigma_{\mathbf{X}}}\mathbf{K}\bullet d\mathbf{x}&=\int_0^1\mathbf{K}(\mathbf{p}+t\mathbf{X})\bullet\mathbf{X}\,dt=\mathbf{K}(\mathbf{p}+\tau\mathbf{X})\bullet\mathbf{X}\\&=\mathbf{K}(\mathbf{p})\bullet\mathbf{X}+R,\end{aligned}$$

wobei

$$(\mathbf{K}(\mathbf{p}+\tau\mathbf{X})-\mathbf{K}(\mathbf{p}))\bullet\mathbf{X}=:R$$

gesetzt wurde. Mit der Schwarzschen Ungleichung folgt

$$|R|\leqslant|\mathbf{K}(\mathbf{p}+\tau\mathbf{X})-\mathbf{K}(\mathbf{p})|\cdot|\mathbf{X}|,$$

und wegen der Stetigkeit von $\mathbf{K}$ strebt hier der erste Faktor mit $\mathbf{X}\to\mathbf{0}$ gegen 0. Es gilt daher

$$R=o(\mathbf{X})\qquad(\mathbf{X}\to\mathbf{0})$$

und somit

$$\int_{\sigma_{\mathbf{X}}}\mathbf{K}\bullet d\mathbf{x}=\mathbf{K}(\mathbf{p})\bullet\mathbf{X}+o(\mathbf{X}).$$

Tragen wir dies in (7) ein, so ergibt sich

$$f(\mathbf{p}+\mathbf{X})=f(\mathbf{p})+\mathbf{K}(\mathbf{p})\bullet\mathbf{X}+o(\mathbf{X})\qquad(\mathbf{X}\to\mathbf{0})$$

und damit nach Definition des Gradienten die Behauptung des Lemmas. ⌟

Für den zweiten Teil von **(27.5″)** betrachten wir neben f ein weiteres Potential g; dann gilt also

$$\mathbf{grad}\, f = \mathbf{grad}\, g = \mathbf{K}\,. \tag{8}$$

Zu je zwei Punkten $\mathbf{p}, \mathbf{q} \in A$ gibt es eine in A verlaufende Kurve γ von $\mathbf{p}$ nach $\mathbf{q}$, und für diese Kurve gilt (4) wegen (8) sowohl für f wie für g. Es ist daher

$$g(\mathbf{q}) - g(\mathbf{p}) = f(\mathbf{q}) - f(\mathbf{p})$$

und somit

$$g(\mathbf{q}) - f(\mathbf{q}) = g(\mathbf{p}) - f(\mathbf{p})\,.$$

Da $\mathbf{p}$ und $\mathbf{q}$ beliebig waren, folgt $g - f = \text{const.}$ — Umgekehrt ist natürlich jede Funktion $f + \text{const.}$ ein Potential. ⌟

Zum Schluß müssen wir uns noch von der Voraussetzung befreien, daß die Menge A zusammenhängend ist. Auf einer beliebigen offenen Menge $A \subset \mathbb{R}^m$ wird durch die Festsetzung

$\mathbf{p} \sim \mathbf{q}$:⇔ „$\mathbf{p}$ ist mit $\mathbf{q}$ durch einen in A verlaufenden Streckenzug verbindbar"

eine Äquivalenzrelation erklärt. Die Äquivalenzklassen heißen *Zusammenhangskomponenten* von A. Die Zusammenhangskomponenten sind paarweise disjunkte Gebiete (ist $\mathbf{p}$ mit $\mathbf{q}$ verbindbar, so ist jeder Punkt einer ganzen Umgebung von $\mathbf{p}$ via $\mathbf{p}$ mit $\mathbf{q}$ verbindbar), und zwar gibt es höchstens abzählbar viele davon, da jede offene Menge Punkte mit rationalen Koordinaten enthält. — Zu jeder Zusammenhangskomponente A_k von A gibt es jetzt nach **(27.5″)** ein $f_k\colon A_k \to \mathbb{R}$ mit

$$\mathbf{grad}\, f_k = \mathbf{K}\,\big|_{A_k}\,.$$

Durch „Zusammenlegen" der f_k erhält man eine Funktion $f\colon A \to \mathbb{R}$ mit $\mathbf{grad}\, f = \mathbf{K}$. Damit ist Satz **(27.5)** vollständig bewiesen.

① Wir betrachten das Zentralfeld

$$\mathbf{K}(\mathbf{x}) := \kappa(r)\,\frac{\mathbf{x}}{r} \qquad (\mathbf{x} \neq \mathbf{0})\,,$$

unter $\kappa(r)$ eine stetige reelle Funktion verstanden. Ein derartiges Feld ist konservativ. — ⌜ Zum Beweis wählen wir eine Stammfunktion $V(r)$ von $\kappa(r)$ und machen folgenden Ansatz für das Potential f:

$$f(\mathbf{x}) := V(|\mathbf{x}|) \qquad (\mathbf{x} \neq \mathbf{0}).$$

Bei der Berechnung von **grad** f benötigen wir die bequemen Formeln

$$(9) \qquad \frac{\partial r}{\partial x_i} = \frac{\partial}{\partial x_i} \sqrt{x_1^2 + \cdots + x_m^2} = \frac{2x_i}{2\sqrt{x_1^2 + \cdots + x_m^2}} = \frac{x_i}{r},$$

bzw. im Fall $m=3$:

$$(9') \qquad r_x = x/r, \qquad r_y = y/r, \qquad r_z = z/r.$$

Es ergibt sich

$$\frac{\partial f}{\partial x_i} = V'(r) \frac{\partial r}{\partial x_i} = \kappa(r) \frac{x_i}{r} \qquad (1 \leqslant i \leqslant m)$$

und damit in der Tat

$$\mathbf{grad}\, f \equiv \mathbf{K}. \quad \lrcorner \quad \bigcirc$$

274. Infinitesimale Zirkulation

Ist γ eine geschlossene Kurve, so heißt das Integral

$$\int_\gamma \mathbf{K} \bullet d\mathbf{x}$$

auch *Zirkulation des Feldes* **K** *längs* γ. Dieser Bezeichnung liegt die Vorstellung eines Strömungsfeldes zugrunde (siehe die Fig. 274.1); die Zirkulation ist am größten, wenn $\mathbf{K}(\mathbf{x})$ längs γ durchwegs die Richtung von $\mathbf{x}'(t)$ hat, so daß das Feld recht eigentlich um das „Innere" von γ herumströmt.

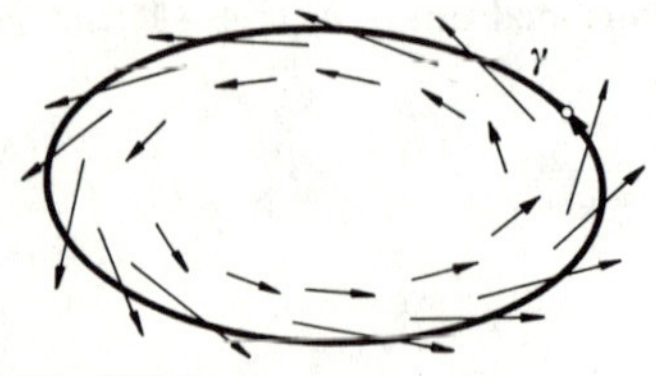

Fig. 274.1

Wir betrachten jetzt ein im Punkt **p** differenzierbares Feld **K** und berechnen die Zirkulation dieses Feldes längs des Randes

$$\partial P := \gamma_1 + \gamma_2 + \gamma_3 + \gamma_4$$

eines „kleinen“, von den Vektoren **X** und **Y** aufgespannten Parallelogramms P mit Zentrum **p** (siehe die Fig. 274.2). Bezeichnen wir die Seitenmittelpunkte von P mit $\mathbf{p}_k$ $(1 \leqslant k \leqslant 4)$, so können wir die vier Kantenwege γ_k in der Form

(1) $$\gamma_k: \quad \mathbf{x}_k(t) := \mathbf{p} + \mathbf{Z}_k(t) \qquad (1 \leqslant k \leqslant 4)$$

mit

(2) $$\mathbf{Z}_k(t) := \mathbf{p}_k - \mathbf{p} + (t/2)(\mathbf{p}_{k+1} - \mathbf{p}_{k-1}) \qquad (-1 \leqslant t \leqslant 1)$$

darstellen; dabei ist der Index k „modulo 4“ zu nehmen, und es gilt

(3) $$\mathbf{p}_2 - \mathbf{p}_4 = \mathbf{X}, \qquad \mathbf{p}_3 - \mathbf{p}_1 = \mathbf{Y}.$$

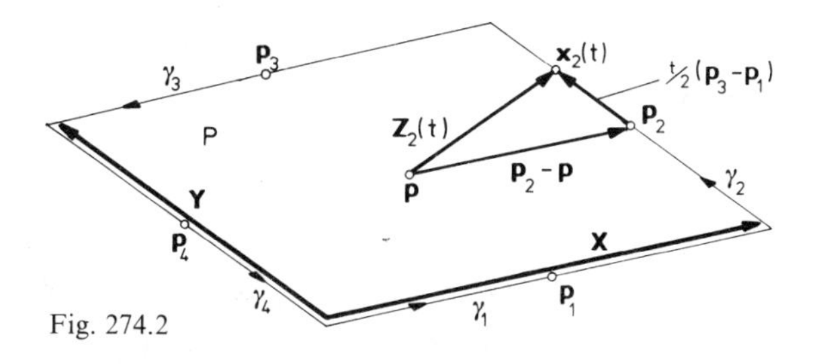

Fig. 274.2

Das Feld $\mathbf{K}(\mathbf{x})$ besitzt nach Voraussetzung die Darstellung

(4) $$\mathbf{K}(\mathbf{p} + \mathbf{Z}) = \mathbf{K} + L\mathbf{Z} + o(\mathbf{Z}) \qquad (\mathbf{Z} \to \mathbf{0}),$$

wobei wir zur Abkürzung

$$\mathbf{K}(\mathbf{p}) =: \mathbf{K}, \qquad \mathbf{K}_*(\mathbf{p}) =: L$$

gesetzt haben. Auf den γ_k ist nach Konstruktion durchwegs

$$|\mathbf{Z}_k(t)| = |\mathbf{x}_k(t) - \mathbf{p}| \leqslant \tfrac{1}{2}|\mathbf{X}| + \tfrac{1}{2}|\mathbf{Y}| \leqslant \max\{|\mathbf{X}|, |\mathbf{Y}|\}.$$

Setzen wir daher

(5) $$\max\{|\mathbf{X}|, |\mathbf{Y}|\} =: \varrho,$$

so liefern (4), (2) und (5) zusammen

$$\mathbf{K}(\mathbf{x}_k(t)) = \mathbf{K} + L(\mathbf{p}_k - \mathbf{p}) + (t/2)\, L(\mathbf{p}_{k+1} - \mathbf{p}_{k-1}) + o(\varrho).$$

Wir erhalten nunmehr

$$\begin{aligned}\int_{\partial P}\mathbf{K}\bullet d\mathbf{x} &= \sum_{k=1}^{4}\int_{-1}^{1}\mathbf{K}(\mathbf{x}_k(t))\bullet\mathbf{x}'_k(t)\,dt\\ &= \sum_{k=1}^{4}\int_{-1}^{1}\big(\mathbf{K}-L\mathbf{p}+L\mathbf{p}_k+(t/2)L(\mathbf{p}_{k+1}-\mathbf{p}_{k-1})+o(\rho)\big)\\ &\qquad\bullet\tfrac{1}{2}(\mathbf{p}_{k+1}-\mathbf{p}_{k-1})\,dt\,.\end{aligned}$$

Hier heben sich die von $\mathbf{K}-L\mathbf{p}$ herrührenden Beiträge weg bei der Summation über k, weiter ist jedesmal $\int_{-1}^{1} t\,dt=0$, und für den o-Term benutzen wir die aus (3) folgende Abschätzung $|\mathbf{p}_{k+1}-\mathbf{p}_{k-1}|\leqslant\rho$. Damit ergibt sich

$$\begin{aligned}\int_{\partial P}\mathbf{K}\bullet d\mathbf{x} &= \sum_{k=1}^{4}L\mathbf{p}_k\bullet(\mathbf{p}_{k+1}-\mathbf{p}_{k-1})+o(\rho^2)\\ &= L(\mathbf{p}_1-\mathbf{p}_3)\bullet(\mathbf{p}_2-\mathbf{p}_4)+L(\mathbf{p}_2-\mathbf{p}_4)\bullet(\mathbf{p}_3-\mathbf{p}_1)+o(\rho^2)\,,\end{aligned}$$

wegen (3) also

$$(6)\qquad \int_{\partial P}\mathbf{K}\bullet d\mathbf{x}=L\mathbf{X}\bullet\mathbf{Y}-L\mathbf{Y}\bullet\mathbf{X}+o(\rho^2)\qquad(\rho\to 0)\,.$$

Hiernach ist die Zirkulation von $\mathbf{K}$ um ein „kleines" Parallelogramm P herum „in erster Näherung" eine schiefe bilineare Funktion der das Parallelogramm aufspannenden Vektoren $\mathbf{X}$ und $\mathbf{Y}$. Diese bilineare Funktion wird im folgenden noch eine wichtige Rolle spielen. Wir nennen sie die *infinitesimale Zirkulation* oder die *Rotation* von $\mathbf{K}$ im Punkt $\mathbf{p}$ und bezeichnen sie mit $\operatorname{Rot}\mathbf{K}(\mathbf{p})$:

$$(7)\qquad \operatorname{Rot}\mathbf{K}(\mathbf{p})\colon\ \begin{cases} T_{\mathbf{p}}\times T_{\mathbf{p}}\to\mathbb{R}\\ (\mathbf{X},\mathbf{Y})\mapsto\mathbf{K}_*(\mathbf{p})\mathbf{X}\bullet\mathbf{Y}-\mathbf{K}_*(\mathbf{p})\mathbf{Y}\bullet\mathbf{X}\,.\end{cases}$$

Mit dieser neuen Bezeichnung lautet die Gleichung (6):

$$\textbf{(27.7)}\qquad \int_{\partial P}\mathbf{K}\bullet d\mathbf{x}=\operatorname{Rot}\mathbf{K}(\mathbf{p})(\mathbf{X},\mathbf{Y})+o(\rho^2)\qquad(\rho\to 0)\,.$$

Bei einem konservativen Feld ist die Zirkulation längs allen geschlossenen Kurven gleich 0. Für die Rotation eines derartigen Feldes ergibt sich in der Folge:

(27.8) *Die Rotation eines differenzierbaren konservativen Feldes verschwindet, d.h. für ein derartiges Feld ist*

$$\operatorname{Rot}\mathbf{K}(\mathbf{p})(\mathbf{X},\mathbf{Y})=0\qquad\forall\mathbf{p},\ \forall\mathbf{X},\ \forall\mathbf{Y}\,.$$

Felder mit identisch verschwindender Rotation heißen *wirbelfrei* oder *geschlossen*. Satz **(27.8)** läßt sich daher kurz folgendermaßen aussprechen:

(27.8′) *Exakte Vektorfelder sind geschlossen.*

⌜ Zum Beweis von **(27.8)** betrachten wir einen festen Punkt $\mathbf{p}$ sowie zwei feste Vektoren $\mathbf{X}, \mathbf{Y} \in T_{\mathbf{p}}$, $\max\{|\mathbf{X}|, |\mathbf{Y}|\} =: \rho_0$, und setzen zur Abkürzung $\operatorname{Rot}\mathbf{K}(\mathbf{p}) =: R$.

Für beliebiges $\lambda > 0$ sei P_λ das von den Vektoren $\lambda\mathbf{X}$ und $\lambda\mathbf{Y}$ aufgespannte Parallelogramm mit Zentrum $\mathbf{p}$. Dann gilt nach Voraussetzung über $\mathbf{K}$:

$$\int_{\partial P_\lambda} \mathbf{K} \bullet d\mathbf{x} = 0 \qquad \forall \lambda > 0$$

und somit aufgrund von **(27.7)**:

$$\begin{aligned} R(\mathbf{X}, \mathbf{Y}) &= (1/\lambda^2) R(\lambda\mathbf{X}, \lambda\mathbf{Y}) = (1/\lambda^2)\left[\int_{\partial P_\lambda} \mathbf{K} \bullet d\mathbf{x} + o(\lambda^2 \rho_0^2)\right] \\ &= o(\rho_0^2) \qquad (\lambda \to 0). \end{aligned}$$

Da $R(\mathbf{X}, \mathbf{Y})$ und ρ_0 von λ nicht abhängen, ist notwendigerweise $R(\mathbf{X}, \mathbf{Y}) = 0$. ⌟

Von der Umkehrung dieses Satzes handelt der Abschnitt 296.

275. Rotation (zweidimensionaler Fall)

Wir wollen nun zum ersten Mal die Fälle $m=2$ und $m=3$ gesondert betrachten. In diesen Fällen gelingt es nämlich, die infinitesimale Zirkulation $\operatorname{Rot}\mathbf{K}(\mathbf{p})$ in besonders einfacher und „konkreter" Weise darzustellen. Hierzu benötigen wir allerdings weitere Hilfsmittel der linearen Algebra.

Es sei zunächst $m=2$. In diesem Fall ist jede schiefe bilineare Funktion, also insbesondere die infinitesimale Zirkulation $\operatorname{Rot}\mathbf{K}(\mathbf{p}) =: R$, nach einem bekannten Satz über die Determinante ein konstantes Vielfaches der Determinantenfunktion $\varepsilon(\cdot,\cdot)$. Der konstante Faktor, der sich bei R einstellt, heißt *Wirbeldichte* oder ebenfalls *Rotation* von $\mathbf{K}$ im Punkt $\mathbf{p}$ und wird mit $\operatorname{rot}\mathbf{K}(\mathbf{p})$ bezeichnet. Es gilt also identisch in $\mathbf{X}$ und $\mathbf{Y}$:

$$(1) \qquad R(\mathbf{X}, \mathbf{Y}) = \operatorname{rot}\mathbf{K}(\mathbf{p})\,\varepsilon(\mathbf{X}, \mathbf{Y}),$$

und wir erhalten damit anstelle von **(27.7)** die Formel

$$\textbf{(27.9)} \qquad \int_{\partial P} \mathbf{K} \bullet d\mathbf{x} = \operatorname{rot}\mathbf{K}(\mathbf{p})\,\varepsilon(\mathbf{X}, \mathbf{Y}) + o(\rho^2) \qquad (\rho \to 0).$$

Nun ist $|\varepsilon(\mathbf{X}, \mathbf{Y})|$ nach **(23.23)** gleich der Fläche des von $\mathbf{X}$ und $\mathbf{Y}$ aufgespannten Parallelogramms P. **(27.9)** läßt sich daher folgendermaßen interpretieren: Für „kleine" Parallelogrammwege ∂P ist die Zirkulation $\int_{\partial P} \mathbf{K} \bullet d\mathbf{x}$ in erster Näherung proportional zur umfahrenen Fläche; der Proportionalitätsfaktor ist im wesentlichen (d.h. bis aufs Vorzeichen) die Wirbeldichte $\operatorname{rot}\mathbf{K}$.

Für das praktische Rechnen müssen wir die Rotation durch die partiellen Ableitungen der Komponenten von

$$(2)\qquad \begin{cases} \mathbf{K}(\mathbf{x}) = (K_1(x_1, x_2), K_2(x_1, x_2)) \\ \text{bzw.} \\ \mathbf{K}(x, y) = (P(x, y), Q(x, y)) \end{cases}$$

ausdrücken. Wir beweisen:

(27.10) *Ist* (2) *die Darstellung von* **K** *bezüglich beliebiger zulässiger Koordinaten* (x_1, x_2) *bzw.* (x, y) *in der Ebene, so gilt*

$$(3)\qquad \begin{cases} \operatorname{rot}\mathbf{K}(\mathbf{x}) = \dfrac{\partial K_2}{\partial x_1} - \dfrac{\partial K_1}{\partial x_2} \\ \textit{bzw.} \\ \operatorname{rot}\mathbf{K}(x, y) = \dfrac{\partial Q}{\partial x} - \dfrac{\partial P}{\partial y}. \end{cases}$$

⌜ Für jede zulässige Basis $\{\mathbf{e}_1, \mathbf{e}_2\}$ ist $\varepsilon(\mathbf{e}_1, \mathbf{e}_2) = 1$. Aufgrund von (1) und der Definition (274.7) von $\operatorname{Rot}\mathbf{K}(\mathbf{p}) =: R$ ergibt sich damit nacheinander

$$\begin{aligned} \operatorname{rot}\mathbf{K}(\mathbf{p}) &= \operatorname{rot}\mathbf{K}(\mathbf{p})\,\varepsilon(\mathbf{e}_1, \mathbf{e}_2) \\ &= R(\mathbf{e}_1, \mathbf{e}_2) = \mathbf{K}_*(\mathbf{p})\mathbf{e}_1 \bullet \mathbf{e}_2 - \mathbf{K}_*(\mathbf{p})\mathbf{e}_2 \bullet \mathbf{e}_1 \\ &= K_{2.1} - K_{1.2}; \end{aligned}$$

dabei haben wir am Schluß **(27.1)** (e) benutzt. ⌟

① Wir betrachten eine mit der Winkelgeschwindigkeit ω um den Ursprung rotierende zweidimensionale „Flüssigkeit". Die Absolutgeschwindigkeit eines Flüssigkeitsteilchens im Abstand r vom Ursprung beträgt ωr, das Geschwindigkeitsfeld **K** dieser Strömung ist daher gegeben durch

$$\mathbf{K}(x, y) = \omega r\,(-y/r, x/r) = \omega(-y, x)$$

(vgl. Beispiel 271.③). Hieraus folgt mit (3):

$$\operatorname{rot}\mathbf{K}(x, y) \equiv 2\omega\,.$$

Die Rotation dieses Feldes ist also in der ganzen Ebene konstant (und ist nicht etwa im Ursprung konzentriert!). ○

Die zweidimensionale Fassung von Satz **(27.8)** lautet nunmehr:

(27.11) *Ist* **K** *ein differenzierbares konservatives Vektorfeld auf einer offenen Menge* $A \subset \mathbb{R}^2$, *so ist*

$$\operatorname{rot} \mathbf{K}(\mathbf{x}) = \frac{\partial K_2}{\partial x_1} - \frac{\partial K_1}{\partial x_2} \equiv 0 .$$

Die Charakterisierung **(27.5)** der konservativen Felder läßt **(27.11)** noch in einem etwas anderen Licht erscheinen: Jedes konservative Feld ist Gradientenfeld einer reellwertigen Funktion, und umgekehrt. **(27.11)** ist daher äquivalent mit dem folgenden: Für jede zweimal differenzierbare Funktion $f: A \to \mathbb{R}$ gilt

(4) $$\operatorname{rot} \mathbf{grad} f(\mathbf{x}) \equiv 0 .$$

Drücken wir (4) durch die partiellen Ableitungen von f aus, so ergibt sich

$$\frac{\partial}{\partial x_1}\left(\frac{\partial f}{\partial x_2}\right) - \frac{\partial}{\partial x_2}\left(\frac{\partial f}{\partial x_1}\right) \equiv 0 ,$$

in Übereinstimmung mit Satz **(20.9)**, den wir damit, allerdings unter etwas anderen Voraussetzungen, noch einmal bewiesen haben.

276. Rotation (dreidimensionaler Fall)

Im Fall $m=3$, also bei Vektorfeldern im dreidimensionalen euklidischen Raum, gibt **(27.7)** zu ganz ähnlichen Konstruktionen Anlaß, und wir werden die zu **(27.9)**—**(27.11)** analogen Formeln und Sätze erhalten. Zunächst benötigen wir einen der Formel (275.1) entsprechenden Satz für den $\mathbb{R}^3$. Die „universelle Eigenschaft" der Funktion $\varepsilon(\cdot,\cdot)$ kommt hier dem Vektorprodukt zu:

(27.12) *Zu jeder schiefen bilinearen Funktion*

$$R: \quad \mathbb{R}^3 \times \mathbb{R}^3 \to \mathbb{R}$$

gibt es einen wohlbestimmten Vektor $\mathbf{r} \in \mathbb{R}^3$, *so daß für alle* $\mathbf{x}, \mathbf{y} \in \mathbb{R}^3$ *gilt:*

(1) $$R(\mathbf{x}, \mathbf{y}) = \mathbf{r} \bullet (\mathbf{x} \times \mathbf{y}) .$$

⌈ Wir betrachten für einen zunächst festen Vektor $\mathbf{a} \in \mathbb{R}^3$ die Hilfsfunktion

(2) $$\varphi(\mathbf{x}, \mathbf{y}, \mathbf{z}) := (\mathbf{a} \bullet \mathbf{x}) R(\mathbf{y}, \mathbf{z}) + (\mathbf{a} \bullet \mathbf{y}) R(\mathbf{z}, \mathbf{x}) + (\mathbf{a} \bullet \mathbf{z}) R(\mathbf{x}, \mathbf{y}) .$$

Wie man leicht verifiziert, ist φ eine schiefe trilineare Funktion der Variablen $\mathbf{x}, \mathbf{y}, \mathbf{z}$. Nach einem schon im letzten Abschnitt benutzten Satz über die Determinante gibt es daher eine wohlbestimmte Zahl $\gamma_{\mathbf{a}}$ mit

(3) $$\varphi(\mathbf{x}, \mathbf{y}, \mathbf{z}) = \gamma_{\mathbf{a}}\, \varepsilon(\mathbf{x}, \mathbf{y}, \mathbf{z}) \qquad \forall \mathbf{x}, \forall \mathbf{y}, \forall \mathbf{z}.$$

Aus der Definition (2) von φ geht weiter hervor, daß $\gamma_{\mathbf{a}}$ linear von $\mathbf{a}$ abhängt. Satz **(19.9)** liefert somit einen Vektor $\mathbf{r} \in \mathbb{R}^3$ mit

$$\gamma_{\mathbf{a}} = \mathbf{r} \bullet \mathbf{a} \qquad \forall \mathbf{a}.$$

Tragen wir dies und (2) in (3) ein, so erhalten wir die Identität

(4) $$(\mathbf{a} \bullet \mathbf{x}) R(\mathbf{y}, \mathbf{z}) + (\mathbf{a} \bullet \mathbf{y}) R(\mathbf{z}, \mathbf{x}) + (\mathbf{a} \bullet \mathbf{z}) R(\mathbf{x}, \mathbf{y}) = (\mathbf{r} \bullet \mathbf{a}) \quad \varepsilon(\mathbf{x}, \mathbf{y}, \mathbf{z}) \qquad \forall \mathbf{a}, \forall \mathbf{x}, \forall \mathbf{y}, \forall \mathbf{z}.$$

Wir setzen nun

$$\mathbf{a} := \mathbf{x} \times \mathbf{y}, \qquad \mathbf{z} := \mathbf{x} \times \mathbf{y};$$

dann werden in (4) die beiden ersten Summanden linker Hand zu 0, und es bleibt

$$|\mathbf{x} \times \mathbf{y}|^2 R(\mathbf{x}, \mathbf{y}) = (\mathbf{r} \bullet (\mathbf{x} \times \mathbf{y}))\, \varepsilon(\mathbf{x}, \mathbf{y}, \mathbf{x} \times \mathbf{y}) \qquad \forall \mathbf{x}, \forall \mathbf{y}.$$

Nach Division mit $|\mathbf{x} \times \mathbf{y}|^2 = \varepsilon(\mathbf{x}, \mathbf{y}, \mathbf{x} \times \mathbf{y})$ ergibt sich in der Tat

$$\mathrm{R}(\mathbf{x}, \mathbf{y}) = \mathbf{r} \bullet (\mathbf{x} \times \mathbf{y}) \qquad (\mathbf{x} \times \mathbf{y} \neq \mathbf{0}).$$

Sind jedoch $\mathbf{x}$ und $\mathbf{y}$ linear abhängig, so sind beide Seiten von (1) trivialerweise gleich 0. — Daß die Identität (1) den Vektor $\mathbf{r}$ eindeutig bestimmt, ist klar. ⌟

Wir kehren nun wieder zu der Formel **(27.7)** zurück, die die Zirkulation des Feldes $\mathbf{K}$ längs eines kleinen Parallelogrammweges ∂P angibt. Der wohlbestimmte, von $\mathbf{p}$ abhängige Vektor $\mathbf{r} \in \mathbb{R}^3$, der die Funktion $\operatorname{Rot} \mathbf{K}(\mathbf{p})$ in der Form (1) darzustellen gestattet, heißt ebenfalls *Rotation* von $\mathbf{K}$ im Punkt $\mathbf{p}$ und wird mit $\mathbf{rot}\, \mathbf{K}(\mathbf{p})$ bezeichnet. Es gilt also identisch in $\mathbf{X}$ und $\mathbf{Y}$:

(5) $$\operatorname{Rot} \mathbf{K}(\mathbf{p})(\mathbf{X}, \mathbf{Y}) \equiv \mathbf{rot}\, \mathbf{K}(\mathbf{p}) \bullet (\mathbf{X} \times \mathbf{Y}),$$

und wir erhalten anstelle von **(27.7)**:

(27.13) $$\int_{\partial P} \mathbf{K} \bullet d\mathbf{x} = \mathbf{rot}\, \mathbf{K}(\mathbf{p}) \bullet (\mathbf{X} \times \mathbf{Y}) + o(\rho^2) \qquad (\rho \to 0).$$

Sind **X** und **Y** linear unabhängig, so gilt

$$\mathbf{X} \times \mathbf{Y} = |\mathbf{X} \times \mathbf{Y}|\,\mathbf{n}\,;$$

dabei stellt **n** einen Normaleneinheitsvektor der von **X** und **Y** aufgespannten Ebene und $|\mathbf{X} \times \mathbf{Y}|$ den Flächeninhalt des angeführten Parallelogramms P dar. Tragen wir dies in **(27.13)** ein, so ergibt sich

$$\int_{\partial P} \mathbf{K} \bullet d\mathbf{x} = (\mathbf{rot}\,\mathbf{K}(\mathbf{p}) \bullet \mathbf{n})\,|\mathbf{X} \times \mathbf{Y}| + o(\rho^2) \qquad (\rho \to 0)\,.$$

Diese Formel läßt sich folgendermaßen interpretieren (siehe die Fig. 276.1): Für einen kleinen Parallelogrammweg ∂P ist die Zirkulation $\int_{\partial P} \mathbf{K} \bullet d\mathbf{x}$ in erster Näherung proportional zur umfahrenen Fläche, und der Proportionalitätsfaktor ist gleich der „Komponente von $\mathbf{rot}\,\mathbf{K}(\mathbf{p})$ in der Richtung der Flächennormalen".

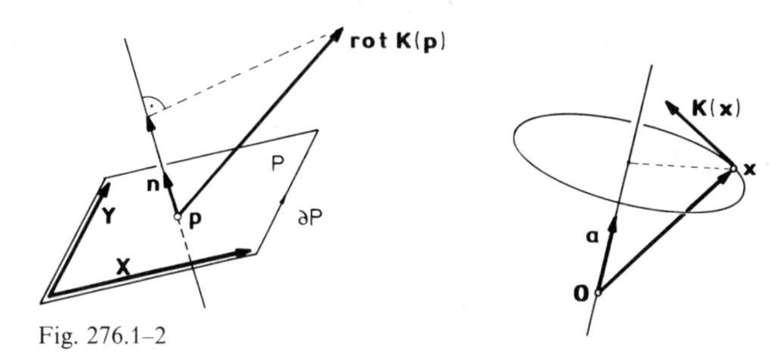

Fig. 276.1–2

① (Fig. 276.2) Es sei **a** ein fester Einheitsvektor und $\omega > 0$. Wir betrachten das Feld

$$\mathbf{K}(\mathbf{x}) := \omega(\mathbf{a} \times \mathbf{x})$$

(**K** ist das Geschwindigkeitsfeld einer mit Winkelgeschwindigkeit ω um die Achse **a** rotierenden Flüssigkeit). **K** ist hier eine lineare Funktion von **x**, mit **(20.1)** (c) ergibt sich daher

$$\mathbf{K}_*(\mathbf{p})\mathbf{X} = \omega(\mathbf{a} \times \mathbf{X})\,,$$

und zwar unabhängig von **p**. Nach (5) und (274.7) gilt folglich identisch in **X** und **Y**:

$$\begin{aligned} \mathbf{rot}\,\mathbf{K}(\mathbf{p}) \bullet (\mathbf{X} \times \mathbf{Y}) &= \mathbf{K}_*(\mathbf{p})\mathbf{X} \bullet \mathbf{Y} - \mathbf{K}_*(\mathbf{p})\mathbf{Y} \bullet \mathbf{X} \\ &= \omega(\mathbf{a} \times \mathbf{X}) \bullet \mathbf{Y} - \omega(\mathbf{a} \times \mathbf{Y}) \bullet \mathbf{X} \\ &= \omega\,\varepsilon(\mathbf{a}, \mathbf{X}, \mathbf{Y}) - \omega\,\varepsilon(\mathbf{a}, \mathbf{Y}, \mathbf{X}) \\ &= 2\omega\,\varepsilon(\mathbf{a}, \mathbf{X}, \mathbf{Y}) = 2\omega\,\mathbf{a} \bullet (\mathbf{X} \times \mathbf{Y})\,. \end{aligned}$$

Hiernach ist offenbar

$$\mathbf{rot}\,\mathbf{K}(\mathbf{p}) = 2\omega\,\mathbf{a} \qquad \forall \mathbf{p}$$

(vgl. Beispiel 275.①). ○

Wir wollen nun wiederum die Rotation durch die partiellen Ableitungen der Komponenten von

$$(6) \qquad \begin{cases} \mathbf{K}(\mathbf{x}) = (K_1(x_1, x_2, x_3), K_2(x_1, x_2, x_3), K_3(x_1, x_2, x_3)) \\ \text{bzw.} \\ \mathbf{K}(x, y, z) = (P(x, y, z), Q(x, y, z), R(x, y, z)) \end{cases}$$

ausdrücken:

(27.14) *Ist* (6) *die Darstellung von* **K** *bezüglich beliebiger zulässiger Koordinaten* (x_1, x_2, x_3) *bzw.* (x, y, z) *im* $\mathbb{R}^3$, *so gilt*

$$(7) \qquad \begin{cases} \mathbf{rot}\,\mathbf{K}(\mathbf{x}) = \left(\dfrac{\partial K_3}{\partial x_2} - \dfrac{\partial K_2}{\partial x_3}, \dfrac{\partial K_1}{\partial x_3} - \dfrac{\partial K_3}{\partial x_1}, \dfrac{\partial K_2}{\partial x_1} - \dfrac{\partial K_1}{\partial x_2}\right) \\ \textit{bzw.} \\ \mathbf{rot}\,\mathbf{K}(x, y, z) = \left(\dfrac{\partial R}{\partial y} - \dfrac{\partial Q}{\partial z}, \dfrac{\partial P}{\partial z} - \dfrac{\partial R}{\partial x}, \dfrac{\partial Q}{\partial x} - \dfrac{\partial P}{\partial y}\right). \end{cases}$$

⌜ Es seien $\mathbf{e}_i$ $(1 \leqslant i \leqslant 3)$ die zu den betrachteten Koordinaten gehörigen Basisvektoren. Wir nehmen den Index „modulo 3", dann gilt nach (261.4):

$$\mathbf{e}_{i+1} \times \mathbf{e}_{i+2} = \mathbf{e}_i \qquad (1 \leqslant i \leqslant 3).$$

Wir erhalten daher aufgrund von (5) und der Definition (274.7) von $\mathrm{Rot}\,\mathbf{K}(\mathbf{p}) =: R$:

$$\begin{aligned} \mathbf{rot}\,\mathbf{K}(\mathbf{p}) \bullet \mathbf{e}_i = \mathbf{rot}\,\mathbf{K}(\mathbf{p}) \bullet (\mathbf{e}_{i+1} \times \mathbf{e}_{i+2}) &= R(\mathbf{e}_{i+1}, \mathbf{e}_{i+2}) \\ &= \mathbf{K}_*(\mathbf{p})\mathbf{e}_{i+1} \bullet \mathbf{e}_{i+2} - \mathbf{K}_*(\mathbf{p})\mathbf{e}_{i+2} \bullet \mathbf{e}_{i+1} \\ &= K_{i+2.i+1} - K_{i+1.i+2}; \end{aligned}$$

dabei haben wir am Schluß wieder **(27.1)**(e) benutzt. ⌟

② Wir betrachten wiederum das Zentralfeld

$$\mathbf{K}(\mathbf{x}) := \kappa(r)\,\frac{\mathbf{x}}{r} \qquad (\mathbf{x} \neq \mathbf{0})$$

(vgl. Beispiel 273.①); diesmal sei die „Feldstärke" $\kappa(r)$ allerdings eine differenzierbare Funktion. Setzen wir

$$\frac{\kappa(r)}{r} =: \lambda(r) \qquad (r \neq 0),$$

so sind die Komponenten von **K** gegeben durch

$$K_i(\mathbf{x}) = \lambda(r) x_i \qquad (1 \leqslant i \leqslant 3).$$

Hieraus ergibt sich mit (273.9):

$$K_{i+2.i+1} - K_{i+1.i+2} = \frac{\partial}{\partial x_{i+1}} (\lambda(r) x_{i+2}) - \frac{\partial}{\partial x_{i+2}} (\lambda(r) x_{i+1})$$

$$= \lambda'(r) \frac{x_{i+1}}{r} x_{i+2} - \lambda'(r) \frac{x_{i+2}}{r} x_{i+1} = 0$$

und folglich wegen (7): $\mathbf{rot}\,\mathbf{K} \equiv \mathbf{0}$. Dies war aufgrund von Beispiel 273.① und Satz **(27.8)** zu erwarten. ○

Die dreidimensionale Fassung von **(27.8)** lautet allgemein:

(27.15) *Ist* **K** *ein differenzierbares konservatives Vektorfeld auf einer offenen Menge* $A \subset \mathbb{R}^3$, *so ist* $\mathbf{rot}\,\mathbf{K}(\mathbf{x}) \equiv \mathbf{0}$.

Wir weisen darauf hin, daß auch Satz **(27.15)** nichts anderes als die Vertauschbarkeit der Differentiationsreihenfolge ausdrückt: Ein konservatives Vektorfeld ist Gradientenfeld einer reellwertigen Funktion, und umgekehrt. **(27.15)** ist also äquivalent mit dem folgenden: Für jede zweimal differenzierbare Funktion $f: A \to \mathbb{R}$ gilt:

(27.15′) $\mathbf{rot}\,\mathbf{grad}\, f(\mathbf{x}) \equiv \mathbf{0}$.

Schreiben wir diese Identität in Komponenten aus, so ergibt sich nach (7):

$$\frac{\partial}{\partial x_{i+1}} \frac{\partial f}{\partial x_{i+2}} - \frac{\partial}{\partial x_{i+2}} \frac{\partial f}{\partial x_{i+1}} \equiv 0 \qquad (1 \leqslant i \leqslant 3),$$

wie angekündigt.

Kapitel 28. Die Greensche Formel für ebene Bereiche

Die Formeln **(27.9)** und **(27.13)** verknüpfen die Zirkulation eines Feldes **K** um ein „infinitesimales" Parallelogramm mit dem Wert von rot**K** bzw. **rotK** im Innern dieses Parallelogramms. Diesen Zusammenhang wollen wir nun auch in „integraler" Form darstellen, und zwar für möglichst allgemeine zweidimensionale Bereiche. Um derartige Bereiche, die ja ziemlich verwickelt aussehen können (siehe die Fig. 281.1), beweistechnisch in den Griff zu bekommen, bedienen wir uns eines von Dieudonné ersonnenen Tricks. Er bewirkt, daß wir für die Integration jeweils nur ein „überblickbares" Stück des ganzen Bereiches bzw. seines Randes ins Auge fassen müssen und uns um deren globale Gestalt gar nicht zu kümmern brauchen. — Es folgen also einige Hilfssätze.

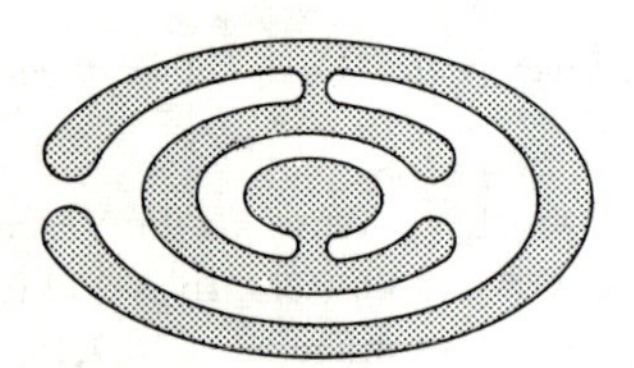

Fig. 281.1

281. Der Heine-Borelsche Überdeckungssatz

Wir beginnen mit dem sogenannten *Heine-Borelschen Überdeckungssatz.* Die darin beschriebene Eigenschaft der kompakten Mengen im $\mathbb{R}^m$ läßt sich in allgemeinerem Zusammenhang direkt zur Definition der Kompaktheit benutzen.

(28.1) *Ist auf irgendeine Weise für jeden Punkt* $\mathbf{x}$ *einer kompakten Menge* $B \subset \mathbb{R}^m$ *eine Umgebung* $V(\mathbf{x})$ *festgelegt, so gibt es endlich viele Punkte* $\mathbf{x}_1, \ldots, \mathbf{x}_N \in B$ *derart, daß die zugehörigen Umgebungen* $V(\mathbf{x}_k)$ *zusammen die Menge B überdecken:*

$$B \subset \bigcup_{k=1}^{N} V(\mathbf{x}_k).$$

⌜ Nach Voraussetzung gibt es zu jedem $\mathbf{x}\in B$ ein $\varepsilon>0$, also auch ein $\varepsilon\in]0,1[$ mit $U_\varepsilon(\mathbf{x})\subset V(\mathbf{x})$. Hiernach ist die Funktion

$$\rho(\mathbf{x}):=\sup\{\varepsilon \,|\, 0<\varepsilon<1,\ U_\varepsilon(\mathbf{x})\subset V(\mathbf{y}) \text{ für ein } \mathbf{y}\in B\}$$

wohldefiniert und für alle $\mathbf{x}\in B$ positiv. Wir behaupten: Für beliebige $\mathbf{x},\mathbf{x}'\in B$ gilt

$$(1) \qquad |\rho(\mathbf{x}')-\rho(\mathbf{x})|\leqslant|\mathbf{x}'-\mathbf{x}|.$$

⌜ Andernfalls gibt es zwei Punkte $\mathbf{x},\mathbf{x}'\in B$ im Abstand $|\mathbf{x}'-\mathbf{x}|=:\delta$ sowie ein $\varepsilon>0$ mit

$$\rho(\mathbf{x}')=\rho(\mathbf{x})+\delta+2\varepsilon \qquad (\leqslant 1).$$

Nach Definition von $\rho(\mathbf{x}')$ läßt sich weiter ein $\mathbf{y}\in B$ finden mit

$$U_{\rho(\mathbf{x})+\delta+\varepsilon}(\mathbf{x}')\subset V(\mathbf{y}),$$

und wegen der Dreiecksungleichung ist dann auch

$$U_{\rho(\mathbf{x})+\varepsilon}(\mathbf{x})\subset V(\mathbf{y}).$$

Dies widerspricht aber wegen $\rho(\mathbf{x})+\varepsilon<1$ der Definition von $\rho(\mathbf{x})$. ⌟

Nach (1) ist ρ insbesondere stetig und nimmt daher nach Satz **(8.23)** auf der kompakten Menge B ein Minimum an:

$$\rho(\mathbf{x})\geqslant\rho(\mathbf{x}^*)=:\alpha>0 \qquad \forall\mathbf{x}\in B.$$

Wir betrachten jetzt eine Einteilung des $\mathbb{R}^m$ in abgeschlossene Würfel W der Kantenlänge $\alpha/2\sqrt{m}$. Da B beschränkt ist, schneiden nur endlich viele Würfel W_k $(1\leqslant k\leqslant N)$ die Menge B. In jedem W_k gibt es einen Punkt $\mathbf{x}'_k\in B$, und da W_k den Durchmesser $\alpha/2$ hat, ist jedenfalls (siehe die Fig. 281.2)

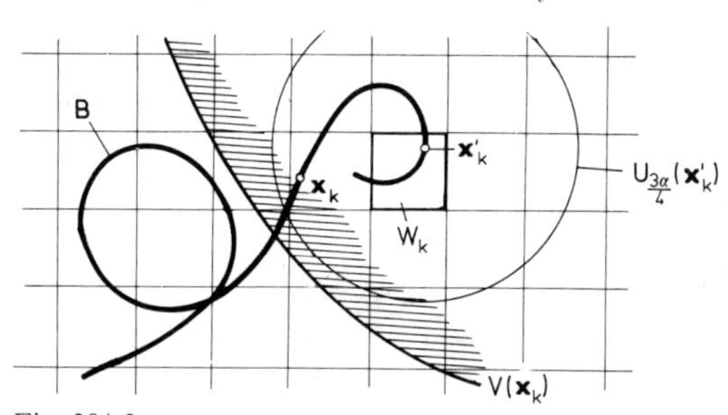

Fig. 281.2

(2) $\qquad W_k \subset U_{3\alpha/4}(\mathbf{x}'_k) \qquad (1 \leqslant k \leqslant N)$.

Anderseits ist $\rho(\mathbf{x}'_k) \geqslant \alpha$; nach Definition von ρ gibt es daher zu jedem $\mathbf{x}'_k$ ein $\mathbf{x}_k \in B$ mit

(3) $\qquad U_{3\alpha/4}(\mathbf{x}'_k) \subset V(\mathbf{x}_k)$.

Fassen wir (2) und (3) zusammen, so erhalten wir schließlich

$$B \subset \bigcup_{k=1}^{N} W_k \subset \bigcup_{k=1}^{N} V(\mathbf{x}_k). \quad \lrcorner$$

282. Zerlegung der Einheit

(28.2) *Es sei auf irgendeine Weise für jeden Punkt* $\mathbf{x}$ *einer kompakten Menge* $B \subset \mathbb{R}^m$ *eine Umgebung* $V(\mathbf{x})$ *festgelegt. Dann gibt es ein endliches Teilsystem* $\{V_k\}_{1 \leqslant k \leqslant N}$ *dieser Umgebungen und zu jedem* V_k *eine* C^∞*-Funktion* $\psi_k : \mathbb{R}^m \to [0,1]$, *die außerhalb* V_k *identisch verschwindet, derart, daß in einer gewissen Umgebung* Ω *von* B *gilt:*

$$\sum_{k=1}^{N} \psi_k(\mathbf{x}) \equiv 1 .$$

Dabei bezeichnet natürlich C^∞ die Klasse der beliebig oft differenzierbaren Funktionen, und eine Menge Ω heißt eine *Umgebung der Menge B*, wenn Ω eine Umgebung jedes Punktes $\mathbf{x} \in B$ ist. — $\ulcorner$ Mit Hilfe der in Beispiel 116.① betrachteten C^∞-Funktion

$$\chi(t) := \begin{cases} e^{-1/t} & (t > 0) \\ 0 & (t \leqslant 0) \end{cases}$$

definieren wir zunächst für festes $\varepsilon > 0$ die C^∞-Funktion

$$\tilde{\chi}(t) := \frac{\chi(4-t)}{\chi(4-t) + \chi(t-1)}$$

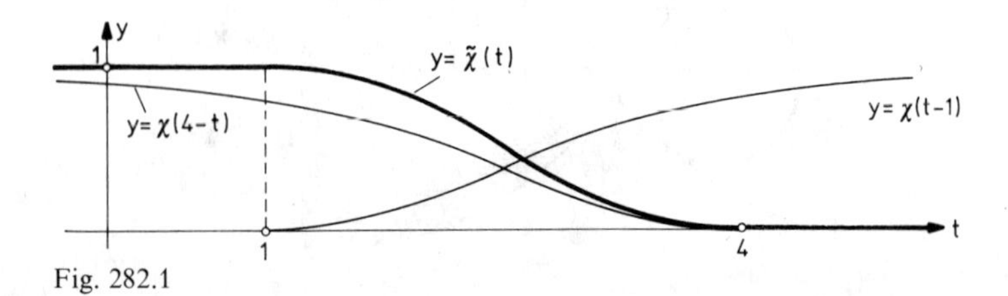

Fig. 282.1

(siehe die Fig. 282.1) und weiter die „Buckelfunktion“

$$\varphi_\varepsilon(\mathbf{x}) := \tilde{\chi}(|\mathbf{x}|^2/\varepsilon^2).$$

Als Zusammensetzung der C^∞-Funktionen $\mathbf{x} \mapsto (x_1^2 + \cdots + x_m^2)/\varepsilon^2$ und $\tilde{\chi}$ ist $\varphi_\varepsilon : \mathbb{R}^m \to \mathbb{R}$ nach Satz **(11.2)** (bzw. seinem Analogon für partielle Ableitungen) beliebig oft differenzierbar. Im übrigen besitzt φ_ε die folgenden Eigenschaften:

(1) $\quad 0 \leqslant \varphi_\varepsilon(\mathbf{x}) \leqslant 1 \quad \forall \mathbf{x} \in \mathbb{R}^m,$

(2) $\quad \varphi_\varepsilon(\mathbf{x}) \equiv 1 \quad (|\mathbf{x}| \leqslant \varepsilon),$

(3) $\quad \varphi_\varepsilon(\mathbf{x}) \equiv 0 \quad (|\mathbf{x}| \geqslant 2\varepsilon).$

Nach Voraussetzung gibt es zu jedem Punkt $\mathbf{x} \in B$ ein $\varepsilon > 0$ mit

(4) $\quad U_{2\varepsilon}(\mathbf{x}) \subset V(\mathbf{x}).$

Auf das Umgebungssystem $\{U_\varepsilon(\mathbf{x})\}_{\mathbf{x} \in B}$ (ε hängt von $\mathbf{x}$ ab) wenden wir nun den Borelschen Überdeckungssatz **(28.1)** an: Es gibt endlich viele Punkte $\mathbf{x}_k \in B$ $(1 \leqslant k \leqslant N)$, so daß die zugehörigen Umgebungen $U_{\varepsilon_k}(\mathbf{x}_k)$ zusammen die Menge B überdecken. Insbesondere ist dann die Menge

$$\Omega := \bigcup_{k=1}^N U_{\varepsilon_k}(\mathbf{x}_k)$$

eine offene Obermenge von B, also eine Umgebung von B. Wir setzen dann („provisorisch“)

$$\varphi_k(\mathbf{x}) := \varphi_{\varepsilon_k}(\mathbf{x} - \mathbf{x}_k) \quad (1 \leqslant k \leqslant N).$$

Wegen (3) verschwindet φ_k identisch außerhalb $U_{2\varepsilon_k}(\mathbf{x}_k)$, wegen (4) also erst recht außerhalb $V(\mathbf{x}_k) =: V_k$. Setzen wir ferner

$$\varphi^*(\mathbf{x}) := \prod_{k=1}^N (1 - \varphi_k),$$

so ist $\varphi^* \in C^\infty$, und wegen (1) gilt $\varphi^*(\mathbf{x}) \geqslant 0 \ \forall \mathbf{x} \in \mathbb{R}^m$. Vor allem aber ist

(5) $\quad \varphi^*(\mathbf{x}) = 0 \quad \forall \mathbf{x} \in \Omega,$

denn jeder Punkt $\mathbf{x} \in \Omega$ liegt in einem $U_{\varepsilon_k}(\mathbf{x}_k)$, und dort ist das zugehörige φ_k wegen (2) gleich 1.

Wir definieren nunmehr:

$$\psi_k := \frac{\varphi_k}{\varphi^* + \sum_{j=1}^N \varphi_j} \qquad (1 \leqslant k \leqslant N).$$

In den Punkten, wo alle φ_j verschwinden, hat φ^* den Wert 1; damit ist $\psi_k\colon \mathbb{R}^m \to \mathbb{R}$ beliebig oft differenzierbar. Ferner ist ψ_k durchwegs $\geqslant 0$ und wie φ_k außerhalb des zugehörigen V_k identisch 0. Wegen (5) gilt schließlich für alle $\mathbf{x} \in \Omega$:

$$\sum_{k=1}^N \psi_k(\mathbf{x}) = \frac{1}{\sum_{j=1}^N \varphi_j(\mathbf{x})} \sum_{k=1}^N \varphi_k(\mathbf{x}) = 1 . \quad \lrcorner$$

Das in diesem Satz konstruierte Funktionensystem $\{\psi_k\}_{1 \leqslant k \leqslant N}$ heißt eine *zur Überdeckung* $\{V(\mathbf{x})\}_{\mathbf{x} \in B}$ *gehörige Zerlegung der Einheit*. Wir benutzen dieses Instrument gleich zum Beweis des folgenden (intuitiv einleuchtenden) Hilfssatzes, den wir später benötigen:

(28.3) *Es sei Ω eine offene Umgebung der kompakten Menge $B \subset \mathbb{R}^m$ und $\mathbf{f}\colon \Omega \to \mathbb{R}^n$ eine r-mal stetig differenzierbare Funktion. Dann gibt es eine r-mal stetig differenzierbare finite Funktion $\tilde{\mathbf{f}}\colon \mathbb{R}^m \to \mathbb{R}^n$, die auf einer Umgebung Ω' von B mit $\mathbf{f}$ übereinstimmt.*

⌜ Jeder Punkt $\mathbf{x} \in B$ besitzt eine Umgebung $U_{2\delta}(\mathbf{x}) \subset \Omega$ (δ hängt von $\mathbf{x}$ ab). Es seien $\{\psi_k\}_{1 \leqslant k \leqslant N}$ eine zur Überdeckung $\{U_\delta(\mathbf{x})\}_{\mathbf{x} \in B}$ gehörige Zerlegung der Einheit und $U_{\delta_k}(\mathbf{x}_k)$ die dabei ausgewählten Umgebungen. Setzen wir nun

$$\psi(\mathbf{x}) := \sum_{k=1}^N \psi_k(\mathbf{x}),$$

so ist

$$\tilde{\mathbf{f}}(\mathbf{x}) := \begin{cases} \psi(\mathbf{x})\mathbf{f}(\mathbf{x}) & (\mathbf{x} \in \Omega) \\ \mathbf{0} & (\mathbf{x} \notin \Omega) \end{cases}$$

eine finite Funktion, die auf einer Umgebung Ω' von B mit $\mathbf{f}$ übereinstimmt. Auf der offenen Menge Ω ist $\tilde{\mathbf{f}}$ als Produkt von r-mal differenzierbaren Funktionen wiederum r-mal stetig differenzierbar. Betrachten wir schließlich einen Punkt $\mathbf{x} \notin \Omega$, so besitzt $\mathbf{x}$ von jedem Punkt $\mathbf{x}_k$ wenigstens den Abstand $2\delta_k$, während das betreffende ψ_k bereits außerhalb $U_{\delta_k}(\mathbf{x}_k)$ identisch verschwindet. Setzen wir daher

$$\min\{\delta_k \mid 1 \leqslant k \leqslant N\} =: \varepsilon,$$

so ist jedes einzelne ψ_k auf $U_\varepsilon(\mathbf{x})$ identisch 0, und dasselbe gilt dann für ψ. Hieraus folgt, daß auch $\tilde{\mathbf{f}}$ auf $U_\varepsilon(\mathbf{x})$ identisch verschwindet; insbesondere ist $\tilde{\mathbf{f}}$ dort r-mal stetig differenzierbar. ⌟

283. Die Greensche Formel für glatt berandete Bereiche

Nach diesen Vorbereitungen definieren wir: Eine kompakte Menge $B \subset \mathbb{R}^2$ heißt ein *glatt berandeter Bereich*, wenn es eine Kette $\sum_{j=1}^{n} \gamma_j =: \partial B$ gibt, so daß folgendes gilt (siehe die Fig. 283.1):

(I) Die Spuren der γ_j bilden zusammen die Randmenge von B.

(II) Zu jedem Randpunkt $\mathbf{p}$ von B gibt es zulässige Koordinaten (x, y) mit Ursprung in $\mathbf{p}$, ein Rechteck

(1) $$I := \{(x, y) \mid -a \leqslant x \leqslant a, \ -b \leqslant y \leqslant b\}$$

und eine stetig differenzierbare Funktion

$$\varphi: \quad [-a, a] \to [-b, b]$$

derart, daß (a) der in I liegende Teil von ∂B gegeben ist durch

$$\gamma_I: \quad x \mapsto (x, \varphi(x)) \qquad (-a \leqslant x \leqslant a)$$

und (b) der in I liegende Teil von B durch

$$B \cap I = \{(x, y) \mid -a \leqslant x \leqslant a, \ \varphi(x) \leqslant y \leqslant b\} .$$

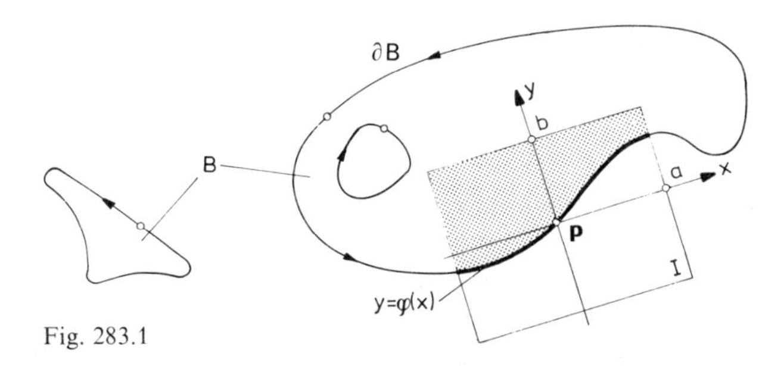

Fig. 283.1

Ist $\mathbf{p} \in \operatorname{rd} B$ Endpunkt von γ_j, so muß $\mathbf{p}$ gleichzeitig Anfangspunkt genau eines $\gamma_{j'}$ sein, wenn anders (II) (a) gelten soll. Hieraus schließt man, daß ∂B ein Zyklus ist. Dieser *Randzyklus* ∂B geht, anschaulich gesprochen, einmal in positivem Sinn um B herum (siehe Satz **(28.8)**); das Innere von B liegt zur Linken von ∂B.

Der nachstehende Hilfssatz bezieht sich auf die in der obigen Definition auftretenden „Fenster" I, wobei wir uns weiterhin an die Fig. 283.1 halten:

(28.4) *Es seien* $I := [-a, a] \times [-b, b]$ *ein Rechteck der* (x, y)*-Ebene und* $\mathbf{K} = (P, Q)$ *ein stetig differenzierbares Vektorfeld auf* I, *das auf* $\operatorname{rd} I$ *identisch verschwindet.*

Weiter seien

$$\varphi\colon \quad [-a, a] \to [-b, b]$$

eine stetig differenzierbare Funktion,

$$\gamma\colon \quad x \mapsto (x, \varphi(x)) \qquad (-a \leqslant x \leqslant a)$$

der Graph von φ *und*

$$A := \{(x, y) \mid -a \leqslant x \leqslant a,\ \varphi(x) \leqslant y \leqslant b\}$$

der oberhalb γ *liegende Teil von I. Dann gilt*

$$(2) \qquad \int_A \operatorname{rot} \mathbf{K}\, d\mu = \int_\gamma \mathbf{K} \bullet d\mathbf{x}\,.$$

⌜ Nach **(27.10)** und dem Reduktionssatz **(24.16)** ist

$$(3) \qquad \int_A \operatorname{rot} \mathbf{K}\, d\mu = \int_{-a}^{a} \Big(\int_{\varphi(x)}^{b} Q_x\, dy\Big) dx - \int_{-a}^{a} \Big(\int_{\varphi(x)}^{b} P_y\, dy\Big) dx\,.$$

Wir behandeln die beiden Summanden getrennt und haben zunächst

$$-\int_{\varphi(x)}^{b} P_y(x, y)\, dy = -P(x, b) + P(x, \varphi(x)) = P(x, \varphi(x))\,,$$

denn nach Voraussetzung über **K** ist $P(x, b) \equiv 0$. Damit wird

$$(4) \qquad -\int_{-a}^{a} \Big(\int_{\varphi(x)}^{b} P_y\, dy\Big) dx = \int_{-a}^{a} P(x, \varphi(x))\, dx\,.$$

Anderseits gilt nach der Leibnizschen Regel **(20.6)**:

$$\int_{\varphi(x)}^{b} Q_x(x, y)\, dy = (d/dx)\Big(\int_{\varphi(x)}^{b} Q(x, y)\, dy\Big) + Q(x, \varphi(x))\, \varphi'(x)\,.$$

Integrieren wir dies nach x von $-a$ bis a, so ergibt sich

$$\int_{-a}^{a} \Big(\int_{\varphi(x)}^{b} Q_x\, dy\Big) dx = \int_{\varphi(a)}^{b} Q(a, y)\, dy - \int_{\varphi(-a)}^{b} Q(-a, y)\, dy + \int_{-a}^{a} Q(x, \varphi(x))\, \varphi'(x)\, dx\,.$$

Hier verschwinden die beiden ersten Summanden rechts nach Voraussetzung über **K**; zusammen mit (4) erhalten wir daher als rechtsseitige Fortsetzung der Gleichung (3):

$$\cdots = \int_{-a}^{a} \big(P(x, \varphi(x)) \cdot 1 + Q(x, \varphi(x))\, \varphi'(x)\big)\, dx = \int_\gamma \mathbf{K} \bullet d\mathbf{x}\,. \qquad ⌟$$

Setzen wir in **(28.4)** speziell $\varphi(x) :\equiv -b$, so verschwindet die rechte Seite von (2), und wir erhalten:

(28.5) *Genügt* **K** *den Voraussetzungen von* **(28.4)**, *so gilt*

$$\int_I \operatorname{rot} \mathbf{K}\, d\mu = 0 .$$

Wir beweisen nun die sogenannte *Greensche Formel*, zunächst für glatt berandete Bereiche:

(28.6) *Es sei $B \subset \mathbb{R}^2$ ein glatt berandeter Bereich mit Randzyklus ∂B und* **K** *ein stetig differenzierbares Vektorfeld auf B. Dann gilt*

$$\int_{\partial B} \mathbf{K} \bullet d\mathbf{x} = \int_B \operatorname{rot} \mathbf{K}\, d\mu .$$

⌜ Jeder innere Punkt von B ist Mittelpunkt eines Rechtecks, das noch ganz im Innern von B liegt, jeder Randpunkt von B ist Mittelpunkt eines Rechtecks (1), das noch ganz im Definitionsbereich von **K** liegt. Wir denken uns für jeden Punkt $\mathbf{x} \in B$ ein Rechteck $I(\mathbf{x})$ des einen oder des andern Typs festgelegt und wählen eine zur Überdeckung $\{\mathring{I}(\mathbf{x})\}_{\mathbf{x} \in B}$ gehörige Zerlegung der Einheit $\{\psi_j\}_{1 \leqslant j \leqslant N}$; dabei seien etwa $I_1, \ldots, I_n$ Randrechtecke und $I_{n+1}, \ldots, I_N$ innere Rechtecke von B.

Setzen wir

$$\mathbf{K}_j := \psi_j \mathbf{K} \qquad (1 \leqslant j \leqslant N),$$

so ist $\mathbf{K}_j$ außerhalb $\mathring{I}_j$ identisch null und genügt damit auf I_j den Voraussetzungen von Lemma **(28.4)**; ferner gilt in einer Umgebung Ω von B:

$$\sum_{j=1}^{N} \mathbf{K}_j = \mathbf{K} .$$

Aufgrund dieser Tatsachen ergibt sich nun mit Hilfe von **(28.4)** und **(28.5)** die folgende Kette von Gleichungen:

$$\begin{aligned} \int_{\partial B} \mathbf{K} \bullet d\mathbf{x} &= \sum_{j=1}^{N} \int_{\partial B} \mathbf{K}_j \bullet d\mathbf{x} = \sum_{j=1}^{n} \int_{\partial B} \mathbf{K}_j \bullet d\mathbf{x} = \sum_{j=1}^{n} \int_{\gamma_{I_j}} \mathbf{K}_j \bullet d\mathbf{x} \\ &= \sum_{j=1}^{n} \int_{I_j \cap B} \operatorname{rot} \mathbf{K}_j\, d\mu = \sum_{j=1}^{N} \int_{I_j \cap B} \operatorname{rot} \mathbf{K}_j\, d\mu \\ &= \sum_{j=1}^{N} \int_B \operatorname{rot} \mathbf{K}_j\, d\mu = \int_B \operatorname{rot} \mathbf{K}\, d\mu . \quad \lrcorner \end{aligned}$$

284. Zulässige Bereiche

Mit **(28.6)** ist die Greensche Formel z.B. für eine Ellipse mit zwei kreisförmigen Löchern oder den Bereich der Fig. 281.1 bewiesen, nicht aber für einen so einfachen Bereich wie ein Rechteck. Für die Gültigkeit der Greenschen Formel ist es nun in Wirklichkeit nicht notwendig, daß B glatt berandet ist: Es genügt, wenn sich B durch glatt berandete Bereiche approximieren läßt.

Eine kompakte Menge $B \subset \mathbb{R}^2$ heißt ein *zulässiger Bereich* und die Kette $\sum_{j=1}^{n} \gamma_j =: \partial B$ heißt *Randzyklus* von B, wenn folgendes gilt (siehe die Fig. 284.1):

(I) Die Spuren der γ_j bilden zusammen die Randmenge von B.

(II) Zu jedem $\varepsilon > 0$ gibt es einen glatt berandeten Bereich $B^{(\varepsilon)}$ mit Randzyklus $\partial B^{(\varepsilon)}$ derart, daß das Maß der symmetrischen Differenz $B \triangle B^{(\varepsilon)}$ und die totale Länge der in die Differenz $\partial B - \partial B^{(\varepsilon)}$ eingehenden Kurven je $< \varepsilon$ sind.

Hiernach sind z.B. beliebige polygonale Bereiche zulässig und besitzen einen Randzyklus, da sich die Ecken eines derartigen Bereiches durch die approximierenden $B^{(\varepsilon)}$ „abrunden" lassen.

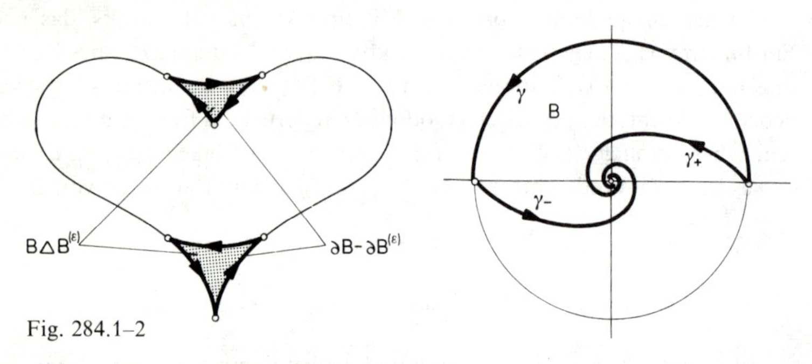

Fig. 284.1–2

① Der von den beiden Spiralen

$$\gamma_{\pm}: \quad \varphi \mapsto \pm e^{-\varphi}(\cos\varphi, \sin\varphi) \quad (0 \leqslant \varphi \leqslant \infty)$$

und dem Kreisbogen

$$\gamma: \quad \varphi \mapsto (\cos\varphi, \sin\varphi) \quad (0 \leqslant \varphi \leqslant \pi)$$

begrenzte Bereich B der Fig. 284.2 besitzt den Randzyklus

$$\partial B = \gamma + \gamma_- - \gamma_+ . \quad \bigcirc$$

Die endgültige Fassung des Greenschen Satzes für ebene Bereiche lautet nunmehr:

(28.7) *Es sei $B \subset \mathbb{R}^2$ ein zulässiger Bereich mit Randzyklus ∂B und $\mathbf{K}$ ein stetig differenzierbares Vektorfeld auf B. Dann gilt*

$$\int_{\partial B} \mathbf{K} \bullet d\mathbf{x} = \int_B \operatorname{rot} \mathbf{K} \, d\mu$$

bzw. mit den Bezeichnungen (275.2)*:*

$$\int_{\partial B}(P\,dx+Q\,dy)=\int_B(Q_x-P_y)\,d\mu \quad —$$

in Worten: Die Zirkulation von **K** *längs* ∂B *ist gleich dem über* B *erstreckten Integral der Wirbeldichte von* **K**.

⌜ Aufgrund des Hilfssatzes **(28.3)** können wir von vorneherein annehmen, daß **K** in der ganzen Ebene definiert ist und außerhalb eines geeigneten Kreises identisch verschwindet. Es gibt dann eine Konstante $M>0$ mit

$$|\mathbf{K}(\mathbf{x})|\leqslant M, \qquad |\mathrm{rot}\,\mathbf{K}(\mathbf{x})|\leqslant M \qquad \forall\mathbf{x}\in\mathbb{R}^2 .$$

Ist jetzt ein $\varepsilon>0$ vorgegeben und $B^{(\varepsilon)}$ ein glatt berandeter Bereich mit Randzyklus $\partial B^{(\varepsilon)}$, der B wie verlangt approximiert, so gelten nach **(27.2)** und **(24.13)** die beiden Abschätzungen

$$\left|\int_{\partial B}\mathbf{K}\bullet d\mathbf{x}-\int_{\partial B^{(\varepsilon)}}\mathbf{K}\bullet d\mathbf{x}\right|\leqslant M\cdot L(\partial B-\partial B^{(\varepsilon)})<M\,\varepsilon$$

und

$$\left|\int_B \mathrm{rot}\,\mathbf{K}\,d\mu-\int_{B^{(\varepsilon)}}\mathrm{rot}\,\mathbf{K}\,d\mu\right|\leqslant M\,\mu(B\,\triangle\,B^{(\varepsilon)})<M\,\varepsilon .$$

Da die fraglichen Integrale für $B^{(\varepsilon)}$ nach dem schon bewiesenen Satz **(28.6)** übereinstimmen, ist

$$\left|\int_{\partial B}\mathbf{K}\bullet d\mathbf{x}-\int_B \mathrm{rot}\,\mathbf{K}\,d\mu\right|<2M\,\varepsilon ;$$

und da $\varepsilon>0$ beliebig war, folgt die Behauptung. ⌟

② Es soll die Zirkulation des Feldes

$$\mathbf{K}(x,y):=(-x^2y+x^3,\,xy^2-y^3)$$

um das Dreieck

$$\Delta:=\{(x,y)\,|\,x,y\geqslant 0,\ x+y\leqslant 2\}$$

herum berechnet werden. Nach **(27.10)** ist

$$\mathrm{rot}\,\mathbf{K}=y^2+x^2 ,$$

mit **(28.7)** und unter Ausnutzung der Symmetrie folgt daher

$$\begin{aligned}\int_{\partial\Delta}\mathbf{K}\bullet d\mathbf{x}&=\int_\Delta(x^2+y^2)\,d\mu=2\int_\Delta x^2\,d\mu\\&=\int_0^2 dx\int_0^{2-x}dy\,\{x^2\}=\int_0^2(2x^2-x^3)\,dx=4/3 . \quad \bigcirc\end{aligned}$$

285. Anwendungen der Greenschen Formel

Als erste Anwendung der Greenschen Formel beweisen wir:

(28.8) *Der Randzyklus ∂B eines zulässigen Bereichs B hat um jeden inneren Punkt von B die Umlaufszahl* 1, *um jeden Punkt außerhalb B die Umlaufszahl* 0.

⌜ Die Umlaufszahl $N(\gamma,\mathbf{0})$ einer geschlossenen Kurve γ um den Urpsrung wurde in Abschnitt 162 definiert als totale Zunahme des Arguments längs γ, dividiert durch 2π. Für eine stetig differenzierbare Kurve

$$\gamma: \quad t \mapsto (x(t), y(t)) \qquad (a \leqslant t \leqslant b)$$

ergab sich (Satz **(16.5)**):

$$N(\gamma,\mathbf{0}) = \frac{1}{2\pi}\int_a^b \left[\frac{-y(t)}{x^2(t)+y^2(t)}\,x'(t) + \frac{x(t)}{x^2(t)+y^2(t)}\,y'(t)\right] dt. \tag{1}$$

Diese Formel legt nahe, das in der ganzen punktierten Ebene $\dot{\mathbb{R}}^2$ definierte Vektorfeld

$$\mathbf{A}(x,y) := \left(\frac{-y}{x^2+y^2}, \frac{x}{x^2+y^2}\right)$$

zu betrachten. Nach Definition des Linienintegrals können wir dann anstelle von (1) schreiben:

$$N(\gamma,\mathbf{0}) = \frac{1}{2\pi}\int_\gamma \mathbf{A}\bullet d\mathbf{x}, \tag{2}$$

und durch (2) ist jetzt die Umlaufszahl nicht nur für stetig differenzierbare Kurven, sondern für beliebige nicht durch $\mathbf{0}$ gehende Zyklen erklärt. — Anderseits ist $\mathbf{A}$ nach (214.4) nichts anderes als das Gradientenfeld der lokalen Argumentfunktionen $\varphi(x,y)$. Mit (275.4) folgt daher

$$\operatorname{rot}\mathbf{A}(x,y) \equiv 0 \qquad ((x,y) \neq \mathbf{0}), \tag{3}$$

was man natürlich auch durch direkte Rechnung verifizieren kann.

Es sei jetzt $\mathbf{p}$ ein Punkt im Äußeren von B; wir können ohne Einschränkung der Allgemeinheit annehmen: $\mathbf{p}=\mathbf{0}$. Dann ist das Feld $\mathbf{A}$ in einer ganzen Umgebung von B stetig differenzierbar, und wir erhalten mit (2), **(28.7)** und (3) nacheinander:

$$N(\partial B,\mathbf{p}) = \frac{1}{2\pi}\int_{\partial B} \mathbf{A}\bullet d\mathbf{x} = \frac{1}{2\pi}\int_B \operatorname{rot}\mathbf{A}\, d\mu = 0.$$

Es sei zweitens $\mathbf{p} := \mathbf{0}$ ein innerer Punkt von B. Wir wählen ein $\varepsilon > 0$, so daß die abgeschlossene Kreisscheibe B_ε vom Radius ε um $\mathbf{0}$ noch ganz in B liegt, ferner eine stetig differenzierbare Funktion $\chi(r)$, die auf $[0, \varepsilon/4]$ identisch verschwindet und auf $[\varepsilon/2, \infty[$ identisch gleich 1 ist (siehe die Fig. 285.1). Definieren wir jetzt auf B ein Vektorfeld $\tilde{\mathbf{A}}$ durch

$$\tilde{\mathbf{A}}(x,y) := \begin{cases} \chi(\sqrt{x^2+y^2})\,\mathbf{A}(x,y) & ((x,y) \neq \mathbf{0}) \\ 0 & ((x,y) = \mathbf{0}), \end{cases}$$

so ist $\tilde{\mathbf{A}}$ auf ganz B stetig differenzierbar und stimmt außerhalb $B_{\varepsilon/2}$, also insbesondere auf ∂B und auf ∂B_ε mit $\mathbf{A}$ überein. Mit (2), **(28.7)** und (3) ergibt sich daher nacheinander

$$\begin{aligned} N(\partial B, \mathbf{0}) &= \frac{1}{2\pi} \int_{\partial B} \mathbf{A} \bullet d\mathbf{x} = \frac{1}{2\pi} \int_{\partial B} \tilde{\mathbf{A}} \bullet d\mathbf{x} \\ &= \frac{1}{2\pi} \int_B \operatorname{rot} \tilde{\mathbf{A}}\, d\mu = \frac{1}{2\pi} \int_{B_\varepsilon} \operatorname{rot} \tilde{\mathbf{A}}\, d\mu \\ &= \frac{1}{2\pi} \int_{\partial B_\varepsilon} \tilde{\mathbf{A}} \bullet d\mathbf{x} = \frac{1}{2\pi} \int_{\partial B_\varepsilon} \mathbf{A} \bullet d\mathbf{x} \\ &= N(\partial B_\varepsilon, \mathbf{0}) = 1. \quad \lrcorner \end{aligned}$$

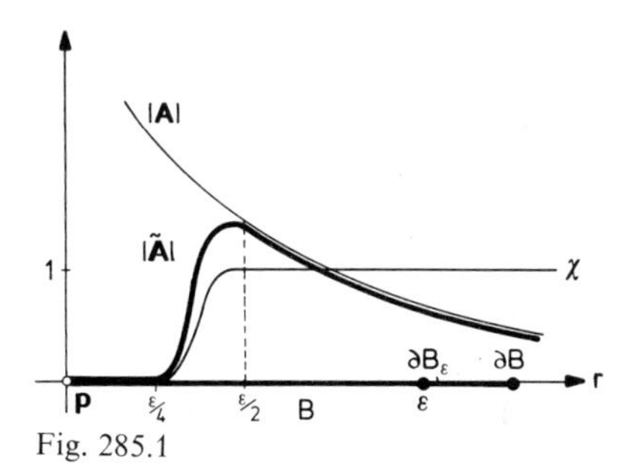

Fig. 285.1

Weiter beweisen wir die sogenannten *Flächenformeln*, die den Flächeninhalt eines zulässigen Bereichs B als Umlaufsintegral darstellen. Diese Formeln werden vor allem dann verwendet, wenn B durch eine Parameterdarstellung von ∂B festgelegt ist.

(28.9) *Ist B ein zulässiger Bereich mit Randzyklus ∂B in der (x,y)-Ebene, so gilt*

$$(4) \qquad \mu(B) = \begin{cases} \int_{\partial B} x\,dy, \\ -\int_{\partial B} y\,dx, \\ \frac{1}{2} \int_{\partial B} (x\,dy - y\,dx). \end{cases}$$

⌐ Für festes $\alpha \in \mathbb{R}$ betrachten wir das Feld

$$(P(x,y), Q(x,y)) := (-\alpha y, (1-\alpha)x).$$

Wegen

$$\operatorname{rot}(P,Q) = Q_x - P_y = 1 - \alpha + \alpha \equiv 1$$

folgt mit **(28.7)**:

$$\begin{aligned}\mu(B) &= \int_B \operatorname{rot}(P,Q)\,d\mu = \int_{\partial B}(P\,dx + Q\,dy)\\ &= -\alpha \int_{\partial B} y\,dx + (1-\alpha)\int_{\partial B} x\,dy.\end{aligned}$$

Setzt man rechter Hand nacheinander $\alpha := 0, 1, \frac{1}{2}$, so entstehen gerade die drei Formeln (4). ⌋

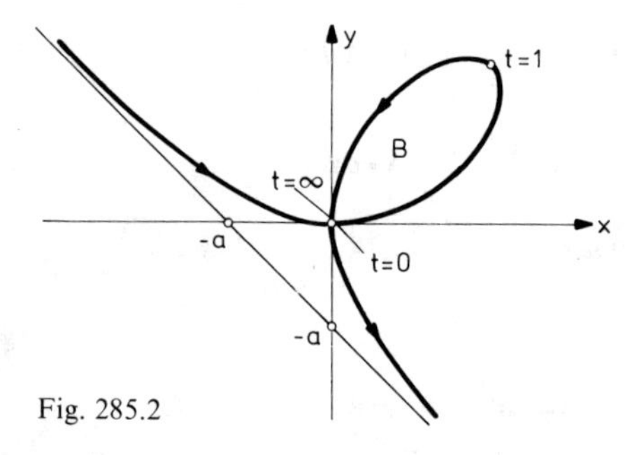

Fig. 285.2

① (Fig. 285.2) Die Kurve mit der Parameterdarstellung

$$\left.\begin{aligned} x(t) &:= \frac{3at}{t^3+1}\\ y(t) &:= \frac{3at^3}{t^3+1}\end{aligned}\right\} \quad (-\infty \leqslant t \leqslant \infty),$$

wobei natürlich $x(\pm\infty) = y(\pm\infty) := 0$ gesetzt wird, heißt *Descartessches Blatt*; ihre Punkte genügen der Gleichung $x^3 + y^3 = 3axy$. Um den Flächeninhalt der zum Parameterintervall $[0, \infty]$ gehörigen Schleife B zu bestimmen, berechnen wir zunächst

$$x(t)\,y'(t) - x'(t)\,y(t) = x^2(t)\left(\frac{y(t)}{x(t)}\right)' = \frac{9a^2t^2}{(t^3+1)^2} \cdot 1.$$

Mit Hilfe der Formel (4) erhalten wir dann

$$\mu(B) = \frac{1}{2}\int_0^\infty (x(t)\,y'(t) - x'(t)\,y(t))\,dt = \frac{3a^2}{2}\int_0^\infty \frac{3t^2\,dt}{(t^3+1)^2}$$

$$= \frac{3a^2}{2}\int_1^\infty \frac{du}{u^2} = \frac{3a^2}{2}\,.$$

(Wenn wir hier ein unendliches Parameterintervall verwendet haben, so diente das nur zur Vereinfachung der Rechnung. Die Parametertransformation $t := (1+\tau)/(1-\tau)$ macht die Schleife zum Bild des τ-Intervalles $[-1,1]$.) ○

Kapitel 29. Der Satz von Stokes

291. Begriff des Flusses

Wir beginnen mit einigen heuristischen Überlegungen:

Es sei **K** ein homogenes Feld im $\mathbb{R}^3$, das wir hier als Geschwindigkeitsfeld einer strömenden Flüssigkeit interpretieren. Weiter betrachten wir ein von den Vektoren **X**, **Y** aufgespanntes Parallelogramm P (siehe die Fig. 291.1). Die Flüssigkeit, die pro Zeiteinheit in der einen oder in der anderen Richtung durch das Parallelogramm strömt, füllt gerade das von den Vektoren **X**, **Y** und **K** aufgespannte Parallelepiped, besitzt also nach **(23.23)** das Volumen $|\varepsilon(\mathbf{K},\mathbf{X},\mathbf{Y})|$. Wir orientieren P durch den Normalenvektor

$$\mathbf{n} := \frac{\mathbf{X}\times\mathbf{Y}}{|\mathbf{X}\times\mathbf{Y}|}$$

und zählen die betrachtete Flüssigkeitsmenge positiv, falls **K** in denselben Halbraum (bezüglich der Ebene von P) zeigt wie **n**, negativ im andern Fall. Dieser Vorzeichenregelung entspricht folgende endgültige Formel für den Fluß Φ des Feldes **K** durch das orientierte Parallelogramm P:

$$\Phi := \varepsilon(\mathbf{K},\mathbf{X},\mathbf{Y}) = \mathbf{K}\cdot(\mathbf{X}\times\mathbf{Y}) = \mathbf{K}\cdot\mathbf{n}\ \ \omega(P)\,, \tag{1}$$

wobei $\omega(P)$ den Flächeninhalt von P bezeichnet (siehe das Beispiel 264.①).

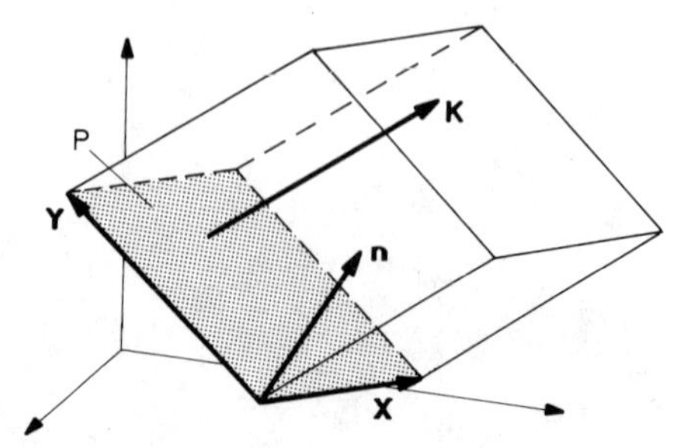

Fig. 291.1

Das Strömungsfeld $\mathbf{K}$ sei jetzt variabel, und anstelle des Parallelogramms P sei durch

$$(2) \qquad \mathbf{f}\colon \quad B \to \mathbb{R}^3, \qquad \mathbf{u} \mapsto \mathbf{f}(\mathbf{u})$$

eine beliebige kompakte Fläche S gegeben (siehe die Fig. 291.2), wobei wir uns S durch

$$(3) \qquad \mathbf{n} := \frac{\mathbf{f}_{.1} \times \mathbf{f}_{.2}}{|\mathbf{f}_{.1} \times \mathbf{f}_{.2}|}$$

orientiert denken ($\mathbf{n}$ ist natürlich nur in den regulären Punkten von S definiert). Einem kleinen, von den Vektoren $\rho\mathbf{e}_1$, $\rho\mathbf{e}_2$ aufgespannten Quadrat $Q \subset B$ mit Zentrum $\mathbf{p}$ entspricht auf S ein kleines, schwach gekrümmtes „Parallelogramm" mit Zentrum $\mathbf{f}(\mathbf{p})$, das von den beiden Vektoren

$$\mathbf{X} := \mathbf{f}_*(\rho\,\mathbf{e}_1) = \rho\,\mathbf{f}_{.1}(\mathbf{p}), \qquad \mathbf{Y} := \mathbf{f}_*(\rho\,\mathbf{e}_2) = \rho\,\mathbf{f}_{.2}(\mathbf{p})$$

aufgespannt wird. Aufgrund von (1) beträgt der Fluß von $\mathbf{K}$ durch dieses „Parallelogramm" ungefähr

$$\varepsilon(\mathbf{K}, \rho\mathbf{f}_{.1}, \rho\mathbf{f}_{.2}) = \mathbf{K}(\mathbf{f}(\mathbf{p})) \bullet (\mathbf{f}_{.1} \times \mathbf{f}_{.2})_{\mathbf{p}}\,\mu(Q),$$

der Fluß durch die ganze Fläche S folglich ungefähr

$$(4) \qquad \sum_j \mathbf{K}(\mathbf{f}(\mathbf{p}_j)) \bullet (\mathbf{f}_{.1} \times \mathbf{f}_{.2})_{\mathbf{p}_j}\,\mu(Q_j),$$

wobei $\bigcup_j Q_j$ ein den Parameterbereich B approximierendes Quadratgebäude darstellt.

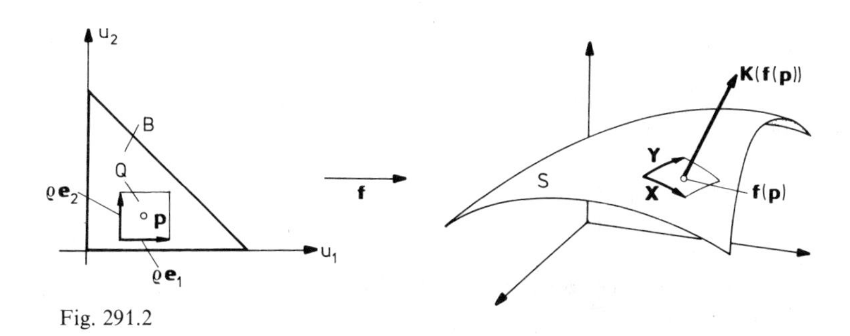

Fig. 291.2

Das Resultat (4) rechtfertigt folgende Definition: Es bezeichne $\mathbf{K}$ ein stetiges Vektorfeld auf einer offenen Menge $A \subset \mathbb{R}^3$ und S eine kompakte orientierte Fläche in A; S sei dargestellt durch (2) und orientiert durch (3). Der *Fluß des Feldes K durch die Fläche S* ist dann das Integral

$$\begin{aligned}(5) \qquad \Phi &:= \int_B \mathbf{K}(\mathbf{f}(\mathbf{u})) \bullet (\mathbf{f}_{.1} \times \mathbf{f}_{.2})_{\mathbf{u}} \, d\mu_{\mathbf{u}} \\ &= \int_B \varepsilon\big(\mathbf{K}(\mathbf{f}(\mathbf{u})), \mathbf{f}_{.1}(\mathbf{u}), \mathbf{f}_{.2}(\mathbf{u})\big) \, d\mu_{\mathbf{u}} .\end{aligned}$$

Mit den z. T. schon früher benutzten Abkürzungen

$$d\omega := |\mathbf{f}_{.1}(\mathbf{u}) \times \mathbf{f}_{.2}(\mathbf{u})| \, d\mu_{\mathbf{u}},$$
$$d\boldsymbol{\omega} := \mathbf{n} \, d\omega = (\mathbf{f}_{.1}(\mathbf{u}) \times \mathbf{f}_{.2}(\mathbf{u})) \, d\mu_{\mathbf{u}}$$

($d\boldsymbol{\omega}$ ist das sogenannte *vektorielle Oberflächenelement*) ergeben sich für Φ die folgenden suggestiven Schreibweisen:

$$\int_S \mathbf{K} \bullet \mathbf{n} \, d\omega, \qquad \int_S \mathbf{K} \bullet d\boldsymbol{\omega}.$$

Diese Ausdrücke vermitteln alle zur Festlegung eines bestimmten Flusses nötige Information, denn das Flußintegral (5) ist gegenüber zulässigen Parametertransformationen invariant. Eine Parametertransformation

$$\boldsymbol{\varphi}: \quad \tilde{B} \to B, \quad \tilde{\mathbf{u}} \mapsto \mathbf{u}$$

heißt in diesem Zusammenhang *zulässig* (vgl. Satz **(26.2)** (a)), wenn $\boldsymbol{\varphi}$ stetig differenzierbar und bis auf eine Nullmenge regulär und injektiv ist und wenn $\boldsymbol{\varphi}$ überdies nichtnegative Funktionaldeterminante besitzt. — ⌜ Für ein derartiges $\boldsymbol{\varphi}$ gilt nach Satz **(25.6)** und der Formel (262.5):

$$\begin{aligned}\int_B \mathbf{K}(\mathbf{f}(\mathbf{u})) \bullet (\mathbf{f}_{.1} \times \mathbf{f}_{.2})_{\mathbf{u}} \, d\mu_{\mathbf{u}} &= \int_{\tilde{B}} \mathbf{K}\big(\mathbf{f}(\boldsymbol{\varphi}(\tilde{\mathbf{u}}))\big) \bullet (\mathbf{f}_{.1} \times \mathbf{f}_{.2})_{\boldsymbol{\varphi}(\tilde{\mathbf{u}})} \det \boldsymbol{\varphi}_*(\tilde{\mathbf{u}}) \, d\mu_{\tilde{\mathbf{u}}} \\ &= \int_{\tilde{B}} \mathbf{K}(\tilde{\mathbf{f}}(\tilde{\mathbf{u}})) \bullet (\tilde{\mathbf{f}}_{.1} \times \tilde{\mathbf{f}}_{.2})_{\tilde{\mathbf{u}}} \, d\mu_{\tilde{\mathbf{u}}},\end{aligned}$$

wie behauptet. ⌟

Die Voraussetzung über das Vorzeichen von $J_{\boldsymbol{\varphi}}$ ist wesentlich. Ist nämlich $J_{\boldsymbol{\varphi}}(\tilde{\mathbf{u}}) < 0$, so bewirkt

$$\tilde{\mathbf{n}} := \frac{\tilde{\mathbf{f}}_{.1} \times \tilde{\mathbf{f}}_{.2}}{|\tilde{\mathbf{f}}_{.1} \times \tilde{\mathbf{f}}_{.2}|}$$

die zu $\mathbf{n}$ entgegengesetzte Orientierung, und der mit $\tilde{\mathbf{f}}$ berechnete Fluß erhält das falsche Vorzeichen.

Wir beweisen noch die folgende Abschätzung (vgl. **(27.2)**):

(29.1) *Die kompakte Fläche* $S \subset \mathbb{R}^3$ *besitze den Flächeninhalt* $\omega(S)$, *und es gelte*

$$|\mathbf{K}(\mathbf{x})| \leqslant M \qquad \forall \mathbf{x} \in S.$$

Dann ist

$$\left|\int_S \mathbf{K} \bullet d\boldsymbol{\omega}\right| \leqslant M \cdot \omega(S).$$

⌜ Mit Hilfe der Schwarzschen Ungleichung ergibt sich nacheinander

$$\begin{aligned}\left|\int_S \mathbf{K} \bullet d\boldsymbol{\omega}\right| &\leqslant \int_B |\mathbf{K}(\mathbf{f}(\mathbf{u})) \bullet (\mathbf{f}_{.1} \times \mathbf{f}_{.2})_{\mathbf{u}}| \, d\mu_{\mathbf{u}} \\ &\leqslant \int_B |\mathbf{K}(\mathbf{f}(\mathbf{u}))| \cdot |\mathbf{f}_{.1} \times \mathbf{f}_{.2}|_{\mathbf{u}} \, d\mu_{\mathbf{u}} \\ &\leqslant M \int_B |\mathbf{f}_{.1} \times \mathbf{f}_{.2}|_{\mathbf{u}} \, d\mu_{\mathbf{u}} = M \cdot \omega(S). \quad ⌟\end{aligned}$$

① Es soll der Fluß des Feldes

$$\mathbf{K}(x,y,z) := (x^2+z^2,\, y^2-z^2,\, x^2+y^2+z^2)$$

durch den von unten nach oben orientierten Einheitskreis der (x,y)-Ebene berechnet werden. Diese Fläche besitzt die „natürliche“ Parameterdarstellung

$$\mathbf{f}\colon \quad B_1 \to \mathbb{R}^3, \quad (x,y) \mapsto (x,y,0)$$

mit dem (anschaulich evidenten) Oberflächenelement

$$d\boldsymbol{\omega} = \mathbf{n}\, d\omega = (0,0,1)\, d\mu_{xy}.$$

Weiter ist

$$\mathbf{K}(\mathbf{f}(x,y)) = (x^2,\, y^2,\, x^2+y^2),$$

wir erhalten daher nacheinander

$$\begin{aligned}\int_S \mathbf{K} \bullet d\boldsymbol{\omega} &= \int_{B_1} (0+0+(x^2+y^2))\, d\mu_{xy} = \int_{B_1} r^2\, d\mu_{xy} \\ &= 2\pi \int_0^1 r^3\, dr = \pi/2\,;\end{aligned}$$

dabei haben wir zum Schluß noch **(24.17)** benutzt. ○

Weitere Beispiele ergeben sich in den folgenden Abschnitten.

292. Zulässige Flächen

In diesem Kapitel soll vor allem die Wechselwirkung zwischen Feldern, Flächen und Randzyklen im dreidimensionalen Raum und z. T. auch im $\mathbb{R}^m$ untersucht werden. Via die Parameterdarstellung der eingebetteten Kurven und Flächen läßt sich nämlich Satz **(28.7)** auch bei höherer Dimension des umgebenden Raums zur Anwendung bringen.

Zunächst müssen wir uns um den Rand der eingebetteten Flächen kümmern. Es liegt nahe, hierzu vom Rand des Parameterbereichs auszugehen. Wie schon bei **(20.5)** bemerkt, führt eine differenzierbare Funktion

$$\mathbf{f}\colon \quad B \to A, \qquad \mathbf{u} \mapsto \mathbf{x} := \mathbf{f}(\mathbf{u})$$

jede differenzierbare Kurve

$$\gamma\colon \qquad t \mapsto \mathbf{u}(t) \qquad (a \leqslant t \leqslant b)$$

in B über in eine differenzierbare Kurve

$$\mathbf{f}(\gamma)\colon \quad t \mapsto \mathbf{x}(t) := \mathbf{f}(\mathbf{u}(t)) \qquad (a \leqslant t \leqslant b)$$

in A. In der Folge besitzt jede Kette $\gamma = \sum_{j=1}^{n} \gamma_j$ in B eine wohlbestimmte *Bildkette*

$$(1) \qquad \mathbf{f}(\gamma) := \sum_{j=1}^{n} \mathbf{f}(\gamma_j)$$

in A (hier gilt es einiges zu verifizieren).

Dies vorausgeschickt, nennen wir eine orientierte kompakte Fläche $S \subset \mathbb{R}^3$ *zulässig*, wenn folgende Bedingungen erfüllt sind (siehe die Fig. 292.1): Es gibt einen zulässigen Bereich $B \subset \mathbb{R}^2$ mit Randzyklus ∂B und eine zweimal stetig differenzierbare Darstellung

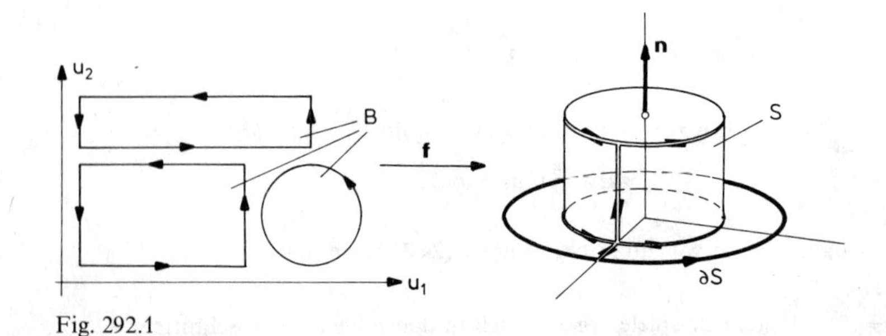

Fig. 292.1

(2) $\mathbf{f}\colon\quad B\to\mathbb{R}^3,\quad \mathbf{u}\mapsto\mathbf{f}(\mathbf{u})$

der Fläche S, die bis auf eine Nullmenge regulär und injektiv ist und via (291.3) die auf S gegebene Orientierung erzeugt.

Der Zyklus

(3) $\partial S := \mathbf{f}(\partial B)$

heißt *Randzyklus* von S. Wenn $\mathbf{f}$ gewisse Teile von ∂B einzeln oder in Paaren annihiliert (siehe die Fig. 292.1 sowie die Beispiele ① und ②), so besteht ∂S in Wirklichkeit aus weniger Kurven, als formal in Erscheinung treten. Ist $\partial S = 0$, so heißt die Fläche S *geschlossen*. Der Randzyklus einer zulässigen orientierten Fläche S ist „für alle praktischen Zwecke" wohlbestimmt und nicht von der gewählten Darstellung (2) abhängig. Anschaulich gesprochen läuft ∂S, von der Spitze von $\mathbf{n}$ her gesehen, einmal im Gegenuhrzeigersinn um S herum (siehe das Beispiel ③).

① Die nach außen orientierte Sphäre S_R^2 ist eine geschlossene zulässige Fläche. Dies ergibt sich aus dem in Beispiel 264.② Gesagten und daraus, daß die dort angegebene Darstellung (264.1) die Kanten γ_1 und γ_3 von Q' einzeln sowie die Kanten γ_2 und γ_4 als Paar annihiliert (siehe die Fig. 292.2). ○

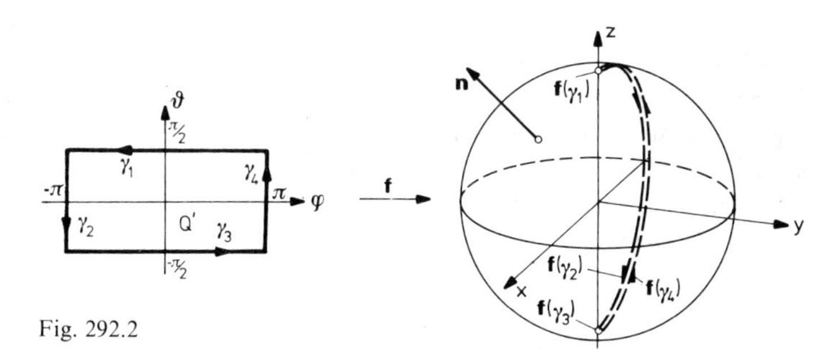

Fig. 292.2

② (Fig. 292.3) Wir betrachten in der (r,z)-Halbebene $(r := \sqrt{x^2+y^2})$ den Kreis

$$\tau\mapsto(r,z) := (a+b\cos\tau,\, b\sin\tau)\qquad(0\leqslant\tau\leqslant 2\pi);$$

dabei seien a und b fest, $a>b>0$. Wird dieser Kreis um die z-Achse rotiert, so entsteht ein sogenannter *Torus* T. Aufgrund dieser Konstruktion besitzt der Torus die Parameterdarstellung

(4) $$\mathbf{f}\colon\quad(\varphi,\tau)\mapsto\begin{cases}x := (a+b\cos\tau)\cos\varphi\\ y := (a+b\cos\tau)\sin\varphi\\ z := \;\;b\sin\tau,\end{cases}$$

Parameterbereich ist das Quadrat

$$Q := \{(\varphi, \tau) \mid 0 \leqslant \varphi \leqslant 2\pi,\ 0 \leqslant \tau \leqslant 2\pi\}$$

der (φ, τ)-Ebene. Diese Darstellung ist im Innern von Q injektiv und überall regulär. Man erhält nämlich nacheinander

$$\begin{aligned} \mathbf{f}_{.\varphi} &= (a + b\cos\tau)(-\sin\varphi, \cos\varphi, 0), \\ \mathbf{f}_{.\tau} &= (-b\sin\tau\cos\varphi, -b\sin\tau\sin\varphi, b\cos\tau), \\ \mathbf{f}_{.\varphi} \times \mathbf{f}_{.\tau} &= (a + b\cos\tau)(b\cos\varphi\cos\tau, b\sin\varphi\cos\tau, b\sin\tau) \end{aligned} \tag{5}$$

und somit

$$|\mathbf{f}_{.\varphi} \times \mathbf{f}_{.\tau}| = b(a + b\cos\tau) > 0 \qquad \forall\varphi, \forall\tau. \tag{6}$$

Aus (4) und (5) ergibt sich noch der Normalenvektor $\mathbf{n}$ zu

$$\mathbf{n} := \frac{\mathbf{f}_{.\varphi} \times \mathbf{f}_{.\tau}}{|\mathbf{f}_{.\varphi} \times \mathbf{f}_{.\tau}|} = (\cos\varphi\cos\tau, \sin\varphi\cos\tau, \sin\tau). \tag{7}$$

Wie man der Figur entnimmt, werden durch $\mathbf{f}$ erstens die Ober- und die Unterkante von Q gegenläufig miteinander „verheftet", so daß ein zylindrischer Schlauch entsteht. Zweitens wird dieser Schlauch zu einem Ring zusammengebogen, und die beim ersten Schritt gebildeten Randkreise werden auch noch gegenläufig „verheftet". T ist somit eine zulässige geschlossene Fläche, und zwar zeigt die zu $\mathbf{f}$ gehörige Normale (7) „nach außen". — Wir berechnen noch den Flächeninhalt von T. Aus (6) ergibt sich mit (263.9):

$$\omega(T) = \int_0^{2\pi} \int_0^{2\pi} b(a + b\cos\tau)\, d\tau\, d\varphi = 4\pi^2 ab. \quad \bigcirc$$

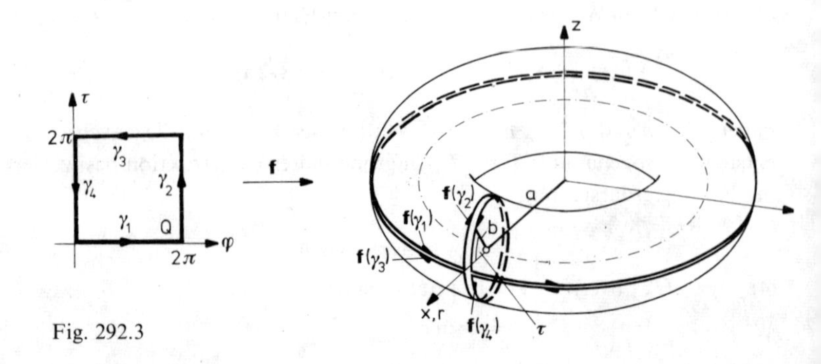

Fig. 292.3

③ Es sei B ein zulässiger Bereich mit Randzyklus ∂B in der (x, y)-Ebene und

$$\varphi: \quad B \to \mathbb{R}, \quad (x, y) \mapsto z := \varphi(x, y)$$

eine zweimal stetig differenzierbare Funktion. Dann ist der nach oben orientierte Graph von φ eine zulässige Fläche S über der (x, y)-Ebene bzw. über B, und zwar vermöge der Darstellung

$$\text{(8)} \qquad \mathbf{f}: \quad (x, y) \mapsto (x, y, \varphi(x, y)).$$

Wegen

$$\text{(9)} \qquad \mathbf{f}_{.x} \times \mathbf{f}_{.y} = (1, 0, \varphi_x) \times (0, 1, \varphi_y) = (-\varphi_x, -\varphi_y, 1) \neq \mathbf{0}$$

ist diese Darstellung durchwegs regulär (dies folgt schon aus dem allgemeinen Satz **(22.1)**); ferner stimmt die von $\mathbf{f}$ induzierte Orientierung (291.3) mit der gegebenen überein, denn die z-Komponente von $\mathbf{f}_{.x} \times \mathbf{f}_{.y}$ ist positiv.

Der Randzyklus von S ist nach Definition und (8) der „nach oben verpflanzte“ Randzyklus von B. Werden S und ∂S von der Spitze von $\mathbf{n}$ her, also von oben, betrachtet, so geht ∂S in der Tat einmal im Gegenuhrzeigersinn um S herum.

293. Ein Übertragungsprinzip

Es folgen einige Überlegungen über das Verhalten von Feldern gegenüber differenzierbaren Abbildungen.

Ist $\mathbf{K}$ ein auf der Menge $A \subset \mathbb{R}^n$ definiertes Vektorfeld und

$$\mathbf{f}: \quad B \to A, \quad \mathbf{u} \mapsto \mathbf{x} := \mathbf{f}(\mathbf{u})$$

eine differenzierbare Abbildung, so können wir das in den Punkten $\mathbf{x} \in A$ herrschende Feld mit Hilfe der zu $\mathbf{f}_*: T_\mathbf{u} \to T_\mathbf{x}$ „dualen“ Abbildung $\mathbf{f}^*$ auf den Parameterbereich $B \subset \mathbb{R}^m$ „zurücknehmen“. In anderen Worten: Durch $\mathbf{K}$ (und $\mathbf{f}$) wird auf B ein gewisses Vektorfeld $\mathbf{f}^*(\mathbf{K}) =: \tilde{\mathbf{K}}$ induziert. Dieses *induzierte Feld* wird folgendermaßen erhalten: Für einen festen Punkt $\mathbf{u} \in B$ ist

$$\varphi(\mathbf{U}) := \mathbf{K}(\mathbf{f}(\mathbf{u})) \bullet \mathbf{f}_*(\mathbf{u})\,\mathbf{U}$$

eine reellwertige lineare Funktion auf $T_\mathbf{u}$ ($\varphi(\mathbf{U})$ ist eine erste Näherung für die Arbeit, die das Feld $\mathbf{K}$ leistet, wenn es einen Massenpunkt von $\mathbf{f}(\mathbf{u})$ nach $\mathbf{f}(\mathbf{u}+\mathbf{U})$

verschiebt). Nach Satz **(19.9)** gibt es somit einen wohlbestimmten Vektor $\tilde{\mathbf{K}} \in T_{\mathbf{u}}$ mit

$$\varphi(\mathbf{U}) = \tilde{\mathbf{K}} \bullet \mathbf{U} \qquad \forall \mathbf{U}.$$

$\tilde{\mathbf{K}}$ hängt natürlich von dem betrachteten Punkt $\mathbf{u}$ ab. Wir erhalten damit endgültig als definierende Identität für das induzierte Vektorfeld $\tilde{\mathbf{K}}$ auf B:

$$(1) \qquad \tilde{\mathbf{K}}(\mathbf{u}) \bullet \mathbf{U} \equiv \mathbf{K}(\mathbf{f}(\mathbf{u})) \bullet \mathbf{f}_*(\mathbf{u})\,\mathbf{U}.$$

Es sei jetzt γ eine beliebige Kette in B und $\mathbf{f}(\gamma)$ ihre Bildkette in A. Der folgende Hilfssatz verwandelt dann ein Linienintegral längs $\mathbf{f}(\gamma)$ in eines längs γ; er bildet die eigentliche Rechtfertigung der obigen abstrakten Konstruktionen:

(29.2) *Es seien* $\mathbf{K}$ *ein stetiges Vektorfeld auf der Menge* $A \subset \mathbb{R}^n$,

$$\mathbf{f}: \quad B \to A, \qquad \mathbf{u} \mapsto \mathbf{x} := \mathbf{f}(\mathbf{u})$$

eine differenzierbare Abbildung, $\tilde{\mathbf{K}}$ *das von* $\mathbf{K}$ *auf* B *induzierte Vektorfeld und* γ *eine Kette in* B. *Dann gilt:*

$$\int_{\mathbf{f}(\gamma)} \mathbf{K} \bullet d\mathbf{x} = \int_\gamma \tilde{\mathbf{K}} \bullet d\mathbf{u}.$$

⌜ Nach Definition (292.1) von $\mathbf{f}(\gamma)$ genügt es, die Behauptung für eine differenzierbare Kurve

$$\gamma: \quad t \mapsto \mathbf{u}(t) \qquad (a \leqslant t \leqslant b)$$

und ihr Bild

$$\mathbf{f}(\gamma): \quad t \mapsto \mathbf{x}(t) := \mathbf{f}(\mathbf{u}(t)) \qquad (a \leqslant t \leqslant b)$$

zu beweisen. — Aufgrund der Kettenregel **(20.5)** und der $\tilde{\mathbf{K}}$ definierenden Identität (1) gilt

$$\mathbf{K}(\mathbf{x}) \bullet \mathbf{x}'(t) = \mathbf{K}(\mathbf{f}(\mathbf{u})) \bullet \mathbf{f}_*(\mathbf{u})\mathbf{u}'(t) = \tilde{\mathbf{K}}(\mathbf{u}) \bullet \mathbf{u}'(t) \qquad \forall t$$

und somit

$$\int_a^b \mathbf{K}(\mathbf{x}(t)) \bullet \mathbf{x}'(t)\,dt = \int_a^b \tilde{\mathbf{K}}(\mathbf{u}(t)) \bullet \mathbf{u}'(t)\,dt. \quad ⌟$$

Hilfssatz **(29.2)** und die voraufgegangenen Überlegungen gelten für beliebige Dimension von B und von A. Wir beschränken uns jetzt auf einen Parameterbereich $B \subset \mathbb{R}^2$ und leiten eine Formel für die Rotation des induzierten Vektorfelds her:

(29.3) *Es seien* $\mathbf{K}$ *ein stetig differenzierbares Vektorfeld auf der Menge* $A \subset \mathbb{R}^n$,

$$\mathbf{f}: \quad B \to A \qquad \mathbf{u} \mapsto \mathbf{f}(\mathbf{u})$$

eine zweimal stetig differenzierbare Abbildung und $\tilde{\mathbf{K}}$ *das von* $\mathbf{K}$ *auf* $B \subset \mathbb{R}^2$ *induzierte Vektorfeld. Dann gilt:*

$$\text{(2)} \qquad \operatorname{rot} \tilde{\mathbf{K}}(\mathbf{u}) = \operatorname{Rot} \mathbf{K}(\mathbf{f}(\mathbf{u}))(\mathbf{f}_{.1}, \mathbf{f}_{.2}).$$

⌜ Nach **(27.10)** ist $\operatorname{rot} \tilde{\mathbf{K}} = \tilde{K}_{2.1} - \tilde{K}_{1.2}$. Wir berechnen daher zunächst mit Hilfe der definierenden Identität (1) die Komponenten $\tilde{K}_i$ $(i=1,2)$ von $\tilde{\mathbf{K}}$:

$$\begin{aligned} \tilde{K}_i &= \tilde{\mathbf{K}} \bullet \mathbf{e}_i = \mathbf{K}(\mathbf{f}(\mathbf{u})) \bullet \mathbf{f}_*(\mathbf{u})\mathbf{e}_i \\ &= \mathbf{K}(\mathbf{f}(\mathbf{u})) \bullet \mathbf{f}_{.i} \end{aligned}$$

(vgl. (262.2)). Bei der Bildung von $\tilde{K}_{i,k}$ ist das Skalarprodukt rechter Hand nach der Produktregel zu differenzieren. Mit (262.2) und der Kettenregel ergibt sich daher

$$\begin{aligned} \tilde{\mathbf{K}}_{i.k} &= (\mathbf{K} \circ \mathbf{f})_* \mathbf{e}_k \bullet \mathbf{f}_{.i} + \mathbf{K}(\mathbf{f}(\mathbf{u})) \bullet \mathbf{f}_{.ik} \\ &= \mathbf{K}_* \mathbf{f}_{.k} \bullet \mathbf{f}_{.i} + \mathbf{K}(\mathbf{f}(\mathbf{u})) \bullet \mathbf{f}_{.ik}. \end{aligned}$$

Wegen $\mathbf{f}_{.12} = \mathbf{f}_{.21}$ heben sich nun die zweiten Ableitungen von $\mathbf{f}$ im folgenden wieder heraus; wir erhalten nämlich

$$\begin{aligned} \tilde{K}_{2.1} - \tilde{K}_{1.2} &= \mathbf{K}_* \mathbf{f}_{.1} \bullet \mathbf{f}_{.2} - \mathbf{K}_* \mathbf{f}_{.2} \bullet \mathbf{f}_{.1} \\ &= \operatorname{Rot} \mathbf{K}(\mathbf{f}_{.1}, \mathbf{f}_{.2}) \end{aligned}$$

(vgl. 274.7), wie behauptet. (Das Vertrauen in die Kraft des Kalküls wird hier ein wenig strapaziert. Wer nicht überzeugt ist, mag denselben Beweis in Komponentenschreibweise durchführen.) ⌟

294. Der Satz von Stokes

Wir sind damit in der Lage, den sogenannten *Satz von Stokes* zu formulieren, der die Greensche Formel **(28.7)** auf Flächen im $\mathbb{R}^3$ überträgt.

(29.5) *Es seien* $S \subset \mathbb{R}^3$ *eine zulässige orientierte Fläche mit Randzyklus* ∂S *und* $\mathbf{K}$ *ein stetig differenzierbares Vektorfeld auf* S. *Dann gilt*

$$\int_{\partial S} \mathbf{K} \bullet d\mathbf{x} = \int_S \operatorname{rot} \mathbf{K} \bullet d\omega \quad —$$

in Worten: Die Zirkulation des Feldes **K** *längs* ∂S *ist gleich dem Fluß von* **rot K** *durch* S.

⌜ Ist (292.2) eine Darstellung von S der verlangten Art, so gilt einerseits nach (292.3) und Hilfssatz **(29.2)**:

$$\int_{\partial S} \mathbf{K} \bullet d\mathbf{x} = \int_{\partial B} \tilde{\mathbf{K}} \bullet d\mathbf{u},$$

wobei $\tilde{\mathbf{K}}$ das von $\mathbf{K}$ auf B induzierte Vektorfeld bezeichnet; anderseits besagt Hilfssatz **(29.4)**:

$$\int_S \mathbf{rot}\,\mathbf{K} \bullet d\omega = \int_B \operatorname{rot} \tilde{\mathbf{K}}\, d\mu_{\mathbf{u}}.$$

Nach der Greenschen Formel **(28.7)** stimmen die rechten Seiten der beiden letzten Gleichungen überein, also auch deren linke Seiten. ⌟

① Der Fluß eines Rotationsfeldes **rot K** durch eine geschlossene Fläche ist 0. ○

② (Fig. 294.1) Wir betrachten die Kreisscheibe

$$B_a := \{(x,y) \mid x^2 + y^2 \leqslant a^2\}$$

mit dem Randzyklus

$$(1) \qquad \partial B_a: \quad t \mapsto (a\cos t, a\sin t) \quad (0 \leqslant t \leqslant 2\pi)$$

und vor allem das über B_a liegende Stück der nach oben orientierten Sattelfläche $z = x^2 - y^2$. Verwenden wir für dieses Flächenstück S die Darstellung (292.8), d. h.

$$(2) \qquad \mathbf{f}: \quad (x,y) \mapsto (x, y, x^2 - y^2) \quad ((x,y) \in B_a),$$

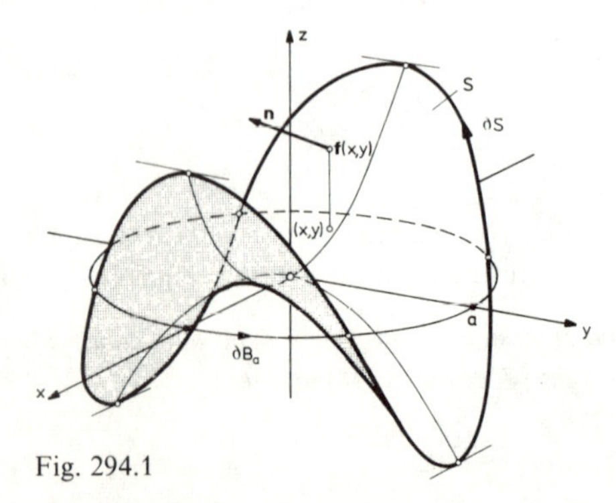

Fig. 294.1

so erhalten wir einerseits mit (292.9):

$$\mathbf{f}_{.x} \times \mathbf{f}_{.y} = (-2x, 2y, 1); \tag{3}$$

anderseits ergibt sich für den Randzyklus $\partial S = \mathbf{f}(\partial B_a)$ aus (1) und (2) die Parameterdarstellung

$$\partial S: \quad t \mapsto \mathbf{x}(t) := (a\cos t, a\sin t, a^2 \cos 2t) \qquad (0 \leqslant t \leqslant 2\pi). \tag{4}$$

Wir führen jetzt zusätzlich das Vektorfeld

$$\mathbf{K}(x, y, z) := (z, x, y) \tag{5}$$

mit der Rotation

$$\mathbf{rot}\,\mathbf{K} = (K_{3.2} - K_{2.3}, K_{1.3} - K_{3.1}, K_{2.1} - K_{1.2}) = (1, 1, 1) \tag{6}$$

ein und berechnen einerseits die Zirkulation von $\mathbf{K}$ längs ∂S. Mit (4) und (5) ergibt sich

$$\begin{aligned}
\int_{\partial S} \mathbf{K} \bullet d\mathbf{x} &= \int_0^{2\pi} \mathbf{K}(\mathbf{x}(t)) \bullet \mathbf{x}'(t)\, dt \\
&= \int_0^{2\pi} \big[a^2 \cos 2t \cdot (-a \sin t) + a\cos t \cdot a \cos t \\
&\qquad\qquad + a \sin t \cdot (-2a^2 \sin 2t)\big]\, dt \\
&= \pi a^2
\end{aligned}$$

(nur der mittlere Summand liefert einen Beitrag). Anderseits bestimmen wir den Fluß von $\mathbf{rot}\,\mathbf{K}$ durch S. Hierzu benötigen wir (3) und (6) und erhalten

$$\begin{aligned}
\int_S \mathbf{rot}\,\mathbf{K} \bullet d\omega &= \int_{B_a} \mathbf{rot}\,\mathbf{K}(\mathbf{f}(x, y)) \bullet (\mathbf{f}_{.x} \times \mathbf{f}_{.y})\, d\mu_{xy} \\
&= \int_{B_a} [1 \cdot (-2x) + 1 \cdot 2y + 1 \cdot 1]\, d\mu_{xy} \\
&= \pi a^2
\end{aligned}$$

(nur der letzte Summand liefert einen Beitrag), also dasselbe Resultat, wie erwartet. ○

Wir haben in Abschnitt 274 gesehen, daß die infinitesimale Zirkulation (und damit die Rotation) eines konservativen Feldes $\mathbf{K}$ identisch verschwindet (Satz **(27.8)**). Jetzt wollen wir uns mit der Umkehrung dieses Sachverhalts beschäftigen, d. h. mit der Frage: Folgt aus dem Verschwinden der infinitesimalen Zirkulation, daß $\mathbf{K}$ konservativ ist?

Wir beginnen mit einigen heuristischen Überlegungen und betrachten ein wirbelfreies Feld $\mathbf{K}$ in einem Gebiet $A \subset \mathbb{R}^3$; es gelte also $\mathbf{rot}\,\mathbf{K}(\mathbf{x}) \equiv \mathbf{0}$. Ist jetzt γ eine beliebige geschlossene Kurve in A, so denken wir uns γ als Drahtschleife realisiert, in die wir uns eine Seifenhaut S eingespannt vorstellen. Bei geeigneter Wahl der Orientierung von S ist dann

$$\gamma = \partial S, \tag{7}$$

und wir erhalten nach dem Satz von Stokes:

$$\int_\gamma \mathbf{K} \bullet d\mathbf{x} = \int_S \mathbf{rot}\,\mathbf{K} \bullet d\omega = 0.$$

Da γ beliebig war, verschwindet hiernach das Linienintegral von $\mathbf{K}$ längs allen geschlossenen Kurven in A, und $\mathbf{K}$ ist, wie erhofft, konservativ.

Wir haben hier angenommen, daß jede geschlossene Kurve γ in der Form (7), d. h. als Randzyklus einer in A gelegenen Fläche darstellbar ist. Diese Annahme trifft für gewisse Gebiete A zu, für andere nicht. Ist etwa $A := \mathbb{R}^3 \setminus \{z\text{-Achse}\}$ und γ der Einheitskreis in der (x, y)-Ebene, so ist nicht recht vorstellbar, wie γ eine ganz in A gelegene Seifenhaut beranden kann. Dem folgenden Beispiel liegt die analoge geometrische Situation in der Ebene zugrunde. Es zeigt, daß ein wirbelfreies Feld tatsächlich nicht konservativ zu sein braucht:

③ Das im Beweis von Satz **(28.8)** betrachtete Feld

$$\mathbf{A}(x, y) := \left(-\frac{y}{x^2+y^2}, \frac{x}{x^2+y^2}\right)$$

auf $\dot{\mathbb{R}}^2$ ist nach (285.3) wirbelfrei, aber es ist nicht konservativ, denn für den Zyklus

$$\partial B_1 : \quad t \mapsto (\cos t, \sin t) \quad (0 \leqslant t \leqslant 2\pi)$$

gilt aufgrund von (285.2):

$$\int_{\partial B_1} \mathbf{A} \bullet d\mathbf{x} = 2\pi N(\partial B_1, \mathbf{0}) = 2\pi \neq 0. \quad \bigcirc$$

295. Einfach zusammenhängende Gebiete

Um die angedeutete Eigenschaft gewisser Gebiete $A \subset \mathbb{R}^m$ in den Griff zu bekommen, betrachten wir anstelle von beliebigen geschlossenen Kurven zunächst nur geschlossene Streckenzüge in A und zerlegen das „Einspannen einer Fläche" in einen derartigen Streckenzug in zahlreiche Einzelschritte, bei denen jedesmal nur ein kleines Dreieck ein- bzw. ausgespannt wird.

Den Streckenzug

$$\gamma: \quad t \mapsto \mathbf{p}_{[t]} + (t-[t])(\mathbf{p}_{[t]+1} - \mathbf{p}_{[t]}) \qquad (0 \leqslant t \leqslant n)$$

(siehe Beispiel 272.②) bezeichnen wir im folgenden mit $[\mathbf{p}_0, \mathbf{p}_1, \ldots, \mathbf{p}_n]$. Wird der Streckenzug

$$\gamma_1 := [\mathbf{p}_0, \ldots, \mathbf{p}_{k-1}, \mathbf{p}_k, \mathbf{p}_{k+1}, \ldots, \mathbf{p}_n]$$

ersetzt durch

$$\gamma_2 := [\mathbf{p}_0, \ldots, \mathbf{p}_{k-1}, \mathbf{p}_{k+1}, \ldots, \mathbf{p}_n]$$

oder γ_2 durch γ_1 (siehe die Fig. 295.1), so sprechen wir von einer *Operation*. Die Operation ist *zulässig* (genauer: *zulässig modulo A*), sofern das abgeschlossene ebene Dreieck Δ mit den Eckpunkten $\mathbf{p}_{k-1}$, $\mathbf{p}_k$, $\mathbf{p}_{k+1}$ ganz in A liegt. Betrachten wir γ_1 und γ_2 als Ketten, so gilt:

$$(1) \qquad \gamma_1 = \gamma_2 \pm \partial \Delta,$$

je nach Orientierung von Δ. Ein geschlossener Streckenzug $[\mathbf{p}_0, \ldots, \mathbf{p}_0]$ in A heißt *nullhomotop* (*modulo A*), wenn er sich durch endlich viele zulässige Operationen in den *leeren Streckenzug* $[\mathbf{p}_0, \mathbf{p}_0]$ überführen läßt. Durch wiederholte Anwendung von (1) folgt:

(29.6) *Ist γ ein nullhomotoper geschlossener Streckenzug in A, so gibt es endlich viele Dreiecke $\Delta_j \subset A$ $(1 \leqslant j \leqslant N)$ mit*

$$\gamma = \textstyle\sum_{j=1}^{N} \pm \partial \Delta_j .$$

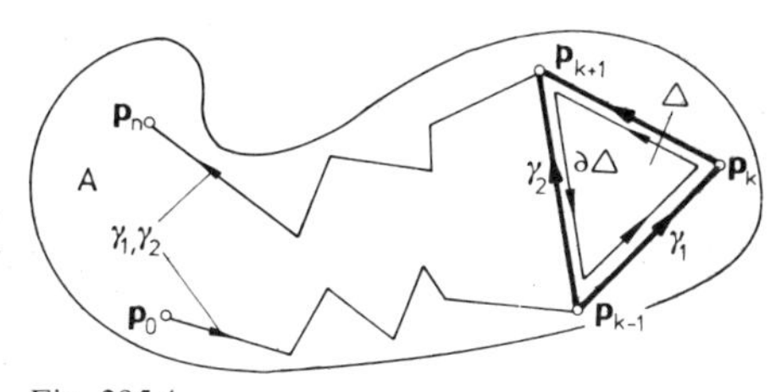

Fig. 295.1

① Proposition **(29.6)** läßt sich nicht umkehren: Der Streckenzug γ im Gebiet $A := \mathbb{R}^2 \setminus \{(-1,0),(1,0)\}$ der Fig. 295.2 ist als Kette gleich $\partial \Delta_1 - \partial \Delta_2$. Es ist aber anschaulich klar, daß sich γ nicht durch zulässige Operationen in den leeren Streckenzug überführen läßt. („Der Faden γ läßt sich nicht von den Nägeln $(\pm 1,0)$ herunterziehen.") Folglich ist γ nicht nullhomotop modulo A. ○

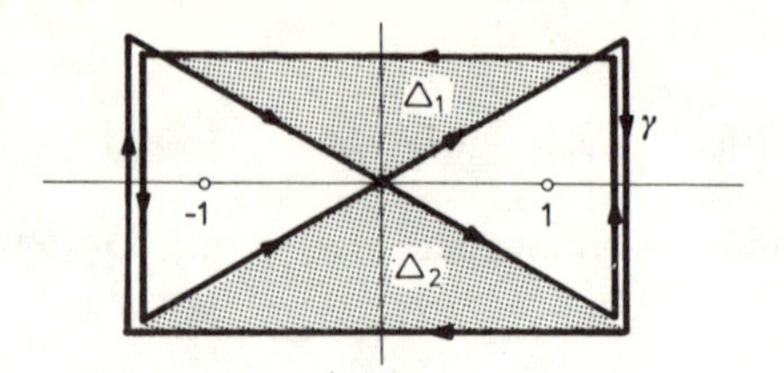

Fig. 295.2

Wir definieren nunmehr: Eine offene Menge $A \subset \mathbb{R}^m$ heißt *einfach zusammenhängend*, wenn jeder geschlossene Streckenzug in A nullhomotop ist. Aus technischen Gründen haben wir hier einen im Grunde genommen kontinuierlichen Sachverhalt diskretisiert und einen stetigen Prozeß durch eine Folge von zulässigen Operationen ersetzt: Anschaulich gesprochen ist eine offene Menge $A \subset \mathbb{R}^m$ genau dann einfach zusammenhängend, wenn sich jede geschlossene Kurve in A stetig in einen Punkt zusammenziehen läßt.

② Eine Menge $A \subset \mathbb{R}^m$ heißt *sternförmig* (bezüglich des Ursprungs), wenn sie mit jedem Punkt $\mathbf{p}$ die ganze Strecke $[\mathbf{0}, \mathbf{p}]$ enthält. Wir zeigen: Ein sternförmiges Gebiet $A \subset \mathbb{R}^m$ ist einfach zusammenhängend. — ⌜ Ist A sternförmig, so enthält A mit jeder Strecke $[\mathbf{p}, \mathbf{q}]$ das ganze Dreieck Δ mit den Eckpunkten $\mathbf{0}, \mathbf{p}, \mathbf{q}$. Es sei jetzt $\gamma := [\mathbf{p}_0, \mathbf{p}_1, \ldots, \mathbf{p}_{n-1}, \mathbf{p}_0]$ ein beliebiger geschlossener Streckenzug in dem sternförmigen Gebiet A. Dann läßt sich γ durch n zulässige Operationen in den Streckenzug

$$[\mathbf{p}_0, \mathbf{0}, \mathbf{p}_1, \mathbf{0}, \mathbf{p}_2, \mathbf{0}, \ldots, \mathbf{p}_{n-1}, \mathbf{0}, \mathbf{p}_0]$$

und durch weitere $2n-1$ Operationen via $[\mathbf{p}_0, \mathbf{0}, \ldots, \mathbf{0}, \mathbf{p}_0]$ in $[\mathbf{p}_0, \mathbf{p}_0]$ überführen. — Insbesondere ist eine ε-Umgebung $U_\varepsilon(\mathbf{p})$ einfach zusammenhängend. ○

③ Die punktierte Ebene $\dot{\mathbb{R}}^2$ ist nicht einfach zusammenhängend. — ⌜ Zum Beweis betrachten wir den Dreiecksweg $\gamma_0 := [\mathbf{p}_0, \mathbf{p}_1, \mathbf{p}_2, \mathbf{p}_0]$ der Fig. 295.3 und eine Folge von zulässigen Operationen, die γ_0 nacheinander in $\gamma_0, \gamma_1, \ldots, \gamma_N$

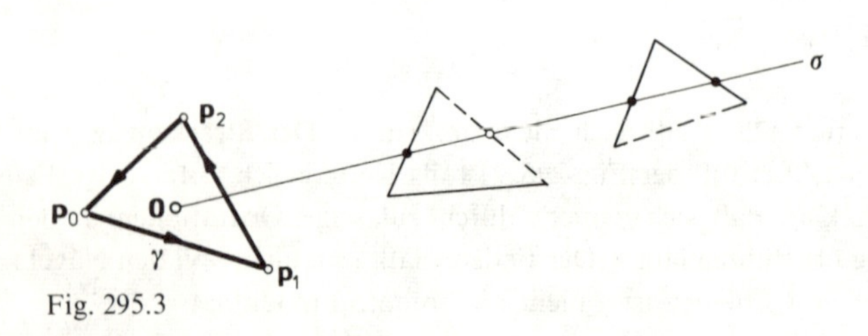

Fig. 295.3

überführen. Es sei σ ein von $\mathbf{0}$ ausgehender Halbstrahl, der durch keinen der in den γ_j auftretenden Eckpunkte geht. Jede auftretende Strecke wird dann von σ entweder gemieden oder in einem inneren Punkt geschnitten. Folglich schneidet σ jedes γ_j in einer wohlbestimmten Anzahl von Punkten. Diese Anzahl beträgt am Anfang 1 und ändert sich bei jeder zulässigen Operation um 0 oder 2 (siehe die Figur). Dann schneidet aber γ_N den Halbstrahl σ in einer ungeraden Anzahl von Punkten, und es ist auf keinen Fall $\gamma_N = [\mathbf{p}_0, \mathbf{p}_0]$. Die Ausgangskurve γ_0 ist daher nicht nullhomotop. ⌟ ○

④ Das Gebiet $A := \dot{\mathbb{R}}^3$ ist hingegen einfach zusammenhängend: ⌜ Es sei $[\mathbf{p}_0, \mathbf{p}_1, \ldots, \mathbf{p}_n]$, $\mathbf{p}_n = \mathbf{p}_0$, ein beliebiger geschlossener Streckenzug in A. Zur Reduktion dieses Streckenzugs wählen wir einen Punkt $\mathbf{p}^* \in \mathbb{R}^3$, der in keiner der n Ebenen (oder evtl. Geraden) liegt, die durch die Punktetripel

$$\mathbf{0}, \mathbf{p}_{k-1}, \mathbf{p}_k \qquad (1 \leqslant k \leqslant n)$$

„aufgespannt" werden. Dann liegen die n Dreiecke Δ_k mit den Eckpunkten $\mathbf{p}^*, \mathbf{p}_{k-1}, \mathbf{p}_k$ in A, und wir können die Konstruktion von Beispiel ② mit $\mathbf{p}^*$ anstelle von $\mathbf{0}$ durchführen. ⌟ ○

Nach diesen geometrischen Betrachtungen kehren wir zurück zu den wirbelfreien Vektorfeldern und beweisen zunächst:

(29.7) *Ist das stetig differenzierbare Vektorfeld* $\mathbf{K}$ *auf der offenen Menge* $A \subset \mathbb{R}^m$ *wirbelfrei, so gilt für jedes abgeschlossene ebene Dreieck* Δ *in* A:

$$\int_{\partial\Delta} \mathbf{K} \bullet d\mathbf{x} = 0.$$

⌜ Es sei

$$\mathbf{f}\colon \quad \tilde{\Delta} \to \Delta, \qquad \mathbf{u} \mapsto \mathbf{f}(\mathbf{u})$$

eine (z. B. lineare) Parameterdarstellung von Δ und $\tilde{\mathbf{K}}$ das von $\mathbf{K}$ auf $\tilde{\Delta} \subset \mathbb{R}^2$ induzierte Feld. Dann gilt nach **(29.2)** und der Greenschen Formel **(28.7)**:

$$(2) \qquad \int_{\partial\Delta} \mathbf{K} \bullet d\mathbf{x} = \int_{\partial\tilde{\Delta}} \tilde{\mathbf{K}} \bullet d\mathbf{u} = \int_{\tilde{\Delta}} \operatorname{rot} \tilde{\mathbf{K}}\, d\mu.$$

Nach Hilfssatz **(29.3)** und nach Voraussetzung über $\mathbf{K}$ ist aber

$$\operatorname{rot} \tilde{\mathbf{K}}(\mathbf{u}) = \operatorname{Rot} K(\mathbf{f}(\mathbf{u}))\,(\mathbf{f}_{.1}(\mathbf{u}), \mathbf{f}_{.2}(\mathbf{u})) \equiv 0,$$

so daß die Integrale (2) verschwinden. ⌟

296. Die Integrabilitätsbedingung

Damit kommen wir zu dem folgenden Hauptsatz:

(29.8) *Ein stetig differenzierbares Vektorfeld* **K** *auf einer einfach zusammenhängenden Menge* $A \subset \mathbb{R}^m$ *ist genau dann konservativ (und besitzt damit ein Potential), wenn seine infinitesimale Zirkulation* Rot **K** *(in den Fällen* $m=2$ *und* $m=3$ *die Rotation* rot **K** *bzw.* **rot K***) identisch verschwindet.*

⌜ Daß die infinitesimale Zirkulation eines konservativen Feldes identisch verschwindet, wissen wir schon (Satz **(27.8)**). — Zum Beweis der Umkehrung genügt es, eine Zusammenhangskomponente von A zu betrachten. Im weiteren nehmen wir daher an, A sei zusammenhängend, und wählen einen festen Punkt $\mathbf{p}_0 \in A$. Jeder Punkt $\mathbf{p} \in A$ ist Endpunkt eines in $\mathbf{p}_0$ beginnenden und in A liegenden Streckenzuges. Sind ferner γ_1 und γ_2 zwei derartige Streckenzüge, so ist $\gamma_1 - \gamma_2$ ein geschlossener Streckenzug in A und damit nach Voraussetzung über A nullhomotop. Nach Proposition **(29.6)** ist dann

$$\gamma_1 - \gamma_2 = \sum_{j=1}^{N} \pm \partial \Delta_j$$

für gewisse Dreiecke $\Delta_j \subset A$. Mit dem eben bewiesenen Hilfssatz **(29.7)** erhalten wir daher

$$\int_{\gamma_1 - \gamma_2} \mathbf{K} \bullet d\mathbf{x} = 0,$$

d. h. aber

$$\int_{\gamma_1} \mathbf{K} \bullet d\mathbf{x} = \int_{\gamma_2} \mathbf{K} \bullet d\mathbf{x}.$$

Hieraus folgt: Das Integral

$$\int_{[\mathbf{p}_0, \ldots, \mathbf{p}]} \mathbf{K} \bullet d\mathbf{x} =: f(\mathbf{p})$$

hat für alle in A liegenden Streckenzüge von $\mathbf{p}_0$ nach $\mathbf{p}$ denselben Wert. Für die eben definierte Funktion $f: A \to \mathbb{R}$ gilt daher weiter

$$f(\mathbf{p} + \mathbf{X}) = \int_{[\mathbf{p}_0, \ldots, \mathbf{p}]} \mathbf{K} \bullet d\mathbf{x} + \int_{[\mathbf{p}, \mathbf{p} + \mathbf{X}]} \mathbf{K} \bullet d\mathbf{x}$$

und damit (273.7). Hieraus ergibt sich schließlich mit Hilfssatz **(27.6)**: f ist ein Potential von **K**. Wegen Satz **(27.5)** ist damit alles bewiesen. ⌟

Beispiel 294.③ zeigt, daß auf die Voraussetzung des einfachen Zusammenhangs nicht verzichtet werden kann. Für beliebige offene Mengen haben wir immerhin die folgende schwächere Aussage:

(29.9) *Ein stetig differenzierbares wirbelfreies Vektorfeld* **K** *auf einer offenen Menge* $A \subset \mathbb{R}^m$ *besitzt lokal ein Potential, d. h. zu jedem Punkt* $\mathbf{p} \in A$ *gibt es eine Umgebung* $U(\mathbf{p}) =: U$ *und eine Funktion* $f: U \to \mathbb{R}$ *mit* $\mathbf{grad}\, f = \mathbf{K}|_U$.

⌜ Jeder Punkt $\mathbf{p} \in A$ besitzt nämlich eine einfach zusammenhängende Umgebung $U_\varepsilon(\mathbf{p}) \subset A$. ⌟

① Das Feld **A** in Beispiel 294.③ besitzt kein Potential; aber jeder Punkt $(x_0, y_0) \neq \mathbf{0}$ besitzt eine Umgebung, in der ein stetiges Argument $\varphi(x,y)$ erklärt werden kann. Für dieses φ gilt: $\mathbf{grad}\, \varphi = \mathbf{A}$. ○

Die Bedingung

$$\text{(1)} \qquad \operatorname{Rot} \mathbf{K} \equiv 0 \quad (\text{bzw. } \operatorname{rot} \mathbf{K} \equiv 0, \ \mathbf{rot}\, \mathbf{K} \equiv \mathbf{0})$$

ist also lokal für die Existenz eines Potentials notwendig und hinreichend. Sie erlaubt, durch Differenzieren nachzuprüfen, ob das Feld **K** ein „unbestimmtes Integral" besitzt, und heißt daher *Integrabilitätsbedingung*. Wir wollen zum Schluß noch überlegen, was (1) für die partiellen Ableitungen der Komponenten $K_i(x_1, \ldots, x_m)$ $(1 \leqslant i \leqslant m)$ von **K** bedeutet (dies ist in den Fällen $m=2$ und $m=3$ bereits geschehen, siehe den Schluß der Abschnitte 275 und 276). Nach Definition von $\operatorname{Rot} \mathbf{K}$ ist (1) genau dann erfüllt, wenn für alle $\mathbf{x}$ und alle i,k $(1 \leqslant i,k \leqslant m)$ gilt:

$$\operatorname{Rot} \mathbf{K}(\mathbf{x})\,(\mathbf{e}_i, \mathbf{e}_k) = \mathbf{K}_*(\mathbf{x})\mathbf{e}_i \bullet \mathbf{e}_k - \mathbf{K}_*(\mathbf{x})\mathbf{e}_k \bullet \mathbf{e}_i = 0.$$

Aus Symmetriegründen genügt es, die Indizes den Bereich $1 \leqslant i < k \leqslant m$ durchlaufen zu lassen. Berücksichtigen wir ferner **(27.1)** (e), so erhalten wir schließlich die Integrabilitätsbedingung (1) in der folgenden Form:

$$\frac{\partial K_k}{\partial x_i} - \frac{\partial K_i}{\partial x_k} \equiv 0 \qquad (1 \leqslant i < k \leqslant m).$$

Diese $\binom{m}{2}$ Gleichungen drücken nichts anderes aus, als daß zusammengehörige Paare von gemischten zweiten Ableitungen eines allfälligen Potentials f übereinstimmen müssen.

② Das im ganzen (x,y,z)-Raum definierte Feld

$$\text{(2)} \qquad \mathbf{K} = (P, Q, R) := (4xyz,\ 2x^2 z + 2yz^2,\ 2x^2 y + 2y^2 z + 4z^3)$$

genügt der Integrabilitätsbedingung: Es ist (vgl. (276.7) (b))

$$R_y - Q_z = (2x^2 + 4yz) - (2x^2 + 4yz) \equiv 0$$

und in ähnlicher Weise

$$P_z - R_x \equiv 0, \qquad Q_x - P_y \equiv 0.$$

Folglich ist **K** konservativ ($\mathbb{R}^3$ ist einfach zusammenhängend) und besitzt damit ein Potential, das sich nach **(27.5′)** in der folgenden Form ansetzen läßt:

$$f_0(\mathbf{x}) := \int_{[0,\mathbf{x}]} \mathbf{K} \bullet d\mathbf{x} = \int_0^1 K(t\,\mathbf{x}) \bullet \mathbf{x}\, dt; \tag{3}$$

dabei haben wir die Parameterdarstellung

$$[0,\mathbf{x}]: \quad t \mapsto t\,\mathbf{x} \quad (0 \leqslant t \leqslant 1)$$

zugrundegelegt ($\mathbf{x} = (x,y,z)$ ist fest). Aus (2) folgt

$$\begin{aligned} \mathbf{K}(t\,\mathbf{x}) \bullet \mathbf{x} &= 4\,x\,y\,z\,t^3 \cdot x + (2\,x^2\,z + 2\,y\,z^2)\,t^3 \cdot y + (2\,x^2\,y + 2\,y^2\,z + 4\,z^3)\,t^3 \cdot z \\ &= (8\,x^2\,y\,z + 4\,y^2\,z^2 + 4\,z^4)\,t^3; \end{aligned}$$

ferner ist $\int_0^1 t^3\,dt = 1/4$. Tragen wir dies in (3) ein, so ergibt sich f_0 zu

$$f_0(x,y,z) = 2\,x^2\,y\,z + y^2\,z^2 + z^4;$$

das allgemeinste Potential f von **K** unterscheidet sich hiervon um eine additive Konstante.

Wir wollen die Potentialfunktionen f noch auf eine zweite Art bestimmen. Zunächst muß gelten

$$f_x = P = 4\,x\,y\,z;$$

für feste y und z ist daher

$$f(x,y,z) = 2\,x^2\,y\,z + \text{const.},$$

wobei die Konstante noch von den gerade betrachteten Werten von y und z abhängen kann:

$$f(x,y,z) = 2\,x^2\,y\,z + \varphi(y,z). \tag{4}$$

Zweitens ist $f_y = Q$; damit ergibt sich für φ die Bedingung

$$2\,x^2\,z + \varphi_y(y,z) = 2\,x^2\,z + 2\,y\,z^2,$$

d. h. $\varphi_y(y,z) = 2\,y\,z^2$. Für festes z folgt hieraus

$$\varphi(y,z) = y^2 z^2 + \text{const.},$$

wobei wiederum die Konstante von dem gerade betrachteten Wert von z abhängen kann:

$$\varphi(y,z) = y^2 z^2 + \psi(z).$$

Tragen wir dies in (4) ein, so ergibt sich als weiteres Zwischenresultat

$$f(x,y,z) = 2x^2 yz + y^2 z^2 + \psi(z). \tag{5}$$

Endlich ist $f_z = R$ und somit

$$2x^2 y + 2y^2 z + \psi'(z) = 2x^2 y + 2y^2 z + 4z^3,$$

d. h. $\psi'(z) = 4z^3$. Hieraus folgt $\psi(z) = z^4 + \text{const.}$, so daß wir mit (5) wie oben erhalten:

$$f(x,y,z) = 2x^2 yz + y^2 z^2 + z^4 + \text{const.}. \quad \bigcirc$$

Kapitel 30. Der Satz von Gauß

301. Divergenz eines Vektorfeldes

Das Folgende ist der Konstruktion in Abschnitt 274 nachgebildet. — Wir betrachten ein im Punkt $\mathbf{p} \in \mathbb{R}^3$ differenzierbares Vektorfeld $\mathbf{K}$ sowie ein „kleines", von den Vektoren $\mathbf{X}_1$, $\mathbf{X}_2$, $\mathbf{X}_3$ aufgespanntes Parallelepiped P mit Zentrum $\mathbf{p}$ (siehe die Fig. 301.1); dabei sei

(1) $$\varepsilon(\mathbf{X}_1, \mathbf{X}_2, \mathbf{X}_3) = \mu(P) > 0.$$

Es soll der Fluß von K durch die nach außen orientierte Oberfläche ∂P von P berechnet werden.

Die zum Kantenvektor $\mathbf{X}_k$ gehörenden Gegenflächen bezeichnen wir mit S_k und S_k^+, deren Mittelpunkte bzw. mit $\mathbf{p}_k^-$ und $\mathbf{p}_k^+$, so daß gilt:

(2) $$\mathbf{p}_k^+ - \mathbf{p}_k^- = \mathbf{X}_k \qquad (1 \leqslant k \leqslant 3).$$

$S_k^\pm$ besitzt die Parameterdarstellung

(3) $$(u_1, u_2) \mapsto \mathbf{f}(u_1, u_2) := \mathbf{p} + \mathbf{Z}(u_1, u_2),$$

wobei $\mathbf{Z}$ durch

(4) $$\mathbf{Z}(u_1, u_2) := \mathbf{p}_k^\pm - \mathbf{p} + \tfrac{1}{2}(u_1 \mathbf{X}_{k+1} \pm u_2 \mathbf{X}_{k+2}) \qquad (-1 \leqslant u_1, u_2 \leqslant 1)$$

gegeben ist; der Index k ist hier und im folgenden stets „modulo 3" zu verstehen. Bei dieser Darstellung von $S_k^\pm$ stimmt die nach außen weisende Normale $\mathbf{n}_k^\pm$ mit (292.3) überein: ⌜ Aus (3) und (4) folgt nämlich

$$\mathbf{f}_{.1} = \tfrac{1}{2}\mathbf{X}_{k+1}, \qquad \mathbf{f}_{.2} = \pm\tfrac{1}{2}\mathbf{X}_{k+2}$$

und somit

(5) $$\mathbf{f}_{.1} \times \mathbf{f}_{.2} = \pm\tfrac{1}{4}(\mathbf{X}_{k+1} \times \mathbf{X}_{k+2}).$$

Wegen (1) ergibt sich hieraus weiter

$$\mathbf{X}_k \bullet (\mathbf{f}_{.1} \times \mathbf{f}_{.2}) = \pm\tfrac{1}{4}\varepsilon(\mathbf{X}_k, \mathbf{X}_{k+1}, \mathbf{X}_{k+2}) \quad \begin{cases} >0 & \text{für } S_k^+ \\ <0 & \text{für } S_k^-, \end{cases}$$

das heißt aber: Auf S_k^+ weist $\mathbf{f}_{.1} \times \mathbf{f}_{.2}$ in denselben Halbraum wie $\mathbf{X}_k$, auf S_k^- in den entgegengesetzten Halbraum, wie behauptet. $\lrcorner$

Das Feld $\mathbf{K}(\mathbf{x})$ besitzt nach Voraussetzung die Darstellung

$$\text{(6)} \qquad \mathbf{K}(\mathbf{p}+\mathbf{Z}) = \mathbf{K} + L\mathbf{Z} + o(\mathbf{Z}) \qquad (\mathbf{Z} \to \mathbf{0}),$$

wobei wir zur Abkürzung

$$\mathbf{K}(\mathbf{p}) =: \mathbf{K}, \qquad \mathbf{K}_*(\mathbf{p}) =: L$$

gesetzt haben. In den Punkten $\mathbf{f}(u_1, u_2) = \mathbf{p} + \mathbf{Z}(u_1, u_2) \in S_k^\pm$ gilt nach Konstruktion durchwegs

$$|\mathbf{Z}(u_1, u_2)| = |\mathbf{f}(u_1, u_2) - \mathbf{p}| \leqslant \tfrac{1}{2}\textstyle\sum_{k=1}^{3} |\mathbf{X}_k| \leqslant \tfrac{3}{2}\max\limits_k |\mathbf{X}_k|.$$

Setzen wir daher

$$\text{(7)} \qquad \max\{|\mathbf{X}_1|, |\mathbf{X}_2|, |\mathbf{X}_3|\} =: \rho,$$

so liefern (4) und (6) zusammen

$$\mathbf{K}(\mathbf{f}(u_1, u_2)) = \mathbf{K} + L(\mathbf{p}_k^\pm - \mathbf{p}) + \tfrac{1}{2}(u_1 L\mathbf{X}_{k+1} \pm u_2 L\mathbf{X}_{k+2}) + o(\rho).$$

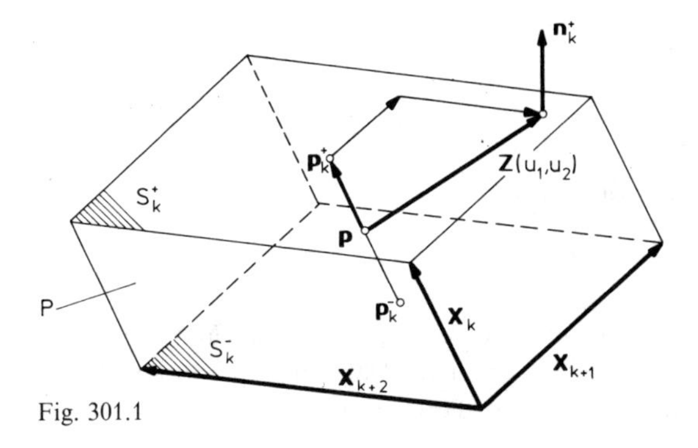

Fig. 301.1

Wegen (5) erhalten wir damit für den Fluß von $\mathbf{K}$ durch $S_k^{\pm}$ den Ausdruck

$$\int_{S_k^{\pm}} \mathbf{K} \bullet d\omega = \int_{-1}^{1} \int_{-1}^{1} [\mathbf{K} - L\mathbf{p} + L\mathbf{p}_k^{\pm} + \tfrac{1}{2}(u_1 L\mathbf{X}_{k+1} \pm u_2 L\mathbf{X}_{k+2}) + o(\rho)] \cdot [\pm\tfrac{1}{4}(\mathbf{X}_{k+1} \times \mathbf{X}_{k+2})]\, du_1\, du_2 .$$

Nun gilt

$$\int_{-1}^{1} \int_{-1}^{1} u_i du_1\, du_2 = 0 \quad (i=1,2), \qquad \int_{-1}^{1} \int_{-1}^{1} du_1\, du_2 = 4$$

und ferner wegen **(26.1)** (b) und (7):

$$|\mathbf{X}_{k+1} \times \mathbf{X}_{k+2}| \leqslant |\mathbf{X}_{k+1}|\, |\mathbf{X}_{k+2}| \leqslant \rho^2 .$$

Damit ergibt sich

$$\int_{S_k^{\pm}} \mathbf{K} \bullet d\omega = \pm(\mathbf{K} - L\mathbf{p} + L\mathbf{p}_k^{\pm}) \bullet (\mathbf{X}_{k+1} \times \mathbf{X}_{k+2}) + o(\rho^3)$$

und folglich wegen (2):

$$\begin{aligned} \int_{S_k^{+}+S_k^{-}} \mathbf{K} \bullet d\omega &= L(\mathbf{p}_k^{+} - \mathbf{p}_k^{-}) \bullet (\mathbf{X}_{k+1} \times \mathbf{X}_{k+2}) + o(\rho^3) \\ &= \varepsilon(L\mathbf{X}_k, \mathbf{X}_{k+1}, \mathbf{X}_{k+2}) + o(\rho^3) \quad (\rho \to 0). \end{aligned}$$

Summieren wir über k, so erhalten wir schließlich den gesuchten Fluß von $\mathbf{K}$ durch die gesamte Oberfläche des Parallelepipeds P:

(8) $$\int_{\partial P} \mathbf{K} \bullet d\omega = \sum_{k=1}^{3} \varepsilon(L\mathbf{X}_k, \mathbf{X}_{k+1}, \mathbf{X}_{k+2}) + o(\rho^3) \quad (\rho \to 0).$$

Hier ist der „Hauptteil“

$$\varepsilon(L\mathbf{X}_1, \mathbf{X}_2, \mathbf{X}_3) + \varepsilon(L\mathbf{X}_2, \mathbf{X}_3, \mathbf{X}_1) + \varepsilon(L\mathbf{X}_3, \mathbf{X}_1, \mathbf{X}_2)$$

eine schiefe trilineare Funktion von $\mathbf{X}_1$, $\mathbf{X}_2$ und $\mathbf{X}_3$ und somit ein konstantes Vielfaches der Determinantenfunktion $\varepsilon(\mathbf{X}_1, \mathbf{X}_2, \mathbf{X}_3)$. Die betreffende Konstante wird mit $\operatorname{div} \mathbf{K}(\mathbf{p})$ bezeichnet und heißt *Divergenz* oder *Quellstärke* von $\mathbf{K}$ im Punkt $\mathbf{p}$. Es gilt also

(9) $$\sum_{k=1}^{3} \varepsilon(\mathbf{K}_*(\mathbf{p})\mathbf{X}_k, \mathbf{X}_{k+1}, \mathbf{X}_{k+2}) = \operatorname{div} \mathbf{K}(\mathbf{p})\, \varepsilon(\mathbf{X}_1, \mathbf{X}_2, \mathbf{X}_3).$$

Damit erhalten wir anstelle von (8):

(30.1) $$\int_{\partial P} \mathbf{K} \bullet d\omega = \operatorname{div} \mathbf{K}(\mathbf{p})\, \varepsilon(\mathbf{X}_1, \mathbf{X}_2, \mathbf{X}_3) + o(\rho^3) \quad (\rho \to 0).$$

Mit Rücksicht auf (1) besagt diese Beziehung: Für „kleine“ Parallelepipede P ist der Fluß von $\mathbf{K}$ aus P heraus „in erster Näherung“ proportional zum Volumen von P; Proportionalitätsfaktor ist die Quellstärke $\operatorname{div} \mathbf{K}(\mathbf{p})$. — Wir wollen noch die Divergenz durch die partiellen Ableitungen der Komponenten von $\mathbf{K}$ ausdrücken:

(30.2) *Ist* (276.6) *die Darstellung von* $\mathbf{K}$ *bezüglich beliebiger zulässiger Koordinaten* (x_1, x_2, x_3) *bzw.* (x, y, z) *im* $\mathbb{R}^3$, *so gilt*

$$\operatorname{div} \mathbf{K}(\mathbf{x}) = \frac{\partial K_1}{\partial x_1} + \frac{\partial K_2}{\partial x_2} + \frac{\partial K_3}{\partial x_3}$$

bzw.

$$\operatorname{div} \mathbf{K}(x, y, z) = \frac{\partial P}{\partial x} + \frac{\partial Q}{\partial y} + \frac{\partial R}{\partial z}.$$

⌜ Wir setzen in (9) speziell $\mathbf{X}_k := \mathbf{e}_k$ $(1 \leqslant k \leqslant 3)$; dann ergibt sich wegen $\varepsilon(\mathbf{e}_1, \mathbf{e}_2, \mathbf{e}_3) = 1$, (261.4) und **(27.1)** (e) nacheinander:

$$\begin{aligned} \operatorname{div} \mathbf{K}(\mathbf{p}) &= \textstyle\sum_{k=1}^3 \varepsilon(\mathbf{K}_*(\mathbf{p})\mathbf{e}_k, \mathbf{e}_{k+1}, \mathbf{e}_{k+2}) \\ &= \textstyle\sum_{k=1}^3 \mathbf{K}_*(\mathbf{p})\mathbf{e}_k \bullet \mathbf{e}_k = \sum_{k=1}^3 K_{k.k}. \quad \lrcorner \end{aligned}$$

Die Rotation eines Gradientenfelds verschwindet. Hierzu „dual" ist die folgende Aussage:

(30.3) *Die Divergenz eines differenzierbaren Rotationsfelds verschwindet:*

$$\operatorname{div} \mathbf{rot}\, \mathbf{K} \equiv 0.$$

⌜ Zum Beweis könnten wir natürlich die partiellen Ableitungen der Komponenten von $\mathbf{K}$ heranziehen, schließen aber lieber folgendermaßen (vgl. den Beweis von Satz **(27.8)**): Es sei $\mathbf{p}$ ein fester Punkt und Q_ρ, $\rho > 0$, der von den drei Vektoren $\mathbf{X}_k := \rho\, \mathbf{e}_k$ $(1 \leqslant k \leqslant 3)$ aufgespannte Quader mit Zentrum $\mathbf{p}$. Dann ist ∂Q_ρ eine zulässige geschlossene Fläche, und Satz **(29.6)** bzw. Beispiel 294.① besagen in diesem Fall:

$$\int_{\partial Q_\rho} \mathbf{rot}\, \mathbf{K} \bullet d\omega = 0 \qquad \forall \rho.$$

Damit erhalten wir aufgrund von **(30.1)**:

$$\begin{aligned} \operatorname{div} \mathbf{rot}\, \mathbf{K}(\mathbf{p}) &= (1/\rho^3) \operatorname{div}(\mathbf{rot}\, \mathbf{K}(\mathbf{p}))\, \varepsilon(\rho\, \mathbf{e}_1, \rho\, \mathbf{e}_2, \rho\, \mathbf{e}_3) \\ &= (1/\rho^3) \left[\textstyle\int_{\partial Q_\rho} \mathbf{rot}\, \mathbf{K} \bullet d\omega + o(\rho^3) \right] \\ &= o(1) \qquad (\rho \to 0). \end{aligned}$$

Da hier die linke Seite von ρ nicht abhängt, ist notwendigerweise $\operatorname{div} \mathbf{rot}\, \mathbf{K}(\mathbf{p}) = 0$. ⌟

302. Der Satz von Gauß für glatt berandete Bereiche

Die Formel **(30.1)** verknüpft den Fluß eines Feldes **K** aus einem „infinitesimalen" Parallelepiped heraus mit dem Wert von $\operatorname{div}\mathbf{K}$ im Innern dieses Parallelepipeds. Diesen Zusammenhang wollen wir nun auch in „integraler" Form darstellen, und zwar für möglichst allgemeine dreidimensionale Bereiche. Als Leitfaden benutzen wir die Herleitung der Greenschen Formel **(28.6)** für ebene Bereiche. Insbesondere verwenden wir wiederum eine Zerlegung der Einheit, um die globale Gestalt der betrachteten Bereiche nicht im einzelnen rechnerisch erfassen und beschreiben zu müssen.

Wir definieren zunächst: Eine kompakte Menge $B \subset \mathbb{R}^3$ heißt ein *glatt berandeter Bereich*, wenn es eine orientierte Fläche S gibt, so daß folgendes gilt (siehe die Fig. 302.1):

(I) Als Punktmenge stimmt S überein mit der Randmenge von B.

(II) Zu jedem Randpunkt $\mathbf{p}$ von B gibt es zulässige Koordinaten (x,y,z) mit Ursprung in $\mathbf{p}$, einen Quader

$$I := \{(x,y,z) \mid -a \leqslant x \leqslant a,\ -b \leqslant y \leqslant b,\ -c \leqslant z \leqslant c\} \tag{1}$$

und eine stetig differenzierbare Funktion

$$\varphi: \quad [-a,a] \times [-b,b] =: I' \to [-c,c]$$

derart, daß (a) der in I liegende Teil S_I von S übereinstimmt mit dem nach unten orientierten Graphen von φ und (b) der in I liegende Teil von B gegeben ist durch

$$B \cap I = \{(x,y,z) \mid (x,y) \in I',\ \varphi(x,y) \leqslant z \leqslant c\}.$$

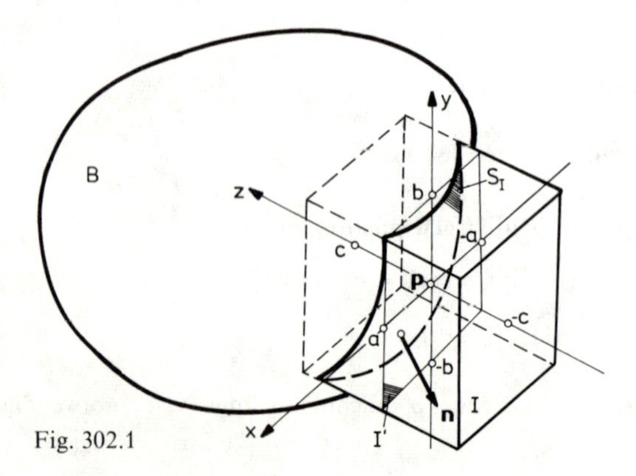

Fig. 302.1

Wir nennen S die *Oberfläche* des Bereichs B und schreiben dafür ∂B; ∂B ist definitionsgemäß nach außen orientiert.

① Die Vollkugel

$$B_{2,R} := \{\mathbf{x} \in \mathbb{R}^3 \mid x_1^2 + x_2^2 + x_3^2 \leqslant R^2\}$$

ist ein glatt berandeter Bereich; ihre Oberfläche ist die nach außen orientierte Sphäre S_R^2 (vgl. Beispiel 223.①). ○

Es folgt der zu **(28.4)** analoge Hilfssatz; er bezieht sich auf die in der obigen Definition auftretenden „Kammern" I, wobei wir weiterhin die Fig. 302.1 zu Hilfe nehmen:

(30.4) *Es seien* $I' := [-a, a] \times [-b, b]$ *ein Rechteck in der* (x, y)*-Ebene,* $I := I' \times [-c, c]$ *ein Quader im* (x, y, z)*-Raum und* $\mathbf{K} = (P, Q, R)$ *ein stetig differenzierbares Vektorfeld auf* I*, das auf* $\operatorname{rd} I$ *identisch verschwindet. Weiter seien* $\varphi: I' \to [-c, c]$ *eine stetig differenzierbare Funktion,*

$$S_I: \quad (x, y) \mapsto (x, y, \varphi(x, y)) \qquad ((x, y) \in I')$$

der nach unten orientierte Graph von φ *und*

$$A := \{(x, y, z) \mid (x, y) \in I', \varphi(x, y) \leqslant z \leqslant c\}$$

der oberhalb S_I *liegende Teil von* I*. Dann gilt*

$$\int_A \operatorname{div} \mathbf{K} \, d\mu = \int_{S_I} \mathbf{K} \bullet d\boldsymbol{\omega}. \tag{2}$$

⌜ Nach **(30.2)** und dem Reduktionssatz **(24.16)** ist einerseits

$$\int_A \operatorname{div} \mathbf{K} \, d\mu = \int_{I'} \left(\int_{\varphi(x,y)}^c (P_x + Q_y + R_z) \, dz\right) d\mu_{xy}. \tag{3}$$

Mit der Bezeichnung

$$(x, y, \varphi(x, y)) =: \mathbf{f}(x, y)$$

ergibt sich anderseits nach (292.9):

$$\mathbf{f}_{.x} \times \mathbf{f}_{.y} = (-\varphi_x, -\varphi_y, 1).$$

Hiernach ist die auf S_I gegebene Orientierung zu $\mathbf{f}_{.x} \times \mathbf{f}_{.y}$ entgegengesetzt, und wir erhalten für die rechte Seite von (2):

$$\int_{S_I} \mathbf{K} \cdot d\omega = -\int_{I'} \mathbf{K}(\mathbf{f}(x,y)) \cdot (\mathbf{f}_{.x} \times \mathbf{f}_{.y})\, d\mu_{xy},$$

d. h.

$$\int_{S_I} \mathbf{K} \cdot d\omega = \int_{I'} \big(P(x,y,\varphi(x,y))\varphi_x + Q(x,y,\varphi(x,y))\varphi_y - R(x,y,\varphi(x,y))\big)\, d\mu_{xy}. \tag{4}$$

Wir zeigen nun, daß die Beiträge von P, Q und R in (3) und in (4) paarweise übereinstimmen. Zunächst hat man

$$\int_{\varphi(x,y)}^{c} R_z(x,y,z)\, dz = R(x,y,c) - R(x,y,\varphi(x,y)) = -R(x,y,\varphi(x,y)), \tag{5}$$

denn nach Voraussetzung über $\mathbf{K}$ ist $R(x,y,c) \equiv 0$. Mit (5) ist die Behauptung bezüglich R bereits bewiesen. — Zweitens gilt nach der Leibnizschen Regel **(20.6)**:

$$\int_{\varphi(x,y)}^{c} P_x(x,y,z)\, dz = (d/dx)\Big(\int_{\varphi(x,y)}^{c} P(x,y,z)\, dz\Big) + P(x,y,\varphi(x,y))\varphi_x.$$

Integrieren wir beide Seiten nach x von $-a$ bis a und berücksichtigen wir, daß $\mathbf{K}$ auf $\operatorname{rd} I$ verschwindet, so ergibt sich nacheinander:

$$\begin{aligned} \int_{-a}^{a}\Big(\int_{\varphi(x,y)}^{c} P_x\, dz\Big) dx &= \int_{\varphi(a,y)}^{c} P(a,y,z)\, dz - \int_{\varphi(-a,y)}^{c} P(-a,y,z)\, dz \\ &\quad + \int_{-a}^{a} P(x,y,\varphi(x,y))\varphi_x\, dx \\ &= \int_{-a}^{a} P(x,y,\varphi(x,y))\varphi_x\, dx. \end{aligned}$$

Wir integrieren zum Schluß beide Seiten nach y und erhalten

$$\int_{I'}\Big(\int_{\varphi(x,y)}^{c} P_x\, dz\Big) d\mu_{xy} = \int_{I'} P(x,y,\varphi(x,y))\varphi_x\, d\mu_{xy},$$

wie behauptet. Analog schließt man für den Beitrag von Q. ⌋

Setzen wir in **(30.4)** speziell $\varphi(x,y) :\equiv -c$, so verschwindet die rechte Seite von (2), und wir erhalten:

(30.5) *Genügt* $\mathbf{K}$ *den Voraussetzungen von* **(30.4)**, *so gilt*

$$\int_I \operatorname{div} \mathbf{K}\, d\mu = 0.$$

Wir beweisen nun den *Satz von Gauß*, oder *Divergenzsatz*, zunächst für glatt berandete Bereiche:

(30.6) *Es sei* $B \subset \mathbb{R}^3$ *ein glatt berandeter Bereich und* ∂B *die Oberfläche von* B. *Dann gilt für jedes stetig differenzierbare Vektorfeld* $\mathbf{K}$ *auf* B:

$$\int_{\partial B} \mathbf{K} \cdot d\omega = \int_B \operatorname{div} \mathbf{K}\, d\mu. \tag{6}$$

⌜ Jeder innere Punkt von B ist Mittelpunkt eines Quaders, der noch ganz im Innern von B liegt, jeder Randpunkt von B ist Mittelpunkt eines Quaders (1), der noch ganz im Definitionsbereich von $\mathbf{K}$ liegt. Wir denken uns für jeden Punkt $\mathbf{x}\in B$ einen Quader $I(\mathbf{x})$ des einen oder des andern Typs festgelegt und wählen eine zur Überdeckung $\{\mathring{I}(\mathbf{x})\}_{\mathbf{x}\in B}$ gehörige Zerlegung der Einheit $\{\psi_k\}_{1\leqslant k\leqslant N}$; dabei seien etwa $I_1,\ldots,I_n$ Randquader und $I_{n+1},\ldots,I_N$ innere Quader von B.

Setzen wir

$$\mathbf{K}_j := \psi_j \mathbf{K} \qquad (1\leqslant k\leqslant N),$$

so ist $\mathbf{K}_j$ außerhalb $\mathring{I}_j$ identisch null und genügt damit auf I_j den Voraussetzungen von Lemma **(30.4)**; ferner gilt in einer Umgebung Ω von B:

$$\sum_{j=1}^N \mathbf{K}_j = \mathbf{K}.$$

Aufgrund dieser Tatsachen ergibt sich nun mit Hilfe von **(30.4)** und **(30.5)** die folgende Kette von Gleichungen:

$$\begin{aligned}\int_{\partial B}\mathbf{K}\bullet d\omega &= \sum_{j=1}^N \int_{\partial B}\mathbf{K}_j\bullet d\omega = \sum_{j=1}^n \int_{\partial B}\mathbf{K}_j\bullet d\omega = \sum_{j=1}^n \int_{S_{I_j}}\mathbf{K}_j\bullet d\omega\\ &= \sum_{j=1}^n \int_{I_j\cap B}\operatorname{div}\mathbf{K}_j\,d\mu = \sum_{j=1}^N \int_{I_j\cap B}\operatorname{div}\mathbf{K}_j\,d\mu\\ &= \sum_{j=1}^N \int_B \operatorname{div}\mathbf{K}_j\,d\mu = \int_B \operatorname{div}\mathbf{K}\,d\mu. \quad ⌟\end{aligned}$$

303. Zulässige Bereiche

Mit **(30.6)** ist der Satz von Gauß z. B. für den *Volltorus*

(1) $$B := \{(x,y,z)\,|\,(\sqrt{x^2+y^2}-a)^2+z^2\leqslant b^2\}, \qquad a>b,$$

(vgl. Beispiel 293.②) bewiesen, nicht aber für einen so einfachen Bereich wie einen Quader. Für die Gültigkeit der Formel (302.6) ist es aber wiederum in Wirklichkeit nicht notwendig, daß B glatt berandet ist: Es genügt, wenn sich B durch glatt berandete Bereiche approximieren läßt.

Eine kompakte Menge $B\subset\mathbb{R}^3$ heißt ein *zulässiger Bereich*, und die orientierte kompakte Fläche ∂B heißt *Oberfläche* von B, wenn ∂B (als Punktmenge) mit der Randmenge von B übereinstimmt und wenn es zu jedem $\varepsilon>0$ einen glatt berandeten Bereich $B^{(\varepsilon)}$ mit (nach außen orientierter) Oberfläche $\partial B^{(\varepsilon)}$ gibt, so daß folgendes gilt:

(I) Das Maß der symmetrischen Differenz $B\triangle B^{(\varepsilon)}$ ist $<\varepsilon$.

(II) Die Flächen ∂B und $\partial B^{(\varepsilon)}$ unterscheiden sich um eine Fläche $S^{(\varepsilon)}$ vom Inhalt $\omega(S^{(\varepsilon)})<\varepsilon$ und sind im übrigen gleich orientiert.

Hiernach sind z. B. beliebige Polyeder zulässige Bereiche, da sich ihre Kanten und Ecken durch die approximierenden $B^{(\varepsilon)}$ „abrunden" lassen. Die Oberfläche eines zulässigen Bereichs B besitzt „in den meisten Punkten" eine nach außen weisende Normale.

Die endgültige Fassung des Gaußschen Satzes für räumliche Bereiche lautet nunmehr:

(30.7) *Es sei $B \subset \mathbb{R}^3$ ein zulässiger Bereich mit Oberfläche ∂B und* **K** *ein stetig differenzierbares Vektorfeld auf B. Dann gilt*

$$\int_{\partial B} \mathbf{K} \bullet d\boldsymbol{\omega} = \int_B \operatorname{div} \mathbf{K} \, d\mu \quad —$$

in Worten: Der Fluß von **K** *durch die Oberfläche von B ist gleich dem über B erstreckten Integral der Quellendichte von* **K**.

⌜ Aufgrund des Hilfssatzes **(28.3)** können wir von vorneherein annehmen, daß **K** im ganzen $\mathbb{R}^3$ definiert ist und außerhalb einer geeigneten Kugel identisch verschwindet. Es gibt dann eine Konstante $M>0$ mit

$$|\mathbf{K}(\mathbf{x})| \leqslant M, \qquad |\operatorname{div} \mathbf{K}(\mathbf{x})| \leqslant M \qquad \forall \mathbf{x} \in \mathbb{R}^3.$$

Ist jetzt ein $\varepsilon>0$ vorgegeben und $B^{(\varepsilon)}$ ein glatt berandeter Bereich mit Oberfläche $\partial B^{(\varepsilon)}$, der B wie verlangt approximiert, so gelten nach **(29.3)** und **(24.13)** die beiden Abschätzungen

$$\left| \int_{\partial B} \mathbf{K} \bullet d\boldsymbol{\omega} - \int_{\partial B^{(\varepsilon)}} \mathbf{K} \bullet d\boldsymbol{\omega} \right| \leqslant M \, \omega(S^{(\varepsilon)}) < M \varepsilon$$

und

$$\left| \int_B \operatorname{div} \mathbf{K} \, d\mu - \int_{B^{(\varepsilon)}} \operatorname{div} \mathbf{K} \, d\mu \right| \leqslant M \, \mu(B \triangle B^{(\varepsilon)}) < M \varepsilon.$$

Da die fraglichen Integrale für $B^{(\varepsilon)}$ nach dem schon bewiesenen Satz **(30.6)** übereinstimmen, ist

$$\left| \int_{\partial B} \mathbf{K} \bullet d\boldsymbol{\omega} - \int_B \operatorname{div} \mathbf{K} \, d\mu \right| < 2M\varepsilon;$$

und da $\varepsilon>0$ beliebig war, folgt die Behauptung. ⌟

① Es gilt die folgende zu (285.4) (c) analoge Formel für das Volumen eines dreidimensionalen Bereichs:

$$\mu(B) = \tfrac{1}{3} \int_{\partial B} \mathbf{x} \bullet d\boldsymbol{\omega}.$$

⌜ Zum Beweis genügt es, den Satz von Gauß auf das spezielle Feld $\mathbf{K}(\mathbf{x}) := \mathbf{x}$ anzuwenden. Für dieses Feld ist $\operatorname{div} \mathbf{K}(\mathbf{x}) \equiv 3$. ⌟ ○

② Wir wollen das Volumen des Volltorus (1) berechnen und wenden hierzu den Satz von Gauß auf das Feld $\mathbf{K}(x,y,z):=(0,0,z)$ an. Es ist $\operatorname{div}\mathbf{K}\equiv 1$; somit ergibt sich, ähnlich wie im vorhergehenden Beispiel,

$$\mu(B)=\int_{\partial B}(0,0,z)\bullet d\boldsymbol{\omega}.$$

Zur Berechnung des Flußintegrals verwenden wir die Darstellung (293.3) der Torusfläche ∂B und erhalten wegen (293.4):

$$\begin{aligned}\mu(B)&=\int_Q (0,0,z(\varphi,\tau))\bullet(\mathbf{f}_{.\varphi}\times\mathbf{f}_{.\tau})\,d\mu_{\varphi\tau}\\&=\int_0^{2\pi}\int_0^{2\pi} b\sin\tau(a+b\cos\tau)b\sin\tau\,d\varphi\,d\tau\\&=2\pi^2ab^2.\quad\bigcirc\end{aligned}$$

304. Der Laplace-Operator

Wie wir gesehen haben, ist $\operatorname{\mathbf{rot}}\operatorname{\mathbf{grad}} f\equiv\mathbf{0}$ für jede zweimal differenzierbare Funktion f (Satz **(27.15′)**) und $\operatorname{div}\operatorname{\mathbf{rot}}\mathbf{K}\equiv 0$ für jedes zweimal differenzierbare Vektorfeld $\mathbf{K}$ (Satz **(30.3)**). Die Zusammensetzung

(1) $$\operatorname{div}\operatorname{\mathbf{grad}}=:\Delta$$

hingegen ist nicht trivial und stellt im Gegenteil einen für die ganze Analysis fundamentalen Operator dar. Der *Laplace-Operator* Δ ist allgemein für zweimal stetig differenzierbare Funktionen von m Variablen erklärt durch

$$\Delta f:=\frac{\partial^2 f}{\partial x_1^2}+\frac{\partial^2 f}{\partial x_2^2}+\cdots+\frac{\partial^2 f}{\partial x_m^2}.$$

Dies stimmt für $m=3$ überein mit der obigen Definition (1); in der (x,y)-Ebene ist natürlich

$$\Delta f:=\frac{\partial^2 f}{\partial x^2}+\frac{\partial^2 f}{\partial y^2}.$$

Ist $\Delta f\equiv 0$, so heißt die betrachtete Funktion f *harmonisch.*

① Die nur von $|\mathbf{x}|=:r$ abhängige Funktion

$$g(\mathbf{x}):=\begin{cases}-\log r & (m=2)\\[4pt] \dfrac{1}{r^{m-2}} & (m>2)\end{cases}$$

ist harmonisch im punktierten Raum $\dot{\mathbb{R}}^m$. — ⌜ Wir beweisen dies im Fall $m>2$: Mit Hilfe der Ableitungsregel (273.9), d.h.

$$\frac{\partial r}{\partial x_k} = \frac{x_k}{r} \qquad (1 \leqslant k \leqslant m),$$

ergibt sich nacheinander

$$(2) \qquad \frac{\partial g}{\partial x_k} = \left(\frac{1}{r^{m-2}}\right)' \frac{x_k}{r} = -(m-2)\, x_k r^{-m},$$

$$\frac{\partial^2 g}{\partial x_k^2} = -(m-2)\left(r^{-m} + x_k(-m)\, r^{-m-1}\frac{x_k}{r}\right)$$

$$= -\frac{m-2}{r^{m+2}}(r^2 - m x_k^2).$$

Berücksichtigt man jetzt bei der Summation über k die Beziehung $\sum_{k=1}^m x_k^2 = r^2$, so ergibt sich die Behauptung $\Delta g \equiv 0$. — Den Fall $m=2$ überlassen wir dem Leser. ⌟ ○

Zur Klärung der hier eingeführten Begriffe leiten wir auch noch eine anschauliche Charakterisierung des Laplace-Operators her, wobei wir uns allerdings auf den dreidimensionalen Fall beschränken:

(30.8) *Ist die Funktion f in einer Umgebung des Punktes $\mathbf{p} \in \mathbb{R}^3$ zweimal stetig differenzierbar, so gilt*

$$\Delta f(\mathbf{p}) = \lim_{r \to 0} \frac{3}{2\pi r^4} \int_{S_r} (f(\mathbf{p}+\mathbf{X}) - f(\mathbf{p}))\, d\omega_{\mathbf{X}},$$

unter S_r die 2-Sphäre $\{\mathbf{X} \in T_{\mathbf{p}} \mid |\mathbf{X}| = r\}$ verstanden.

In Worten: Bis auf einen Skalierungsfaktor ist $\Delta f(\mathbf{p})$ gleich dem mittleren Mehrwert von f in den Punkten rund um $\mathbf{p}$. Bei einer harmonischen Funktion ist Δf und damit der angeschriebene Limes gleich 0; eine derartige Funktion ist daher in jedem Punkt $\mathbf{p}$ gewissermaßen „ausgewogen“: Der Funktionswert $f(\mathbf{p})$ wird von den Werten rund um $\mathbf{p}$ per saldo weder nach oben noch nach unten gezogen.

⌜ Zum Beweis benötigen wir die Taylorsche Formel **(20.12)**, angewandt mit $n=2$:

$$f(\mathbf{p}+\mathbf{X}) - f(\mathbf{p}) = \mathscr{D}^1 f(\mathbf{p})(\mathbf{X}) + \tfrac{1}{2}\mathscr{D}^2 f(\mathbf{p})(\mathbf{X}) + o(|\mathbf{X}|^2)$$

$$= \textstyle\sum_{i=1}^3 f_{.i} X_i + \frac{1}{2}\sum_{i,k=1}^3 f_{.ik} X_i X_k + o(|\mathbf{X}|^2)$$

oder, anders geschrieben:

$$(3)\qquad f(\mathbf{p}+\mathbf{X})-f(\mathbf{p})=\sum_{i=1}^{3} f_{.i} X_i+\tfrac{1}{2}\sum_{i=1}^{3} f_{.ii} X_i^2 \\ +\sum_{i=1}^{3} f_{.i+1,i+2} X_{i+1} X_{i+2}+o(|\mathbf{X}|^2).$$

Dabei haben wir zur Abkürzung $f_{.i}(\mathbf{p})=: f_{.i}$ gesetzt, analog für die zweiten Ableitungen; die $f_{.i}$ und die $f_{.ik}$ bezeichnen also *Konstanten.* — Integrieren wir (3) über S_r, d. h. bilden wir auf beiden Seiten das „skalare Oberflächenintegral"

$$\int_{S_r} \cdot\, d\omega_{\mathbf{X}},$$

so liefern die erste und die dritte Summe rechter Hand aus Symmetriegründen keinen Beitrag, der o-Term wegen $\omega(S_r)=4\pi r^2$ den Beitrag $o(r^4)$. Wir erhalten daher

$$(4)\qquad \int_{S_r}(f(\mathbf{p}+\mathbf{X})-f(\mathbf{p}))\,d\omega_{\mathbf{X}}=\tfrac{1}{2}\sum_{i=1}^{3} f_{.ii}\int_{S_r} X_i^2\,d\omega+o(r^4).$$

Um etwa das Integral $\int_{S_r} X_1^2\,d\omega$ zu berechnen, könnten wir eine Parameterdarstellung von S_r verwenden. Wir ziehen es aber vor, dieses Integral mit Hilfe des Satzes von Gauß **(30.7)** in ein Volumenintegral über B_r zu verwandeln, wobei wir natürlich das „richtige" Vektorfeld ins Spiel bringen und das skalare Oberflächenintegral in ein Flußintegral überführen müssen. Beachten wir nun, daß die Flächennormale von S_r gegeben ist durch $\mathbf{n}=\mathbf{X}/r$, so können wir folgende Kette von Gleichungen anschreiben:

$$\begin{aligned}\int_{S_r} X_1^2\,d\omega &= r\int_{S_r}(X_1,0,0)\bullet\frac{(X_1,X_2,X_3)}{r}\,d\omega \\ &= r\int_{S_r}(X_1,0,0)\bullet\mathbf{n}\,d\omega = r\int_{B_r}\operatorname{div}(X_1,0,0)\,d\mu \\ &= r\int_{B_r} d\mu=\frac{4\pi}{3}r^4.\end{aligned}$$

Da alle drei Integrale $\int_{S_r} X_i^2\,d\omega$ denselben Wert besitzen, erhalten wir somit anstelle von (4):

$$\begin{aligned}\int_{S_r}(f(\mathbf{p}+\mathbf{X})-f(\mathbf{p}))\,d\omega_{\mathbf{X}} &= \frac{2\pi}{3}r^4\sum_{i=1}^{3} f_{.ii}+o(r^4) \\ &= \frac{2\pi}{3}r^4[\Delta f(\mathbf{p})+o(1)] \qquad (r\to 0),\end{aligned}$$

wie behauptet. ⌟

Für das Weitere führen wir noch den folgenden Begriff ein: Ist f eine in der Umgebung der orientierten Hyperfläche $S \subset \mathbb{R}^m$ (insbesondere einer Kurve in der Ebene oder einer gewöhnlichen Fläche im $\mathbb{R}^3$) differenzierbare Funktion, so bezeichnet man die in den Punkten von S definierte Größe

$$(5) \qquad \frac{\partial f}{\partial n} := \mathbf{grad}\, f \bullet \mathbf{n}$$

als *Normalenableitung* von f.

② Es sei $S := S_R^{m-1}$ die nach außen orientierte $(m-1)$-Sphäre vom Radius R und $f(r, \varphi_1, \ldots, \varphi_{m-1})$ eine in „Kugelkoordinaten" ausgedrückte Funktion. Dann ist natürlich

$$(6) \qquad \frac{\partial f}{\partial n} = \frac{\partial f}{\partial r} \qquad (\mathbf{x} \in S_R^{m-1}).$$

⌈ Es gilt nämlich bei der hier vorliegenden geometrischen Situation:

$$\frac{f(\mathbf{x}+t\mathbf{n}) - f(\mathbf{x})}{t} = \frac{f(R+t, \varphi_1, \ldots, \varphi_{m-1}) - f(R, \varphi_1, \ldots, \varphi_{m-1})}{t},$$

und mit $t \to 0$ geht diese Beziehung in (6) über. ⌋ ○

Wir beschränken uns jetzt wieder auf den dreidimensionalen Fall und beweisen als weitere Anwendung des Satzes von Gauß die folgende, als *Greensche Identität* bezeichnete Formel:

(30.9) *Sind f und g zweimal stetig differenzierbare Funktionen auf dem zulässigen Bereich $B \subset \mathbb{R}^3$, so gilt*

$$\int_B (f \Delta g - g \Delta f)\, d\mu = \int_{\partial B} \left(f \frac{\partial g}{\partial n} - g \frac{\partial f}{\partial n} \right) d\omega.$$

⌈ Für das stetig differenzierbare Vektorfeld

$$\mathbf{K} := f\, \mathbf{grad}\, g - g\, \mathbf{grad}\, f$$

gilt einerseits

$$\operatorname{div} \mathbf{K} = \textstyle\sum_{k=1}^3 \frac{\partial}{\partial x_k} \left(f \frac{\partial g}{\partial x_k} - g \frac{\partial f}{\partial x_k} \right) = f \Delta g - g \Delta f$$

und anderseits wegen (5):

$$\mathbf{K} \bullet d\boldsymbol{\omega} = \mathbf{K} \bullet \mathbf{n}\, d\omega = \left(f \frac{\partial g}{\partial n} - g \frac{\partial f}{\partial n} \right) d\omega .$$

Die Behauptung folgt somit unmittelbar aus **(30.7)**. ⌟

305. Ein Satz der Potentialtheorie

Die Greensche Identität **(30.9)** spielt eine fundamentale Rolle in der sogenannten *Potentialtheorie*, die allgemein die Wechselwirkungen zwischen f und Δf untersucht. Wir zeigen hier zum Schluß, daß sich die Funktion f (unter geeigneten Voraussetzungen) aus Δf durch Integration zurückgewinnen läßt:

(30.10) *Es sei $f\colon \mathbb{R}^3 \to \mathbb{R}$ eine zweimal stetig differenzierbare Funktion, die „im Unendlichen hinreichend stark verschwindet“:*

$$f(\mathbf{x}) = o(1), \qquad \mathbf{grad}\, f(\mathbf{x}) = o\left(\frac{1}{|\mathbf{x}|}\right) \qquad (|\mathbf{x}| \to \infty).$$

Dann gilt:

$$f(\mathbf{p}) = -\frac{1}{4\pi} \int \frac{\Delta f(\mathbf{x})}{|\mathbf{x}-\mathbf{p}|}\, d\mu_{\mathbf{x}} \qquad (\mathbf{p} \in \mathbb{R}^3).$$

Der angeschriebene Ausdruck ist als uneigentliches Integral aufzufassen, da der Integrand im allgemeinen bei $\mathbf{x} = \mathbf{p}$ unbeschränkt und zweitens für beliebig große $|\mathbf{x}|$ von 0 verschieden ist. Wir müssen die Behauptung daher etwas präzisieren:

Wir betrachten einen festen Punkt $\mathbf{p} \in \mathbb{R}^3$ und definieren für $\delta > 0$, $R > |\mathbf{p}| + \delta$ den zulässigen Bereich

$$B_{\delta,R} := \{\mathbf{x} \in \mathbb{R}^3 \,|\, |\mathbf{x}-\mathbf{p}| \geqslant \delta,\ |\mathbf{x}| \leqslant R\}$$

(siehe die Fig. 305.1) sowie die Größe

$$(1) \qquad F_{\delta,R} := -\int_{B_{\delta,R}} \frac{\Delta f(\mathbf{x})}{|\mathbf{x}-\mathbf{p}|}\, d\mu_{\mathbf{x}} .$$

Mit diesen Bezeichnungen lautet die Behauptung des Satzes:

$$(2) \qquad \lim_{\delta \to 0,\, R \to \infty} F_{\delta,R} = 4\pi f(\mathbf{p}) .$$

⌐ Die unter dem Integral (1) als Faktor auftretende Funktion

$$g(\mathbf{x}) := \frac{1}{|\mathbf{x}-\mathbf{p}|}$$

ist nach 304.① in einer Umgebung von $B_{\delta,R}$ harmonisch, wir dürfen daher schreiben:

$$F_{\delta,R} = \int_{B_{\delta,R}} (f\Delta g - g\Delta f)\, d\mu_{\mathbf{x}}. \tag{3}$$

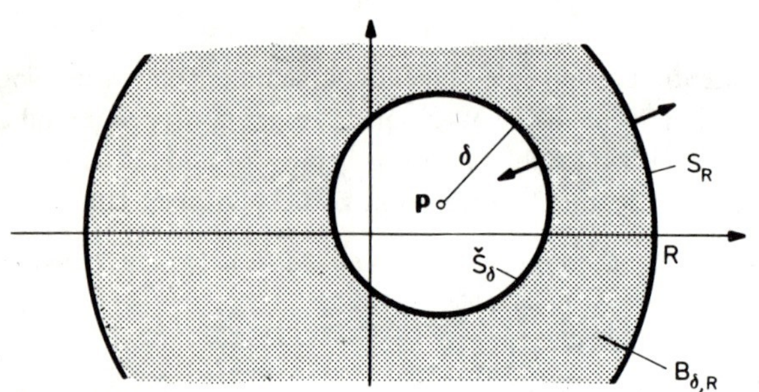

Fig. 305.1

Damit erhalten wir einen Ausdruck, auf den wir die Greensche Identität **(30.9)** anwenden können. Die Oberfläche von $B_{\delta,R}$ ist gegeben durch

$$\partial B_{\delta,R} = \check{S}_\delta + S_R\,,$$

wobei $\check{S}_\delta$ die nach *innen* orientierte Sphäre mit Radius R und Zentrum $\mathbf{p}$, S_R die nach *außen* orientierte Sphäre mit Radius R und Zentrum $\mathbf{0}$ bezeichnet. Mit **(30.9)** ergibt sich daher anstelle von (3):

$$F_{\delta,R} = \int_{\check{S}_\delta} \left(f\frac{\partial g}{\partial n} - g\frac{\partial f}{\partial n}\right) d\omega + \int_{S_R} \left(f\frac{\partial g}{\partial n} - g\frac{\partial f}{\partial n}\right) d\omega\,. \tag{4}$$

Wir berechnen zunächst den Gradienten von g. Aufgrund von (304.2), angewandt mit $m=3$, ergibt sich

$$\mathbf{grad}\, g(\mathbf{x}) = -\frac{\mathbf{x}-\mathbf{p}}{|\mathbf{x}-\mathbf{p}|^3}\,. \tag{5}$$

In den Punkten $\mathbf{x} \in \check{S}_\delta$ gilt folglich

$$\frac{\partial g}{\partial n} = \mathbf{grad}\, g \bullet \mathbf{n} = -\frac{\mathbf{x}-\mathbf{p}}{|\mathbf{x}-\mathbf{p}|^3} \bullet \left(-\frac{\mathbf{x}-\mathbf{p}}{|\mathbf{x}-\mathbf{p}|}\right) = \frac{1}{|\mathbf{x}-\mathbf{p}|^2} = \frac{1}{\delta^2}\,,$$

ferner natürlich $g(\mathbf{x})=1/\delta$. Damit erhalten wir für das erste Integral (4):

$$\int_{\check{S}_\delta} \cdots = \int_{\check{S}_\delta} \left(\frac{1}{\delta^2} f(\mathbf{x}) - \frac{1}{\delta} \frac{\partial f}{\partial n}\right) d\omega$$

$$= \int_{\check{S}_\delta} \frac{1}{\delta^2} f(\mathbf{p})\, d\omega + \int_{\check{S}_\delta} \left(\frac{1}{\delta^2} (f(\mathbf{x}) - f(\mathbf{p})) - \frac{1}{\delta} \frac{\partial f}{\partial n}\right) d\omega .$$

Bezeichnen wir das letzte angeschriebene Integral zur Abkürzung mit Θ, so ergibt sich hieraus

(6) $$\int_{\check{S}_\delta} \cdots = 4\pi f(\mathbf{p}) + \Theta.$$

Es sei jetzt ein $\varepsilon>0$ vorgegeben. Nach Voraussetzung über f gibt es ein $\delta_0>0$, so daß für alle $\mathbf{x}$ mit $|\mathbf{x}-\mathbf{p}|\leqslant\delta_0$ gilt:

$$|f(\mathbf{x}) - f(\mathbf{p})| \leqslant \varepsilon, \qquad |\mathbf{grad}\, f(\mathbf{x})| \leqslant \frac{\varepsilon}{\delta_0}$$

($\mathbf{grad}\, f$ ist beschränkt). Ist $\delta\leqslant\delta_0$, so läßt sich daher Θ folgendermaßen abschätzen:

(7) $$|\Theta| \leqslant \int_{\check{S}_\delta} \left(\frac{1}{\delta^2} \varepsilon + \frac{1}{\delta} \frac{\varepsilon}{\delta_0}\right) d\omega \leqslant 8\pi\varepsilon \qquad (\delta\leqslant\delta_0).$$

Weiter gibt es nach Voraussetzung über f ein R_0, wir dürfen annehmen

(8) $$R_0 \geqslant 2|\mathbf{p}| + \delta_0 ,$$

so daß für alle $\mathbf{x}$ mit $|\mathbf{x}|\geqslant R_0$ gilt:

(9) $$|f(\mathbf{x})| \leqslant \varepsilon, \qquad |\mathbf{grad}\, f(\mathbf{x})| \leqslant \varepsilon/|\mathbf{x}| .$$

Ist $R\geqslant R_0$ und $\mathbf{x}\in S_R$, so folgt mit (8):

$$|\mathbf{x}-\mathbf{p}| \geqslant |\mathbf{x}| - |\mathbf{p}| \geqslant R - R_0/2 \geqslant R/2 ;$$

wegen (5) haben wir daher

(10) $$|\mathbf{grad}\, g(\mathbf{x})| = \frac{1}{|\mathbf{x}-\mathbf{p}|^2} \leqslant \frac{4}{R^2}, \qquad |g(\mathbf{x})| \leqslant \frac{2}{R} \qquad (\mathbf{x}\in S_R),$$

so daß sich das zweite Integral (4) mit Hilfe von (9) und (10) folgendermaßen abschätzen läßt:

$$\left|\int_{S_R} \cdots\right| \leqslant \int_{S_R}\left(\varepsilon\frac{4}{R^2}+\frac{\varepsilon}{R}\frac{2}{R}\right)d\omega = 24\pi\varepsilon \qquad (R \geqslant R_0). \tag{11}$$

Fassen wir nun die Beziehungen (4), (6), (7) und (11) zusammen, so ergibt sich

$$|F_{\delta,R} - 4\pi f(\mathbf{p})| \leqslant 32\pi\varepsilon,$$

und zwar gilt dies für alle $R \geqslant R_0$, $\delta \leqslant \delta_0$. Damit ist (2) bewiesen. ⌟

Liste der Symbole und Abkürzungen

Sachverzeichnis Analysis I–III

Seitenzahlen des ersten (zweiten) Bandes sind mit einem vorangestellten Punkt (Doppelpunkt) bezeichnet.

Heidelberger Taschenbücher

Mathematik – Physik – Informatik – Technik

12 B. L. van der Waerden: Algebra I. 8. Auflage der Modernen Algebra. DM 12,80
13 H. S. Green: Quantenmechanik in algebraischer Darstellung. DM 12,80
15 L. Collatz/W. Wetterling: Optimierungsaufgaben. 2. Auflage. DM 16,80
19 A. Sommerfeld/H. Bethe: Elektronentheorie der Metalle. DM 14,80
20 K. Marguerre: Technische Mechanik. I. Teil: Statik. 2. Auflage. DM 14,80
21 K. Marguerre: Technische Mechanik. II. Teil: Elastostatik. DM 12,80
22 K. Marguerre: Technische Mechanik. III. Teil: Kinetik. DM 14,80
23 B. L. van der Waerden: Algebra II. 5. Auflage der Modernen Algebra. DM 16,80
26 H. Grauert/I. Lieb: Differential- und Integralrechnung I. 3. Auflage. DM 14,80
27/28 G. Falk: Theoretische Physik II und II a.
Band 27: Allgemeine Dynamik. Thermodynamik (II). DM 16,80
Band 28: Aufgaben und Ergänzungen zur Allgemeinen Dynamik und Thermodynamik (II a). DM 14,80
30 R. Courant/D. Hilbert: Methoden der Mathematischen Physik I. 3. Auflage. DM 19,80
31 R. Courant/D. Hilbert: Methoden der Mathematischen Physik II. 2. Auflage. DM 19,80
33 K. H. Hellwege: Einführung in die Festkörperphysik I. DM 12,80
34 K. H. Hellwege: Einführung in die Festkörperphysik II. DM 14,80
36 H. Grauert/W. Fischer: Differential- und Integralrechnung II. 2. Auflage. DM 14,80
37 V. Aschoff: Einführung in die Nachrichtenübertragungstechnik. DM 14,80
43 H. Grauert/I. Lieb: Differential- und Integralrechnung III. DM 14,80
44 J. H. Wilkinson: Rundungsfehler. DM 16,80
49 Selecta Mathematica I. Verf. und hrsg. von K. Jacobs. DM 12,80
50 H. Rademacher/O. Toeplitz: Von Zahlen und Figuren. DM 12,80
51 E. B. Dynkin/A. A. Juschkewitsch: Sätze und Aufgaben über Markoffsche Prozesse. DM 19,80
54 G. Fuchs: Mathematik für Mediziner und Biologen. DM 14,80
56 M. J. Beckmann/H. P. Künzi: Mathematik für Ökonomen I. 2. Auflage. DM 16,80
64 F. Rehbock: Darstellende Geometrie. 3. Auflage. DM 16,80
65 H. Schubert: Kategorien I. DM 16,80
66 H. Schubert: Kategorien II. DM 14,80
67 Selecta Mathematica II. Hrsg. von K. Jacobs. DM 14,80
71 O. Madelung: Grundlagen der Halbleiterphysik. DM 14,80
73 G. Pólya/G. Szegö: Aufgaben und Lehrsätze aus der Analysis I. 4. Auflage. DM 16,80